月刊誌

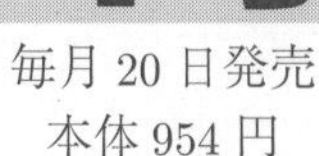

予約購読のおすすめ

本誌の性格上、配本書店が限られます。**郵送料弊社負担**にて確実にお手元へ届くお得な予約購読をご利用下さい。

年間 **11000**円
（本誌**12**冊）

半年 **5500**円
（本誌**6**冊）

予約購読料は**税込み価格**です。

なお、**SGC** ライブラリのご注文については、予約購読者の方には、商品到着後のお支払いにて承ります。

お申し込みはとじ込みの振替用紙をご利用下さい！

サイエンス社

数理科学特集一覧

63 年/7～14 年/12 省略

2015 年/1 科学における〈時間〉
/2 物理学諸分野の拡がりとつながり
/3 団代数をめぐって
/4 代数学における様々な発想
/5 物理と方程式
/6 自然の中の幾何構造
/7 テンソルの物理イメージ
/8 力学系的思考法のすすめ
/9 リーマン
/10 幾何学と解析学の対話
/11 フーリエ解析の探究
/12 曲がった時空のミステリー

2016 年/1 数理モデルと普遍性
/2 幾何学における圏論的思考
/3 物理諸分野における場の量子論
/4 物理学における数学的発想
/5 物理と認識
/6 自然界を支配する偶然の構造
/7 〈反粒子〉
/8 線形代数の探究
/9 摂動論を考える
/10 ワイル
/11 解析力学とは何か
/12 高次元世界の数学

2017 年/1 数学記号と思考イメージ
/2 無限と数理
/3 代数幾何の世界
/4 関数解析的思考法のすすめ
/5 物理学と数学のつながり
/6 発展する微分幾何
/7 物理におけるミクロとマクロのつながり
/8 相対論的思考法のすすめ
/9 数論と解析学
/10 確率論の力
/11 発展する場の理論
/12 ガウス

2018 年/1 素粒子物理の現状と展望
/2 幾何学と次元
/3 量子論的思考法のすすめ
/4 現代物理学の捉え方
/5 微積分の考え方
/6 量子情報と物理学のフロンティア
/7 物理学における思考と創造
/8 機械学習の数理
/9 ファインマン
/10 カラビ・ヤウ多様体
/11 微分方程式の考え方
/12 重力波の衝撃

2019 年/1 発展する物性物理
/2 経路積分を考える
/3 対称性と物理学
/4 固有値問題の探究
/5 幾何学の拡がり
/6 データサイエンスの数理
/7 量子コンピュータの進展
/8 発展する可積分系
/9 ヒルベルト
/10 現代数学の捉え方［解析編］
/11 最適化の数理
/12 素数の探究

2020 年/1 量子異常の拡がり
/2 ネットワークから見る世界
/3 理論と計算の物理学
/4 結び目的思考法のすすめ
/5 微分方程式の《解》とは何か

「数理科学」のバックナンバーは下記の書店・生協の自然科学書売場で特別販売しております

紀伊國屋書店本店（新宿）
オリオン書房ノルテ店（立川）
くまざわ書店八王子店（八王子）
くまざわ書店桜ヶ丘店（多摩）
書泉グランデ（神田）
三省堂本店（神田）
ジュンク堂池袋本店
MARUZEN & ジュンク堂渋谷店
八重洲ブックセンター（東京駅前）
丸善丸の内本店（東京駅前）
丸善日本橋店
MARUZEN 多摩センター店
ジュンク堂吉祥寺店
ブックファースト新宿店
ブックファースト青葉台店（横浜）
有隣堂伊勢佐木町本店（横浜）
有隣堂西口（横浜）
有隣堂厚木店
ジュンク堂盛岡店
丸善津田沼店
ジュンク堂新潟店
ジュンク堂甲府岡島店
MARUZEN & ジュンク堂新静岡店

戸田書店静岡本店
ジュンク堂大阪本店
紀伊國屋書店梅田店（大阪）
アバンティブックセンター（京都）
ジュンク堂三宮店
ジュンク堂三宮駅前店
紀伊國屋書店（松山）
ジュンク堂大分店
喜久屋書店倉敷店
MARUZEN 広島店
紀伊國屋書店福岡本店
ジュンク堂福岡店
丸善博多店
ジュンク堂鹿児島店
紀伊國屋書店新潟店
ジュンク堂旭川店
金港堂（仙台）
金港堂パーク店（仙台）
ジュンク堂秋田店
ジュンク堂郡山店
鹿島ブックセンター（いわき）

――大学生協・売店――
東京大学 本郷・駒場
東京工業大学 大岡山・長津田
東京理科大学 新宿
早稲田大学 理工学部
慶応義塾大学 矢上台
福井大学
筑波大学 大学会館書籍部
埼玉大学
名古屋工業大学・愛知教育大学
大阪大学・神戸大学 ランス
京都大学・九州工業大学
東北大学 理薬・工学
室蘭工業大学
徳島大学 常三島
愛媛大学 城北
山形大学 小白川
島根大学
北海道大学 クラーク店
熊本大学
名古屋大学
広島大学（北 1 店）
九州大学（理系）

SGCライブラリ-158

M理論と行列模型

超対称チャーン–サイモンズ理論が切り拓く数理物理学

森山 翔文 著

サイエンス社

まえがき

数学と物理学は互いに深め合って進展してきた．数学はより論理性を，物理学はより自然理解を重視する学問である．しかし実際には，数学でも，物理学でも，これらの二つの要素のどちらも欠くことはできない．本来の対象を完全に見失った数学は人工的な印象を与え，論理性を無視した物理学は夢物語になってしまう．

例えば，力学の研究がニュートンによって解析学的な論理性を与えられたことで，近代物理学の基礎が確立されたのは異議を唱えようがない．より極端な意見としては，素数分布や幾何学の研究は数学に分類されているが，根源にある乗法や測量の概念は自然界から抽出されたものであるため，歴史の発展の仕方によっては，物理学に分類されていた可能性も否めないだろう．

このような視点に立てば，数学と物理学の棲み分けは，単に歴史的な経緯であり，これからの進展次第で組み換えが起きることは十分に考えられる．実際，著者の弦理論に関する共同研究者は，ニュートンの国イギリスで研究をしているが，数学科に所属し，しかも，学生は原子核スペクトラムの近似計算を研究していると聞いて驚いた．

戸田盛和，佐藤幹夫，広田良吾など，数えきれない先人の努力により，数学と物理学の境界分野（特に非線形波動方程式の数理構造）は間違いなく日本のお家芸といえる．しかし，残念なことに，日本における数学科と物理学科の交流は意外にも少ない．

本ライブラリは，数理科学の交流を目標に掲げており，数学に近い研究者と物理学に近い研究者の双方が，自分の研究に関連した内容を，数学科や物理学科の学部生や大学院生にもわかるように説明する形を取っている．このように，数学と物理学の交流を深めようとする出版社の努力に敬意を表したい．著者もこれまで，このライブラリを読んで，数えきれないほど感動を覚えてきたため，本書の執筆依頼を受けた際には非常に喜んだ．しかし，原稿を書き進めていくにつれて，「数学科の学生も物理学科の学生もある程度読めるものを」という制限の難しさに直面した．何度も出版社に締切りを再設定してもらい，研究や大学業務の合間で奮闘した結果が本書である．本書が少しでも数学と物理学の交流に役立てば幸いである．

数学と物理学の交差点となる数理物理学は，物理学の問題を数学的に解決したり，物理学から新しい数学的な構造を発見したり，数学を用いて物理学の新しい定式化を提示したりといった様々な視点がある．その中で，本書で紹介する内容は，以下のような視点と経緯で進展してきた数理物理学である．物理学の統一理論として最有力視される M 理論の研究の中で，数学的にも興味深い構造が現れてきた．これらの M 理論の数理構造を解明していった結果，これまでの数学で盛んに調べられてきた，対称多項式の拡張，可積分階層，パンルヴェ方程式などの興味深い対象と，深く関連することがわかってきた．またそれだけでなく，数学で知られていなかった新しい構造も多く現れている．この M 理論は，存在が約 20 年前に提唱されているものの，未だにその全貌は謎に包まれたままである．その数理的な構造を詳しく調べることは“M 理論の地図”を次第に明確にし，最終的に M 理論の理解に示唆を与えると期待されている．

本書の流れは次の通りである．最初に物理学における統一理論の研究の方向性を述べ，その統一理論の研究において M 理論が最も重要な候補として注目されるようになった歴史について振り返る．M 理論の研究では，空間 2 次元に拡がる「膜」（とその電磁双対）が主役であること以外，その実体は謎に包まれていた．近年の進展から，膜の上の理論やそこから導かれる行列模型が発見され，M 理論の理解が深まっていった様子を次に説明する．これらの準備をした後に，行列模型の解析に進み，様々な展開や数値計算を援用しながら，行列模型に対して得られた厳密な展開形について解説し，また行列模型が満たす多くの美しい関係式について説明していく．最後に，これからの研究の展望として，どのように M 理論の数理構造が解明されて，M 理論の理解に繋がるかについて述べたい．

さて，ここまで数学と物理学の類似性を前面に出して，本書で解説したい内容を一気に説明してきた．しかし，数学と物理学はかなり異質な側面を持つ．数学の学習では，教科書を開けば，最初に定義が書かれており，その定義に従って様々な定理が導かれる．複雑さはさておき，論理的に内容が整備されており，原理的には十分に時間をかければ理解できるように記述されている．その後の研究において，自力で定理を発見し証明するには，また異なった能力が要求されるが，学習の際にはこれらの困難はほとんど現れない．それに対して，物理学の教科書は，著者がどれだけ丁寧に説明を試みても，学問の特殊性から，これまでの実体験に基づいた未定義用語が溢れ返っている．託宣にも例えられるが，十分に深く理解できないまま，先達の自然観を受け入れて，演習問題に取り組むことにより，いつの間にか理解が進む．研究においても，内容の重要性はさておき，多くの場合，技術的には演習問題の延長線上にあるので，数学研究のような困難に遭遇することは少ない．将棋に例えるならば，数学の学習は，駒の進め方を覚えれば，どんどん複雑な詰め将棋を楽しむことができるが，名人の対局を眺めながら，優勢劣勢を判断するのは難しいことと似ているかもしれない．物理学の学習は，ある意味で，論理的に詰められないまま，最初から棋士の格言を金科玉条として取り入れて，対局に臨んでいるように思える．棋士の深い思考を理解できないまま，格言に従って駒を進めると，なぜか有利になる場合が多い．

数学と物理学の隔たりはまさにこの異質性にあると思われる．数学指向が強い人にとっては，物理学の学習において，意味もわからずに先達の自然観を受け入れることは耐え難い苦痛であるし，逆に物理学指向が強い人にとっては，数学の学習で将来的な問題意識が不明瞭なまま論理を整備することに意義を見出せない．

この隔たりに遭遇して，数学的な構成は無意味だと嘆いたり，物理学の論理は破綻していると嗤ったりして，数理物理学から目をそらすことは簡単だが，それは同時に，多くの重要な点を見落とすことになる．ここでは，数学としても物理学としても未完成であることを認めた上で，少しでも進展させることに重点をおきたい．

しかし，この隔たりは，本書の作成にも同様の困難を与えている．素粒子論は物理学の中でも定義に近い第一原理から出発して，自然の理解を進める学問であるため，より数学に近い立場にあるものの，数学者や数学科の学生が納得できる論理で説明を展開することはほぼ不可能である．特に物理学科で教育を受けてきた著者が，本書において，定義から始め，すべてを論理的に作成することは困難である．そのため本書でも，典型的な物理学の教科書と似た構成になっている．本書は3部構成であり，第I部において物理的な背景を簡単に説明し，第II部で本書で取り扱う模型を説明した後にその解析を説明し，第III部でこの模型に関する数理的な構造を説明する．より数学指向が強い人にとっては，本書を逆に読んだ方が読みやすいかもしれない．つまり，第II部で模型の定義を理解した上で，第III部で多くの美しい数理的な構造を味わってから，第II部でこの模型の数値計算の詳細に進み，最後に第I部で物理的な背景を概観する方が読みやすいかもしれない．

特に第II部において様々な展開や数値計算の解析を経て到達した，行列模型の位相的弦理論による記述は，本書で俯瞰したい重要なテーマであるが，その結果は予想に予想を重ねて得られたもので，非常に美しい構造を持つものの，数学的に議論を展開することは著者にはできない．また第III部の行列模型が満たす様々な関係式は，より数学的に証明を展開することは可能だが，逆に技術的になり過ぎるため，本書ではいくつかの例で説明するに留めた．第III部の証明できる内容に対しては例や証明の方針を述べたが，第II部の予想には，予想にたどり着いた思考を提示する必要があり，記述に苦心した．しかし，どれほど確固たる証拠を有する予想なのかを読者が判定し，科学を次の段階に進展させるためには，このような部分こそ重要だと考え詳述した．

第II部の結果が未解決の予想であることからも想像できるように，本書の特徴として，扱っているテーマと内容が現在進行中の研究であるということが挙げられる．そのため，現時点で著者が考える最も自然な形で提示しているが，多くの結果はこれからの発展次第で，より洗練された形に改良されるだろう．

著者は本書で述べた研究に10年間近く取り組んできており，本書はある意味でこれまでの研究成果のまとめである．これから弦理論，M理論や関連する数理科学の研究に進む学生や研究者が円滑に発展の現状を把握し，さらに大きく発展させられるように，本書が少しでも役に立つことを期待している．

2019年12月

森山 翔文

目　次

第 1 章
はじめに

本書のタイトルにある「M 理論」はとてつもなく壮大なテーマである．その中で本書では，特に M 理論の数理的な側面で得られた一連の美しい結果について紹介したい．M 理論の研究は物理学的な背景に由来するが，得られた一連の結果は美しい数学的な構造を持つ．その数学的な構造から，物理学に対して新しい知見が得られると期待される．そこで本書では初めに，物理学的な側面と数学的な側面に分けて内容を簡潔に紹介したい．

1.1 物理学から

M 理論と称されるものは，将来的に完成が期待される理論である．物理学は動機を大事にする学問であるため，性急に理論や定理と称してしまうことがある．しかし，それらは必ずしも現時点で万人が納得できる数学的なものではない．M 理論もその意味での理論である．

つまり M 理論を述べる際には，理論の全容よりも，目指す方向性を詳しく説明するのがよいと考えられる．この M 理論は，自然界に存在する様々な相互作用を統一する理論として有力視されているが，未完成の理論である．本節では，物理学の発展の上で，どのような問題意識があり，どのような経緯で M 理論の存在を期待するようになったのかについて，これまでの物理学の発展の歴史を振り返りながら説明したい．

自然を理解したいという欲望は実に古代から続いている．水中に感じる浮力の不思議，夜空に輝く星の不思議な運動など，自然界の不思議を理解する様々な努力がなされてきた．その中でよく例に出されるのが古代の哲学にみられる五元論である．つまり，自然は調和しているはずだという信念から調和を持つとされる正 4 面体，正 6 面体，正 8 面体，正 12 面体，正 20 面体という正多面体の分類との類似から，自然は 5 種類の物質からできていると考えられていた．

近代物理学の視点からすると，五元論は根拠薄弱であるが，豊かな自然を単純な構造から理解するという理念や動機としてはある程度理解できる．もちろんこれらの推論は結果的に正確ではない．物質をどんどん細かく分解していくと分子となり，分子は原子から構成される．様々な原子をまとめた周期表の洗練された規則性は，より微細な構造を示唆している．結果的に原子の化学的な性質は主にその原子が保持する陽子の個数の違いによることがわかった．このように，原子が原子核や電子からなり，原子核が陽子や中性子から構成されることは，高校の物理で勉強してきた通りである．

現代物理学によれば，陽子や中性子の他に様々なバリオンが発見され，バリオンの“周期表”によって，**クォーク**という，より微細な構造に導かれた．つまり陽子や中性子はアップクォークやダウンクォークからできており，アップクォークやダウンクォークの他にもクォークが数種類発見されている．また，電子の仲間は後に発見されたニュートリノの仲間と合わせて**レプトン**とよばれる．まとめると現代物理学では，物質はクォークとレプトンにより統一される．

相互作用の統一も美しい物語となっている．コペルニクスの地動説，ブラーエの天体観測，ガリレイの運動法則，ケプラーの惑星運動に関する法則などの影響を受けて，りんごの逸話で有名なニュートンは同年代の物理学者らと競争しながら，微分積分を開発し，**重力**や力学の基礎原理を確立させた．また，マクスウェルは，混沌とした**電磁力**に関する性質を，基礎方程式にまとめ上げた．ところが両者は矛盾しており，ニュートン力学において慣性系に対する相対速度しか意味をなさないが，マクスウェル電磁気学では慣性系によらずに光速が一定である．新しい慣性系の概念を導入し，この矛盾を解決したのがアインシュタインの特殊相対性理論であり，さらにリーマン幾何学を用いて重力を記述したのが一般相対性理論である．

アインシュタインはさらに重力と電磁力を統合する統一理論の完成を夢見ていた．これについては，カルツァとクラインが考案した興味深い模型が知られている（図 1.1 参照）．3 次元空間と 1 次元時間を合わせた 4 次元時空において，重力の自由度は 4 次元対称行列である計量を用いて記述され，電磁力の自由度は 4 次元ベクトルであるベクトルポテンシャルを用いて記述されていた．これに対して，カルツァとクラインは，余分に 1 次元空間を付け加えた 5 次元時空を考え，1 次元空間が十分に小さいとき，5 次元計量が 4 次元計量と 4 次元ベクトルポテンシャルに分解される模型を考案した．

現代では，電磁力の他に，電磁力と似た相互作用として**弱い力**や**強い力**が存在することがわかってきた．そのため，統一理論の完成にはより大きな枠組みが必要であることが認識され，カルツァ-クライン模型は結果的に正確に相互作用を統一できていないことがわかった．しかし，カルツァとクラインの議論から，一般に高次元時空が相互作用の統一に繋がることが認識されるようになった．カルツァ-クライン模型のように，高次元時空の上で理論を構築した

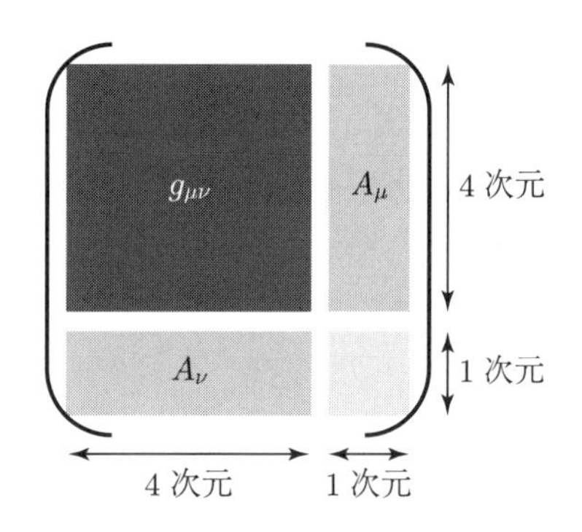

図 1.1　カルツァ-クライン模型の概念図．トレースレスな対称行列である 5 次元時空の計量場に対して，1 次元空間が小さいと仮定して 4 次元部分と 1 次元部分に分解すると，自然に 4 次元時空の計量場 $g_{\mu\nu}$，ベクトル場 A_μ，スカラー場が得られる．このベクトル場を電磁力のベクトルポテンシャルと同定する．

後に，低次元時空上の理論に還元させることを，一般に**次元還元**という．この次元還元により低次元時空上の理論に統一的な見地を与えることができる．

現代的な実験結果によれば，微視的な世界において力学と異なる学問体系が必要となった．特に，原子に光を照射する実験において，吸収や放出される光のスペクトラムが離散的であることがわかり，それまでの力学体系では説明がつかなかった．この離散的な性質から，微視的な世界を記述する新しい力学体系は**量子力学**と名付けられた．量子力学の定式化には，ハイゼンベルクの行列力学とシュレーディンガーの波動力学の 2 つの方法があり，最終的にディラックによってその等価性が説明された．

電磁力や弱い力，強い力はほぼ同じゲージ場の量子論を用いて記述され，違いは背後にある対称性を表すゲージ群のみである．したがって，これらの相互作用を統一するには，十分に大きなゲージ群を用意して，状況に応じて様々な部分群に破れる機構を考察することになる．このように大きなゲージ群の枠組みを設定して，対称性の破れから現実的なゲージ群を導出することを，一般に**大統一理論**という．それに対して，重力は一般座標変換というゲージ変換と異なる時空の対称性を持ち，無矛盾な量子論を与えるのは困難だった．

現代の物理学の最先端では，素粒子はもはや粒子ではなく，1 次元の拡がりを持つ**弦**だとされており，弦の様々な振動モードが様々な粒子に対応すると考えられている．空間 1 次元の拡がりを持つ弦を仮定することで，電磁力，弱い力，強い力だけでなく，重力までもが統合され，無矛盾な量子論が構築されることが発見された．

より現実的に，タキオンを排除しフェルミオンを取り込むために，超対称性を持つ弦理論が考えられている．（超対称性を持つ弦理論を**超弦理論**という．本書で超対称性を持たない弦理論を考えることはほとんどないので，次章以降多くの場合「超弦理論」を「弦理論」と略す.）弦理論の研究から，超弦理論は10 次元時空内で無矛盾に定義され，例外群などのゲージ群を持つ．それは，高次元時空を考えるカルツァ-クライン模型や大きなゲージ群を考える大統一理論など，これまでの統一理論の期待と明快に整合する内容であり，超弦理論がすべての相互作用を統一する究極的な最終理論になると期待された.

しかし，超弦理論は 5 種類存在することが知られており，最終理論を期待していたのに，複数あるとどれを本当の最終理論に選ぶべきかという恣意性が残ってしまう．これに対して後の研究から，5 種類の超弦理論は，双対性を通じて互いに等価であることがわかった.

超弦理論の研究と並行して，超対称性を持つ重力理論（**超重力理論**）の研究も進展していった．特に高い時空次元における超重力理論は次の 2 つの側面において重要である．まず超弦理論は低エネルギーにおいて，高い励起を持つ弦よりも，零質量の重力子が主要な寄与を与えるので，超重力理論は超弦理論の低エネルギー有効理論として役立つ．超弦理論は 10 次元時空という高い時空次元において定義されているため，高次元の超重力理論は重要である．また技術的に，高い超対称性を持つ重力理論を構築するには，カルツァ-クライン模型と同様に，より高い時空次元の上で超重力理論を構築した後に，もとの時空次元に次元還元させる方法が便利である．この意味でも高次元の超重力理論は重要であり，他の超重力理論を統合すると期待される．そのため，高次元超重力理論の探索や構築に関する研究が進展していった.

その結果最終的に，超重力理論の最大次元は 11 次元であることがわかり，次元還元を通じて，この 11 次元超重力理論から多くの高い超対称性を持つ重力理論を導出できることがわかった．標語的に言えば,

11 次元超重力理論は君臨し，すべての超重力理論を支配する

ということになる．また超弦理論は 10 次元時空において定義されるので，11 次元超重力理論は，次元還元により，超弦理論の低エネルギー有効理論となる 10 次元超重力理論の導出においても重要である．しかし，他の超重力理論を支配する 11 次元超重力理論は，超弦理論において，このような技術的な役割しか果たさないとすると，十分にその力強さを発揮できているとは考えにくい.

弦理論の研究の中で，弦理論には 1 次元の拡がりを持つ弦のみでなく，非摂動論的な効果として様々な次元の**ブレーン**があることが発見された.（ブレーンとは，様々な次元における膜（membrane，メンブレーン）に対する造語である.）特に超弦理論の低エネルギー有効理論である超重力理論において，様々な次元のブレーンの古典解が構築され，低エネルギーにおける性質を調べることができた．ブレーンが盛んに研究された頃，ブレーンの存在意義に対して様々な問題意識が提示された．それらの問題意識は，しだいに中心的な教義,

弦理論は弦のみの理論ではなく，
様々な次元の拡がりを持つブレーンまで取り入れて，
初めて無矛盾な理論を構築できる

としてまとめられ，盛んに唱えられるようになった．

最終的に超弦理論の双対性に関して次のことがわかった．10 次元時空上の超弦理論は互いに双対性とよばれる関係で関連し合い，さらに 11 次元の理論を巻き込んで，高い見地から超弦理論が統合される．また，それぞれの理論の様々なブレーンは，双対性を通じて姿を変え，互いに変換し合う．この 11 次元理論は **M 理論**と名付けられ，M 理論の低エネルギー有効理論が 11 次元超重力理論であると考えられた．M 理論の M は，mother（統一理論の母なる理論），membrane（膜の理論），mystery（謎の理論）などを想定している．このように，超重力理論の最大次元が 11 次元であることが超弦理論の設定と明快に整合するようになり，11 次元超重力理論が超重力理論を統合するように，11 次元の M 理論は超弦理論を統合すると考えられるようになった．つまり，11 次元超重力理論の標語と同様に，

M 理論は君臨し，すべての超弦理論を支配する

ということになる．

この 11 次元の M 理論は，低エネルギー有効理論である 11 次元超重力理論の解析から，空間 2 次元の拡がりを持つ **M2 ブレーン**と空間 5 次元の拡がりを持つ **M5 ブレーン**を持つことがわかる．さらにゲージ理論と重力理論の対応関係から，N 枚の M2 ブレーンは $N^{3/2}$ の自由度を持ち，N 枚の M5 ブレーンは N^3 の自由度を持つことが知られていた．

しかし，この M 理論は，統一理論の頂点に君臨しながら，実に謎に包まれた理論である．例えば，M2 ブレーンの世界体積（粒子の世界線，弦の世界面の高次元拡張）を記述する場の理論は長らく知られていなかった．M5 ブレーンに至っては，場の理論で記述されないという議論もある．これに対して，近年 Aharony，Bergman，Jafferis，Maldacena により，M2 ブレーンの世界体積理論は，チャーン–サイモンズ理論を最大に超対称化した理論によって記述されることが提唱された．この理論は提案者の名前の頭文字を取って **ABJM 理論**とよばれる．さらに，ABJM 理論の分配関数や超対称性を保つウィルソンループ演算子の真空期待値が計算された．このとき，もともと量子論における分配関数や真空期待値は無限次元の経路積分で定義されるが，高い超対称性のため，無限次元の経路積分が有限次元の多重積分に帰着される．このような一連の議論や操作を**局所化技術**という．ABJM 理論の分配関数や真空期待値に対して，局所化技術を用いて得られた多重積分を本書では **ABJM 行列模型**とよぶ．こうして，ABJM 行列模型の理解は M 理論の理解に直結すると考え

られるようになった．

本書では，ABJM 行列模型の解析を通じて得られた M 理論に対する知見を説明したい．特に ABJM 行列模型の解析において，前述の教義“弦理論は様々な次元のブレーンを取り入れて初めて無矛盾であること”が実現されているのは興味深い．また次節でみるように，ABJM 行列模型は実に豊かな数理的な構造を持ち，これらの構造がさらに M 理論の理解に還元されると期待される．この物理学における問題意識と数理的な構造の理解が，調和しながら発展していく最近の研究の様子を解説したい．

1.2 数学から

前節では物理学的な背景から M 理論に対する期待を説明したが，本節では趣向を変えて，数学的な動機を述べる．本書で扱う M 理論に関する解析は，現代数学においても興味深い対象であり，特に，対称多項式の拡張，可積分階層，パンルヴェ方程式などと深く関連する．

N 変数対称多項式とは，N 変数 $x_1, x_2, \cdots, x_N$ の多項式で，任意の 2 変数の入れ換えに対して不変であるものを指す．これはヤング図により分類されることが知られている．ヤング図とは分割を視覚的に箱の並びで表示したものであり，n の分割とは和が n である正の整数の組である．例えば，

$$\begin{aligned} 5 &= 4+1 = 3+2 = 3+1+1 = 2+2+1 \\ &= 2+1+1+1 = 1+1+1+1+1 \end{aligned} \tag{1.1}$$

なので，5 の分割には，$[5], [4,1], [3,2], [3,1,1], [2,2,1], [2,1,1,1], [1,1,1,1,1]$ の 7 組が存在する．もちろん加法は順序によらないので，分割に現れる正の整数は増加しない順番で記述すると決めておく．ヤング図とは，このような分割に現れる数の箱を横一列に並べ，左端を揃えて，上から下まで順番に縦に並べたものである（図 1.2 参照）．例えば $12 = 5+4+2+1$ なので，12 の分割に

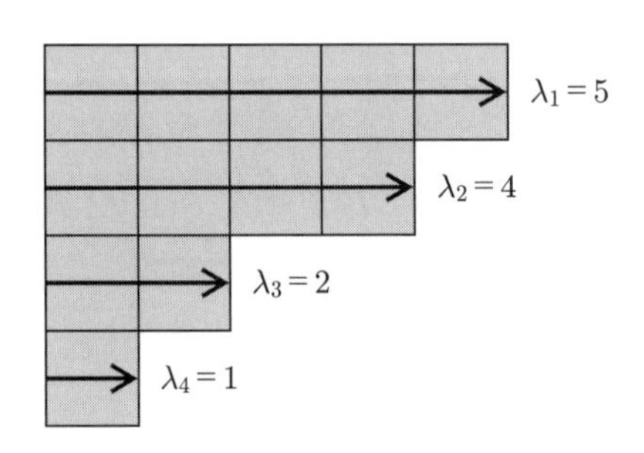

図 1.2　ヤング図とその標準的な記法．図の例は 12 の分割 $12 = 5+4+2+1$ に対応するヤング図を表す．ヤング図の標準的な記法では，分割に用いた自然数を単調非増加の順番に並べて $[5,4,2,1]$ と表す．

は $[5,4,2,1]$ がある．これに従って，5 個の箱，4 個の箱，2 個の箱，1 個の箱を横一列に並べ，左端を揃えたまま，上下に順番に並べたものがヤング図である．以後断りがない限り，分割とヤング図の用語をしばしば混用する．

後に必要なので，ヤング図の表示についてまとめておこう．まず上のように分割の方法をそのまま並べて表す**標準的な記法**

$$[\lambda_1, \lambda_2, \lambda_3, \cdots, \lambda_L], \quad \lambda_i \geq \lambda_{i+1} \tag{1.2}$$

がある．無限に続く 0 の数列を右に付けて，無限数列 $[\lambda_1, \lambda_2, \lambda_3, \cdots]$ を考えると便利な場合も多いが，具体例の記述では，λ_i は非零で，L は非零の λ_i の個数としておく．

また，別の記法として，フロベニウス記法がある．下に示す定義は一見複雑で，なぜわざわざこのような記法を導入するか疑問に感じるかもしれないが，その理由はすぐ後で明らかになる．ヤング図に対して，左上の頂点から右下 45° に対角線を引いたとする．このとき，対角線は斜めに並ぶ一連の正方形の対角線を繋いだものになるが，各正方形の対角線の中点から，ヤング図の右端までの長さを**腕長 (arm length)**，ヤング図の下端までの長さを**脚長 (leg length)** と定義する．左上から右下まで対角線上の各正方形に対して，腕長や脚長を読み取り，順番に並べたものを**フロベニウス記法**という（図 1.3 参照）．つまり，左上の頂点から対角線が通過する正方形の数を R として，i 番目の正方形の中心から，ヤング図の右端までの長さを a_i，ヤング図の下端までの長さを l_i とすれば，フロベニウス記法では

$$(a_1, a_2, \cdots, a_R | l_1, l_2, \cdots, l_R), \quad a_i > a_{i+1}, \quad l_j > l_{j+1} \tag{1.3}$$

となる．例えば，前出のヤング図 $[5,4,2,1]$ に対して，左上の頂点から対角線を引くと，斜めに $R=2$ 個の正方形を通過する．1 番目の正方形の中心から右

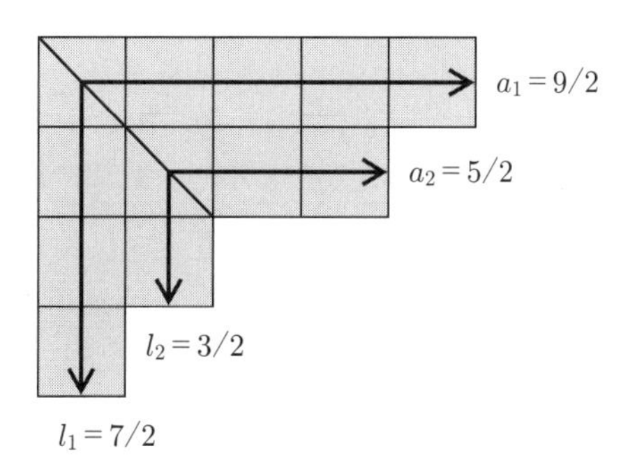

図 1.3　ヤング図とフロベニウス記法．フロベニウス記法では左上の頂点から右下 45° に対角線を引き，それぞれの行と列に対して対角線が通る正方形の中心からヤング図の端までの長さを並べる．図 1.2 と同じヤング図 $[5,4,2,1]$ に対して，フロベニウス記法では $(\frac{9}{2}, \frac{5}{2} | \frac{7}{2}, \frac{3}{2})$ と表す．

端までの長さと下端までの長さはそれぞれ $a_1 = \frac{9}{2}$，$l_1 = \frac{7}{2}$ であり，2 番目の正方形ではそれぞれ $a_2 = \frac{5}{2}$，$l_2 = \frac{3}{2}$ である．ヤング図のフロベニウス記法では，これらの腕長や脚長を並べて，$(a_1, a_2|l_1, l_2) = (\frac{9}{2}, \frac{5}{2}|\frac{7}{2}, \frac{3}{2})$ と表す．この例でわかるように，フロベニウス記法には常に分母が 2 である分数が現れるので，具体例で計算する際には不便である．そのため，腕長と脚長に $\frac{1}{2}$ を足したり引いたりした整数を用いることも多い．ところが，そうしてしまうと，今度は美しいはずの公式の最終形に不必要に $\pm\frac{1}{2}$（または，腕長と脚長からの寄与を組み合わせた ± 1）が頻出する．どちらを用いても長所と短所を合わせ持つが，ここでは最終形の美しさを重視した記法を用いる．

ヤング図は分割だけではなく，ユニタリ群の表現とも深く関連する．そのためここでは，ヤング図と分割のみでなく，表現の用語も混用する．特別な表現に対して，特別な名前がある．フロベニウス記法において，左上の頂点から引いた対角線が 1 つの正方形しか通過しない場合，ヤング図に対応する表現をフック表現という．また，箱が横一列に並ぶヤング図は対称表現に対応し，縦一列に並ぶヤング図は反対称表現に対応する．

ヤング図に関する準備を終えたので，対称多項式の説明に戻ろう．対称多項式は様々な基底を用いて表すことができるが，その中で特に**シュア多項式**という基底が自然である．任意のヤング図 $\lambda = [\lambda_1, \lambda_2, \cdots, \lambda_L, 0, 0, \cdots]$ に対して，シュア多項式 $s_\lambda(x) = s_\lambda(x_1, \cdots, x_N)$ を

$$s_\lambda(x_1, x_2, \cdots, x_N) = \frac{\det\left(x_j^{N+\lambda_i-i}\right)_{1\le i,j\le N}}{\det\left(x_j^{N-i}\right)_{1\le i,j\le N}} \tag{1.4}$$

$(L \le N)$ により定義する．この定義式に関するもう少し詳しい説明を第 9.1 節で行うので，ここでは多項式の定義を与えるだけにする．シュア多項式には実に様々な美しい公式が成り立つ．

代表的なものに，**ジャンベリ恒等式**

$$s_{(a_1,a_2,\cdots,a_R|l_1,l_2,\cdots,l_R)}(x) = \det\left(s_{(a_i|l_j)}(x)\right)_{1\le i,j\le R} \tag{1.5}$$

がある．つまり，任意のヤング図に対応するシュア多項式は，フック表現のシュア多項式の行列式で表せる．具体的には，ヤング図をフロベニウス記法 $\lambda = (a_1, a_2, \cdots, a_R|l_1, l_2, \cdots, l_R)$ で表したとき，そのヤング図に対応するシュア多項式は，フロベニウス記法における腕長 a_i と脚長 l_j のすべての組合せで構成されるフック表現 $(a_i|l_j)$ の，シュア多項式の行列式で表せる．ジャンベリ恒等式の最も簡単で非自明な例は

$$s_{\yng(2,2)}(x) = \det\begin{pmatrix} s_{\yng(2,1)}(x) & s_{\yng(2)}(x) \\ s_{\yng(1,1)}(x) & s_{\yng(1)}(x) \end{pmatrix} \tag{1.6}$$

である．また，次の**ヤコビ–トゥルディ恒等式**

$$s_{[\lambda_1,\lambda_2,\cdots,\lambda_L]}(x)=\det\Bigl(s_{[\lambda_i-i+j]}(x)\Bigr)_{1\le i,j\le L} \tag{1.7}$$

もある．今度の公式は，任意のヤング図に対応するシュア多項式は，対称表現のシュア多項式の行列式で表せることを主張する．行列式の対角成分にあるシュア多項式の表現は，ヤング図の各行における対称表現である．また行列式の各行において，左から右に進むにつれて 1 つずつ箱の数が増えていき，逆に右から左に進むと 1 つずつ箱の数が減っていく．(1.6) と同じ例 $s_{\substack{\square\square\\\square\square}}(x)$ に対して説明すると，ヤング図の各行はそれぞれ箱の数が 2 つなので，行列式の対角成分にはそれぞれ $s_{\square\square}(x)$ が入り，行列式の第 1 行は左から右に進むにつれて箱の数が 2，3 と増えていき，第 2 行は箱の数が 1，2 と増えていく形

$$s_{\substack{\square\square\\\square\square}}(x)=\det\begin{pmatrix}s_{\square\square}(x) & s_{\square\square\square}(x)\\ s_{\square}(x) & s_{\square\square}(x)\end{pmatrix} \tag{1.8}$$

になる．このヤコビ-トゥルディ恒等式を用いれば，実はシュア多項式の定義式 (1.4) を経由することなく前述のジャンベリ恒等式が証明される．

美しい公式を持つため，数学ではシュア多項式の拡張に関して様々な研究が行われてきた．対称多項式の研究において著名な数学者マクドナルドは性質のよい拡張を発見して，関連内容を教科書 [15] にまとめた．マクドナルドの講義録に [14] があるが，そこでは最も単純なシュア多項式から始めて，ジャック多項式，マクドナルド多項式などと拡張されていく様子が明快に解説されており，実に多彩な発展をみせている．その講義録の拡張の中で，ジャンベリ恒等式がヤコビ-トゥルディ恒等式を用いて証明されることから，最終的に 9 番目の拡張として，ヤコビ-トゥルディ恒等式そのものをシュア関数の**定義**として用いることが提唱されている．この際に余分に整数のパラメータを導入できる．つまり，ヤング図 λ と整数 M でラベル付けされる関数 S_λ^M が，任意のヤング図 λ と整数 M に対して，

$$S_\lambda^M=\det\Bigl(S_{[\lambda_i-i+j]}^{M+j-1}\Bigr)_{1\le i,j\le L} \tag{1.9}$$

を満たすとき，この関数 S_λ^M を**シュア関数の第 9 変形** (the ninth variation) という．その際に，ジャンベリ恒等式

$$S_{(a_1,\cdots,a_R|l_1,\cdots,l_R)}^M=\det\Bigl(S_{(a_i|l_j)}^M\Bigr)_{1\le i,j\le R} \tag{1.10}$$

が証明される．このようなシュア関数の第 9 変形は物性の非線形波動や可解格子模型において頻出で，(1.9) は**量子ヤコビ-トゥルディ関係式**ともよばれる．

次節やそれ以降でみるように，前節で紹介した M 理論の M2 ブレーンを記述する ABJM 理論の分配関数や真空期待値から得られた ABJM 行列模型が，本節で紹介した対称多項式の数学的な構造と実に明快に整合する．さらに，ここで紹介した数学的な構造だけでなく，本書で説明するように他にも非常に多

くの興味深い関係式を持つ．このように，M 理論の研究からこれまで知られていなかった新しい数学的な構造が発見され，また，これらの数学的な構造は M 理論の理解に繋がることが期待される．

1.3 本書の概観

前々節では，物理学における統一理論の説明をして，その流れで M 理論が注目されているものの，M 理論は謎に包まれていることを説明した．また，前節では話を一転させて，対称多項式の拡張が興味深い発展を遂げていることを説明した．この 2 つの話が繋がっていく様子を解説するのが本書の主題の 1 つである．本節ではこれら本書の主題を概観する．

謎に包まれた M 理論であるが，M2 ブレーン上の場の理論がチャーン–サイモンズ理論の超対称化により記述され，その分配関数は超対称理論の局所化技術により計算され，ABJM 行列模型とよばれることを説明した．ABJM 行列模型とは，具体的には多重積分

$$Z_k(N)=\int_{\mathbb{R}^{2N}}\frac{d^N\mu\,d^N\nu}{(N!)^2(2\pi)^{2N}}e^{\frac{ik}{4\pi}\left(\sum_{m=1}^{N}\mu_m^2-\sum_{n=1}^{N}\nu_n^2\right)}\times\frac{\prod_{m<m'}^{N}(2\sinh\frac{\mu_m-\mu_{m'}}{2})^2\prod_{n<n'}^{N}(2\sinh\frac{\nu_n-\nu_{n'}}{2})^2}{\prod_{m=1}^{N}\prod_{n=1}^{N}(2\cosh\frac{\mu_m-\nu_n}{2})^2}\tag{1.11}$$

のことであり，それぞれの積分変数に対して積分は実軸に沿って実行される．後の表記の簡便さのため，積分記号

$$D_k\mu_m=\frac{d\mu_m}{2\pi}e^{\frac{ik}{4\pi}\mu_m^2},\quad D_{-k}\nu_n=\frac{d\nu_n}{2\pi}e^{-\frac{ik}{4\pi}\nu_n^2}\tag{1.12}$$

を導入し，ABJM 行列模型を

$$Z_k(N)=\int_{\mathbb{R}^{2N}}\frac{D_k^N\mu\,D_{-k}^N\nu}{(N!)^2}\frac{\prod_{m<m'}^{N}(2\sinh\frac{\mu_m-\mu_{m'}}{2})^2\prod_{n<n'}^{N}(2\sinh\frac{\nu_n-\nu_{n'}}{2})^2}{\prod_{m=1}^{N}\prod_{n=1}^{N}(2\cosh\frac{\mu_m-\nu_n}{2})^2}\tag{1.13}$$

とも表す．

さらに，ABJM 行列模型 (1.13) の変形として，2 つの積分変数の組 μ_m と ν_n の相対的な個数を変えたり，超シュア多項式 $s_\lambda(e^\mu|e^\nu)=s_\lambda(e^{\mu_1},e^{\mu_2},\cdots,e^{\mu_{N_1}}|e^{\nu_1},e^{\nu_2},\cdots,e^{\nu_{N_2}})$ というシュア多項式 (1.4) の一般化を被積分関数に挿入したりすることを考えると，多重積分は

$$\langle s_\lambda\rangle_k(N_1|N_2)=i^{-\frac{1}{2}(N_1^2-N_2^2)}\int_{\mathbb{R}^{N_1+N_2}}\frac{D^{N_1}\mu}{N_1!}\frac{D^{N_2}\nu}{N_2!}\times\frac{\prod_{m<m'}^{N_1}(2\sinh\frac{\mu_m-\mu_{m'}}{2})^2\prod_{n<n'}^{N_2}(2\sinh\frac{\nu_n-\nu_{n'}}{2})^2}{\prod_{m=1}^{N_1}\prod_{n=1}^{N_2}(2\cosh\frac{\mu_m-\nu_n}{2})^2}s_\lambda(e^\mu|e^\nu)\tag{1.14}$$

と拡張される．これは M2 ブレーンの言葉では，ブレーンの分配関数だけでな

く，**フラクショナルブレーン**（fractional brane，膜の欠片，分数的な膜，訳語が定着していないので，本書では以後フラクショナルブレーンとよぶ）や**超対称性を半分保つウィルソンループ演算子**（以後，単に超対称ウィルソンループ，あるいは，ウィルソンループと略すことも多い）を挿入した真空期待値を計算することに対応する．

このM理論の研究で現れた多重積分に対して，母関数

$$\langle s_\lambda \rangle^{\mathrm{GC}}_{k,M}(z) = \sum_{N=0}^{\infty} z^N \langle s_\lambda \rangle_k (N|N+M) \tag{1.15}$$

$(M \geq 0)$ を導入する．統計物理学の用語で言えば，積分変数の個数 N を粒子数だと見なし，フガシティ z を導入して，大正準集団 (grand canonical ensemble) を考えることになるので，grand canonical の頭文字 GC を付けておく．この母関数を規格化したものを

$$S^M_\lambda(z) = \frac{\langle s_\lambda \rangle^{\mathrm{GC}}_{k,M}(z)}{\langle 1 \rangle^{\mathrm{GC}}_{k,M}(z)} \tag{1.16}$$

と定義すれば，$S^M_\lambda(z)$ が前節のシュア関数の第9変形の定義式（量子ヤコビ–トゥルディ関係式）(1.9) を満たすことを証明することができる．また，それに限らず，実に多彩な美しい関係式が続々と発見されてきている．

これまで説明したきたように，謎に包まれた統一理論の候補であるM理論の解明に向けて，物理学は邁進してきた．その進展の中で，特徴的な物理量が，美しい対称多項式の数学的な構造（さらに第11.4節で概観するように可積分階層構造）を持つことがわかった．最も謎に包まれた究極的な物理理論が，実は最も美しい可積分階層構造を持つことは驚きである．

また，ここまで大正準集団における真空期待値 $\langle s_\lambda \rangle^{\mathrm{GC}}_{k,M}(z)$ の具体的な多重積分の結果に言及せずに，代数的な関係式について説明してきたが，実は $\langle s_\lambda \rangle^{\mathrm{GC}}_{k,M}(z)$ の具体的な積分結果の $z \to \infty$ における展開形が知られている．証明されているわけではないが，行列模型におけるトフーフト展開，WKB展開，厳密値の数値評価を含めた非常に詳しい解析の結果，摂動論を超えて完全に決定されている．その非摂動論的な効果は，**位相的弦理論の自由エネルギー**とよばれる関数を用いて，明示的に書き下されている．ここで位相的弦理論とは，位相的な性質を保ったまま弦理論を単純化させた模型であり，その自由エネルギーは，背景幾何において超対称性を保つ配位を数える母関数で，物理学と幾何学の両方から詳しく調べられている．例えば，代数幾何学において曲面上における直線の本数を数える問題があり，位相的弦理論の自由エネルギーはその問題の拡張に解答を与える．

証明されたわけではないのに，なぜ最終的な展開形を完全に決定できるのか，不思議に思われるかもしれない．展開形の決定には様々な性質や方法が用いられているが，中でも最も重要なものはおそらく**発散相殺機構**であろう．詳

しくは第 8 章で説明するが，ここでも雰囲気を味わっておこう．非摂動論的な効果は，通常安定な配位が経路積分に寄与した結果だと考えられており，その配位を**インスタントン**という．この行列模型の非摂動論的な効果には，弦のインスタントン効果と膜のインスタントン効果とよぶべき 2 種類のインスタントン効果があり，それぞれ世界面インスタントンと膜インスタントンという名称が定着している．各インスタントン次数においてそれぞれの係数は無限個の特別な結合定数で発散するが，2 種類のインスタントン効果を合わせると，発散部分は完全に相殺され，有限の寄与しか残らないことがわかる．これが強い制限となり，インスタントン効果の係数に現れる結合定数の関数形を決定していく上で重要な役割を果たした．また，この発散相殺機構によれば，弦のインスタントン効果だけでも，膜のインスタントン効果だけでも，係数は発散を持つ．発散を持たない関数形を最終的な完全形だと考えると，弦だけでも膜だけでも不備があり，両者を合わせて初めて不備のない完全形となる．これはあたかも，前々節に説明した教義“様々な次元のブレーンを取り入れて初めて無矛盾であること”を実現しているようにみえる．

次章以降において，本章で概観した内容を逐次詳しく述べていきたい．まず本章の残りで本書の目次を眺めて流れを把握しておこう．本書は 3 部構成で，第 I 部ではまず M 理論や M2 ブレーンを考えるに至った歴史を振り返る．次に第 II 部で M2 ブレーンを記述する行列模型を説明し，その解析について詳しく述べる．最後に第 III 部で行列模型が満たす様々な美しい数理的な性質について説明する．

第 I 部の第 2 章で弦理論以前に物理学が追い求めてきた統一理論の流れについて説明し，その流れの中で第 3 章で弦理論と M 理論が統一理論の最も重要な候補として注目されるようになった歴史を説明する．それに続く第 4 章で，M 理論の M2 ブレーンを記述する場の理論として，チャーン–サイモンズ理論の超対称化が考えられた進展について説明する．

ABJM 理論の分配関数や，フラクショナルブレーンや超対称性を保つウィルソンループ演算子が挿入された真空期待値の計算は，高い超対称性のため，超対称理論の局所化技術を通じて無限次元の経路積分が有限次元の多重積分に帰着される．この局所化技術の説明は煩雑なので，本書では局所化技術を用いて得られた結果を説明するに留める．第 II 部の初めの第 5 章で局所化技術により得られた行列模型を定義として導入し，その数理的な構造を概観する．

その後にいよいよ行列模型の解析に進む．最初は簡単のため，フラクショナルブレーンやウィルソンループ演算子が挿入されていない ABJM 行列模型の分配関数について調べる．第 6 章では行列模型の議論で標準的なトフーフト展開について説明し，第 7 章では ABJM 行列模型（やその拡張）に有用なフェルミガス形式を導入し，フェルミオンの量子力学の WKB 展開について説明する．非摂動論的な効果として，トフーフト展開により世界面インスタントンの効果が検知され，WKB 展開により膜インスタントンの効果が検知されるが，それだけでは非摂動論的な効果の全体像がみえてこない．第 8 章ではフェルミガス形式を用いて分配関数の厳密値を逐次に計算する方法を説明する．この厳密値からこれまでみてきた摂動展開や世界面インスタントン効果，膜インスタントン効果が再現されるだけでなく，さらに，世界面インスタントン効果と膜インスタントン効果の結合状態が検知される．これよりすべてのインスタントン効果が検知され，非摂動論的な効果が完全に同定される．

第 II 部でフラクショナルブレーンやウィルソンループ演算子が挿入されていない分配関数について解析を進めてきたので，第 III 部では挿入された真空期待値の解析に進む．ABJM 理論における超対称性を半分保つウィルソンループ演算子は，局所化技術を通じて，行列模型では超シュア多項式に変貌する．まずは第 III 部の初めの第 9 章で超シュア多項式について説明した後に，それらの真空期待値の解析に進む．

フラクショナルブレーンや超対称ウィルソンループ演算子の真空期待値の解析方法には，一般に 2 種類の形式が存在する．それぞれの形式は開いた弦と閉じた弦を彷彿させるので，ここでは**開弦形式**と**閉弦形式**と名付け，それぞれ第 10 章と第 12 章で説明する．これらの開弦形式と閉弦形式を用いて真空期待値の間の様々な関係式を示すことができる．

第 10 章で説明する開弦形式は，ソリトン方程式における佐藤理論とそれに続く京都学派が発見した可積分階層の構造と酷似しており，第 11 章で開弦形式の結果から，真空期待値がジャンベリ関係式やヤコビ–トゥルディ関係式を満たすことを説明する．また，第 12 章で説明する閉弦形式を用いて，第 13 章では，フラクショナルブレーンの効果と超対称ウィルソンループの効果を互いに入れ換える開弦と閉弦の双対性など，ABJM 行列模型に関する様々な興味深い双対性について説明する．

M 理論が未完成な理論であることもあり，第 I 部の内容は，現在も発展しており，完全に説明を展開すると収まらなくなる．そのため，本書では後の章に繋がるように，必要な箇所や興味深い箇所だけを提示することにする．これらの章を読み飛ばしても，取りあえず第 5 章以降を読み進められるように，本書は構成されている．しかし，これらの物理的な背景は重要である．このような背景がなく，単に拡張の数学的な美しさだけで，これほど大きく進展してきたかと言えば，おそらくそうではないだろう．

第 II 部に，本書で説明したい ABJM 行列模型の解析的な性質が記されている．謎に包まれた M 理論から導出された ABJM 行列模型ではあるが，実に美しく調和が取れた展開形を持ち，それが発見されていく状況を解説したい．これまで解析されてきたどの行列模型と比べても，これほど美しい構造を持つものはおそらくないだろうと考えている．厳密な展開形が知られているが，残念ながらその展開形は証明されたわけではなく，様々な展開や仮定を総合して展開形が決定されただけである．

第 III 部では，フラクショナルブレーンや超対称ウィルソンループ演算子を挿入して，その真空期待値の間に成り立つ関係式を説明したい．第 II 部では厳密に証明できる内容が少なかったが，第 III 部の関係式はほとんど証明されている．ソリトン方程式をもとに発展してきた可積分性の数学と関連した多くの美しい関係式を鑑賞してもらうのが第 III 部の目標である．紙面の都合で，本書において証明を厳密に展開するのは困難であるが，典型的な例を示したり，証明の概略を述べたりすることによって，なるべく納得しやすい形で解説したい．

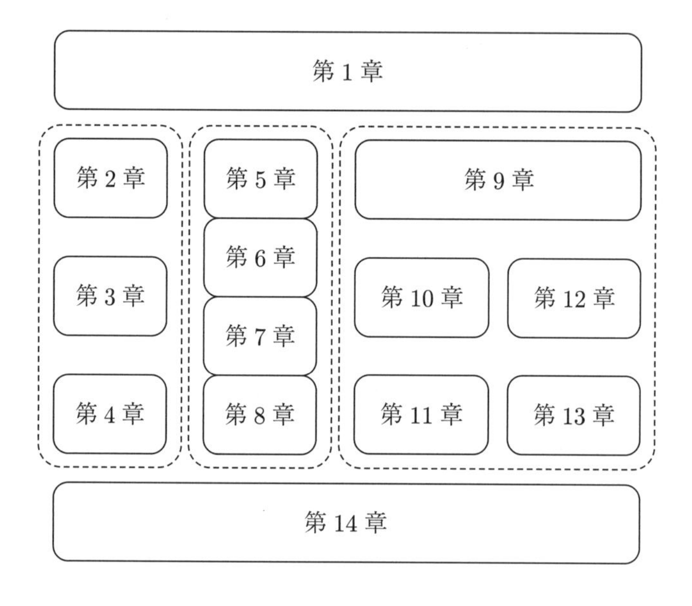

第 I 部
物理的な背景

本書の第 II 部や第 III 部では，M 理論の研究において得られた行列模型の解析やその背後にある数理的な構造について説明したい．その準備のために，第 I 部では，M 理論やその行列模型が提唱されるに至った歴史的な背景について解説したい．

歴史に従って，第 2 章で弦理論以前に物理学が追い求めてきた統一理論について説明し，第 3 章で弦理論と M 理論が統一理論の最も重要な候補として注目されるようになったことを説明する．さらに第 4 章で，近年の発展として，チャーン–サイモンズ理論の超対称化により，M 理論の M2 ブレーンが記述されることを説明する．

第 2 章
弦理論前夜

物理学は，多様な自然現象を単純な物理法則で理解することを目指して進展してきた．最終的に，自然界に存在するありとあらゆる物質や相互作用を統一的に記述する理論を構築することは，素粒子論の夢である．現代の素粒子論において，M 理論は統一理論の最も有力な候補であり，次章で弦理論と M 理論について説明する前に，本章ではまず統一理論への期待が高まった歴史について振り返りたい．

具体的には，第 2.1 節で現在実験的に完全に検証されている素粒子の標準理論を振り返り，統一理論への動機を説明した後に，続く第 2.2 節で大統一理論，第 2.3 節で超対称性，第 2.4 節で超重力理論の試みについて解説する．

2.1 標準理論と統一理論

自然界にあるすべての相互作用を統一的に理解することは，アインシュタインの夢である．現代の素粒子物理学によれば，自然界に，重力相互作用，電磁相互作用，弱い相互作用，強い相互作用の 4 つの相互作用がある．重力を除く 3 つの相互作用はミンコフスキー時空上のゲージ場の量子論を用いて量子論的に無矛盾に記述されているが，重力相互作用だけが一般座標変換不変性に基づく時空の幾何学を用いて記述され，量子化の方法が不明である．

ひとまず重力を忘れて，残りの 3 つの相互作用に注目しよう．電磁相互作用と弱い相互作用の統一はワインバーグとサラムにより完成されて，ゲージ群 $\mathrm{SU}(2) \times \mathrm{U}(1)$ を持つゲージ場の量子論で記述されるので，この 2 つの相互作用は合わせて電弱相互作用とよばれる．また，強い相互作用はゲージ群 $\mathrm{SU}(3)$ を持つゲージ場の量子論で記述される．それらの直積となるゲージ群 $\mathrm{SU}(3) \times \mathrm{SU}(2) \times \mathrm{U}(1)$ のゲージ場の量子論を用いて，3 つの相互作用を合わせて記述する理論は**素粒子標準理論**とよばれる．フランスとスイスの国境にある大型ハドロン衝突型加速器 (Large Hadron Collider, LHC) で最後の 1 ピースとなるヒッグズ粒子が発見されて，標準理論は実験的に完全に検証された．

自然界のありとあらゆる相互作用の統一を考える際にすぐに疑問に思うことは，統一の最終理論の存在に関するものである．現在の科学では届きそうにない疑問かもしれないが，次の 2 つの立場がある．

- 周期表から陽子や中性子が発見されて，バリオンの構造からクォークが発見されたように，統一を進めていくにつれて，次々と新しい微細構造がみえてくるだろう．つまり，最終理論など存在しないはずだ．
- 統一理論において最終理論が存在する状況を想像してみよう．将来的にその理論が発見された後は，その最終理論から標準理論のすべての相互作用を導出できるはずだ．

歴史的にみても，感情に訴えても，後者の立場が過激すぎるので，素直には保守的な前者の立場を取りたくなるだろう．どちらの立場が正しいのかという疑問に対して，現代物理学から論理的に解答を与えることはできない．しかしここでは，後者の立場は単なる夢物語ではなく，むしろ“現代物理学には最終理論の形跡がある”ことを強調したい．

本章で，弦理論が統一理論の候補として考えられる以前の試みとなる，大統一理論，超対称性，超重力理論について紹介する．これらの例を通じて，少なくとも現代物理学の設定で後者の立場，つまり，ある意味で統一理論に最終形があるという考え方にも説得力があると感じてもらえるはずである．

2.2 大統一理論

素粒子標準理論のゲージ群は $\mathrm{SU}(3) \times \mathrm{SU}(2) \times \mathrm{U}(1)$ である．リー群（リー代数）を勉強すると，十分に大きなゲージ群を導入すれば 3 つの相互作用が統一されると想像できる．この試みは歴史的に**大統一理論**とよばれ，多くの研究が行われてきた．ここでは物質に着目して，どのように統一されるのか，味わってみることにしよう．

まず標準理論はゲージ群という対称性を持つので，様々な物質はこの対称性の下で変換される．変換の仕方を指定するのが表現であり，表 2.1 に標準理論における物質の表現を掲載しておく．化学の発展において，原子を周期表にまとめることは，物質の特性を理解する上で重要だった．標準理論の物質の表現は，言わば素粒子の周期表であり，この物質の表現をどのように整理するかは，素粒子物理学の発展に強く影響する．

ここでは，リー群に詳しくない読者のために，なるべく専門用語を用いずに，表 2.1 における標準理論の物質の表現の意味と，ある整理方法を説明したい．電磁相互作用はゲージ群が $\mathrm{U}(1)$ なので，電荷は 1 次元の実数で表される．ゲージ群 $\mathrm{U}(1)$ の電荷は 1 次元であるが，一般に電荷は 1 次元とは限らない．ゲージ群 $\mathrm{SU}(3)$ の電荷は 2 次元（ランク 2）であり，表 2.1 に現れる $\mathbf{3}$ は

表 2.1　素粒子標準理論における物質（クォークとレプトン）．クォークとレプトンは，ゲージ群 $\mathrm{SU}(3)\times\mathrm{SU}(2)\times\mathrm{U}(1)$ において様々な表現として変換される．右巻き (R) のクォークのアップクォーク u_R とダウンクォーク d_R や，レプトンの電子 e_R とニュートリノ ν_R は，それぞれ SU(2) において単独で $\mathbf{1}$ 表現をなす．それに対して，左巻き (L) のクォーク q_L のアップクォークとダウンクォークや，レプトン l_L の電子とニュートリノは，それぞれ組み合わさって $\mathbf{2}$ 表現をなす．右巻きは共役 (conjugation) を表に載せているため，c の上添え字を付けている．$\nu_\mathrm{R}^\mathrm{c}$ を標準理論の物質に入れない立場もあるが，その存在はほぼ受け入れられている．これ以降右巻き (R) と左巻き (L) を明示しない．

クォーク	$[\mathrm{SU}(3)\times\mathrm{SU}(2)]_{\mathrm{U}(1)}$	レプトン	$[\mathrm{SU}(3)\times\mathrm{SU}(2)]_{\mathrm{U}(1)}$
q_L	$(\mathbf{3},\mathbf{2})_{\frac{1}{6}}$	l_L	$(\mathbf{1},\mathbf{2})_{-\frac{1}{2}}$
u_R^c	$(\bar{\mathbf{3}},\mathbf{1})_{-\frac{2}{3}}$	e_R^c	$(\mathbf{1},\mathbf{1})_1$
d_R^c	$(\bar{\mathbf{3}},\mathbf{1})_{\frac{1}{3}}$	$\nu_\mathrm{R}^\mathrm{c}$	$(\mathbf{1},\mathbf{1})_0$

ゲージ群 SU(3) における $\mathbf{3}$ 表現のことであり，簡単に言えば，中心が原点にある正三角形の頂点に値を持つ電荷（の組）である．同様に，$\bar{\mathbf{3}}$ は $\bar{\mathbf{3}}$ 表現であり，逆正三角形の頂点に値を持つ電荷である．また，ゲージ群 SU(2) の電荷は 1 次元（ランク 1）であり，$\mathbf{2}$ はゲージ群 SU(2) における $\mathbf{2}$ 表現であり，“正二角形”（原点に関して対称な 2 点）の電荷である．さらに，$\mathbf{1}$ はゲージ群によらず電荷を持たないことを意味する．正多角形の一辺の長さを 1 とすると，ゲージ群 SU(3) の $\mathbf{3}$ 表現は正三角形の頂点に値を持つ電荷なので，2 次元座標を用いて電荷は

$$\left(\frac{1}{2},-\frac{1}{2\sqrt{3}}\right),\quad \left(-\frac{1}{2},-\frac{1}{2\sqrt{3}}\right),\quad \left(0,\frac{1}{\sqrt{3}}\right), \tag{2.1}$$

$\bar{\mathbf{3}}$ 表現は逆正三角形の頂点に値を持つ電荷なので，電荷は

$$\left(\frac{1}{2},\frac{1}{2\sqrt{3}}\right),\quad \left(-\frac{1}{2},\frac{1}{2\sqrt{3}}\right),\quad \left(0,-\frac{1}{\sqrt{3}}\right) \tag{2.2}$$

と表され，さらにゲージ群 SU(2) の $\mathbf{2}$ 表現の電荷は

$$\left(\frac{1}{2}\right),\quad \left(-\frac{1}{2}\right) \tag{2.3}$$

と表すことができる．これらのデータ整理には多くの方法があってよいし，新しい整理方法は新しい統一理論の発見に繋がるかもしれないが，ここでは 1 つの整理方法を説明しよう．

高い次元（高いランク）の電荷と言っても，イメージが湧かないし，取扱い方法も複雑なので，わかりやすい U(1) を尊重して並べ換えてみると，

$$u^\mathrm{c}(-2/3) < l(-1/2) \ll \nu^\mathrm{c}(0) < q(1/6) < d^\mathrm{c}(1/3) \ll e^\mathrm{c}(1) \tag{2.4}$$

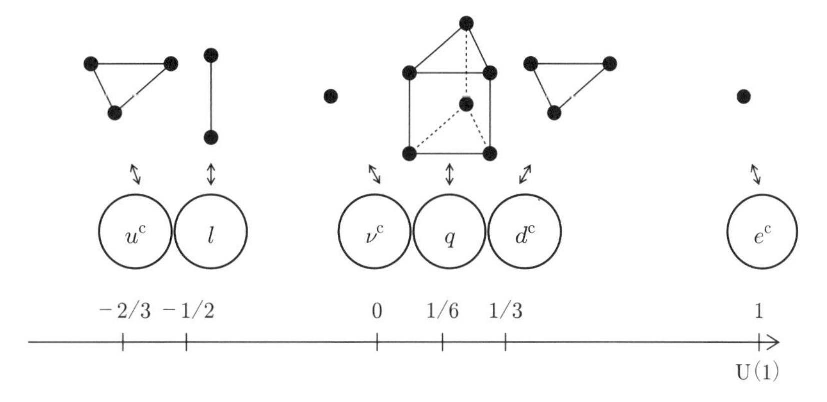

図 2.1 様々な物質の U(1) 電荷のプロット．物質は 3 つのグループ (u^{c}, l), $(\nu^{\mathrm{c}}, q, d^{\mathrm{c}})$, e^{c} に分かれ，それぞれのグループ内の U(1) 電荷は 1/6 ずつ異なり，またグループ間は 5/6 ほど離れている．

となる．ここで ≪ の記号が少し大げさな気もするが，実際に座標にプロットしてみると確かに他よりはかなり離れていると感じるはずである（図 2.1 参照）．このときそれぞれのグループ内の電荷は 1/6 ずつ異なり，また，グループ間は 5/6 くらい離れている．そうすると，グループ間は

$$\nu^{\mathrm{c}}, \quad (l, d^{\mathrm{c}}), \quad (u^{\mathrm{c}}, q, e^{\mathrm{c}}) \tag{2.5}$$

と対応づけさせたくなるだろう．以下この (2.5) のグループ分けを採用しよう．

物質 ν^{c} はすべての電荷を持たないので，特にこれ以上説明することはない．物質のグループ (l, d^{c}) や $(u^{\mathrm{c}}, q, e^{\mathrm{c}})$ の電荷を，SU(3) × SU(2) × U(1) の順番で，2 次元電荷，1 次元電荷，1 次元電荷を並べて 4 次元電荷

$$\Bigl(\underbrace{\ast\ ,\ \ast}_{\mathrm{SU(3)}}, \underbrace{\ast}_{\mathrm{SU(2)}}, \underbrace{\ast}_{\mathrm{U(1)}}\Bigr) \tag{2.6}$$

の形で表そう．(2.1), (2.2), (2.3) のように正多角形の一辺の長さを 1 として，U(1) 電荷に適当な規格化定数

$$r = \sqrt{\frac{3}{5}} \tag{2.7}$$

をかけると，物質のグループ (l, d^{c}) の電荷はそれぞれ

$$\begin{aligned} l &: \left(0, 0, \frac{1}{2}, -\frac{1}{2}r\right), \left(0, 0, -\frac{1}{2}, -\frac{1}{2}r\right), \\ d^{\mathrm{c}} &: \left(\frac{1}{2}, \frac{1}{2\sqrt{3}}, 0, \frac{1}{3}r\right), \left(-\frac{1}{2}, \frac{1}{2\sqrt{3}}, 0, \frac{1}{3}r\right), \left(0, -\frac{1}{\sqrt{3}}, 0, \frac{1}{3}r\right) \end{aligned} \tag{2.8}$$

となる．このとき，d^{c} や l の U(1) 電荷をうまく規格化 (2.7) したため，4 次元空間における 5 点はすべて原点から等距離であり，また互いにも等距離である．この 5 点を頂点に持つ“多面体”は 4 次元における標準単体（2 次元の

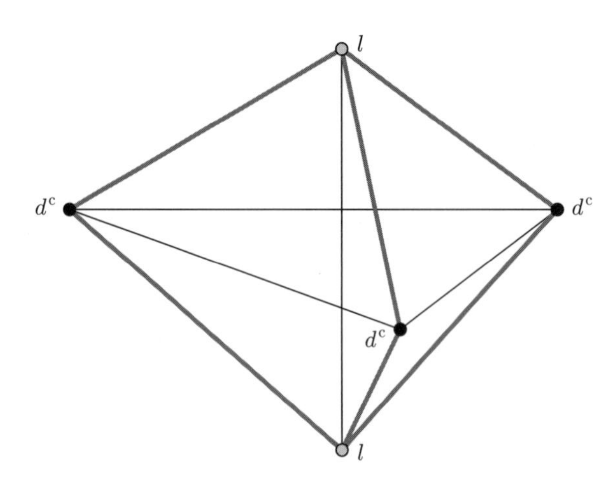

図 2.2　標準理論のゲージ群 $\mathrm{SU}(3) \times \mathrm{SU}(2) \times \mathrm{U}(1)$ における物質 (l, d^{c}) の表現のイメージ図．SU(3) の電荷を水平的な 2 次元平面に，SU(2) の電荷を垂直的な 1 次元軸にプロットし，U(1) の電荷を色の濃淡で区別している．合わせて $2+1+1=4$ 次元空間の図．物質 (l, d^{c}) の表現は，4 次元における標準単体である正五胞体の頂点に位置し，すべての頂点の間は等距離 1 である．

正三角形や 3 次元の正四面体の自然な拡張）で，正五胞体とよばれる（図 2.2 参照）．

物質のグループ $(u^{\mathrm{c}}, q, e^{\mathrm{c}})$ に対しても同じ規格化定数 (2.7) をかけると，

$$\begin{aligned}
u^{\mathrm{c}} &: \left(\frac{1}{2}, \frac{1}{2\sqrt{3}}, 0, -\frac{2}{3}r\right), \left(-\frac{1}{2}, \frac{1}{2\sqrt{3}}, 0, -\frac{2}{3}r\right), \left(0, -\frac{1}{\sqrt{3}}, 0, -\frac{2}{3}r\right), \\
q &: \left(\frac{1}{2}, -\frac{1}{2\sqrt{3}}, \pm\frac{1}{2}, \frac{1}{6}r\right), \left(-\frac{1}{2}, -\frac{1}{2\sqrt{3}}, \pm\frac{1}{2}, \frac{1}{6}r\right), \left(0, \frac{1}{\sqrt{3}}, \pm\frac{1}{2}, \frac{1}{6}r\right), \\
e^{\mathrm{c}} &: \left(0, 0, 0, r\right)
\end{aligned} \tag{2.9}$$

となる．この 10 個の点は標準単体の頂点ではないものの，4 次元において拡張された正多面体の頂点となっており，特に 10 個の頂点はすべて原点から等距離であり，また頂点間の距離に 1 と $\sqrt{2}$ の 2 種類の長さのみが現れる（図 2.3 参照）．

ここで行ったデータ整理は，リー群の用語を使えば，素粒子標準理論のゲージ群 $\mathrm{SU}(3) \times \mathrm{SU}(2) \times \mathrm{U}(1)$ をより大きなゲージ群 SU(5) に変更すれば，物質もより大きな表現に統一されると言い換えられる．つまり，ゲージ群 SU(5) により，物質のグループ $(u^{\mathrm{c}}, q, e^{\mathrm{c}})$，$(l, d^{\mathrm{c}})$，$\nu^{\mathrm{c}}$ の電荷はそれぞれ SU(5) における $\mathbf{10}$ 表現，$\bar{\mathbf{5}}$ 表現，$\mathbf{1}$ 表現にまとまる．この様相は，それぞれの SU(5) の表現を標準理論のゲージ群 $\left[\mathrm{SU}(3) \times \mathrm{SU}(2)\right]_{\mathrm{U}(1)}$ で分解した形

$$\begin{aligned}
\mathbf{10} &\to (\bar{\mathbf{3}}, \mathbf{1})_{-\frac{2}{3}} + (\mathbf{3}, \mathbf{2})_{\frac{1}{6}} + (\mathbf{1}, \mathbf{1})_1, \\
\bar{\mathbf{5}} &\to (\bar{\mathbf{3}}, \mathbf{1})_{\frac{1}{3}} + (\mathbf{1}, \mathbf{2})_{-\frac{1}{2}}, \\
\mathbf{1} &\to (\mathbf{1}, \mathbf{1})_0
\end{aligned} \tag{2.10}$$

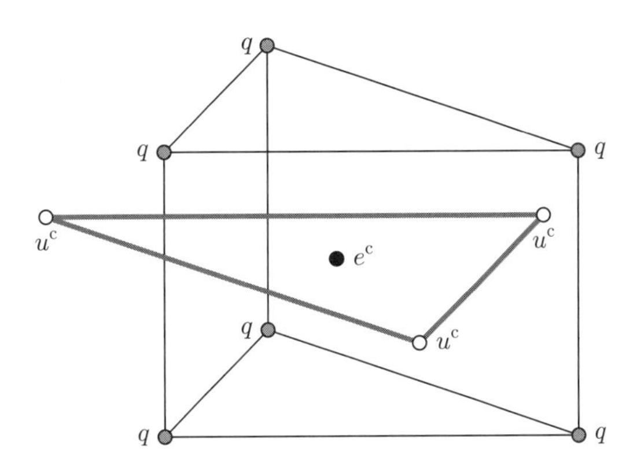

図 2.3　標準理論のゲージ群 SU(3) × SU(2) × U(1) における物質 (u^c, q, e^c) の表現のイメージ図．図 2.2 と同様に，SU(3) を水平的な 2 次元平面に，SU(2) を垂直的に 1 次元軸にプロットし，U(1) を色の濃淡で区別している．物質 (u^c, q, e^c) の表現は，4 次元空間においてある拡張された正多面体の頂点に位置する．頂点の間の距離は 1 か $\sqrt{2}$ である．

で記述される．このようにより大きなゲージ群 SU(5) の見方をすれば，表 2.1 において不規則にみえる様々な物質の電荷は決して偶然の産物ではなく，大きなゲージ群 SU(5) の 3 つの表現が部分群 SU(3) × SU(2) × U(1) に破れた結果だと自然に解釈される．

さらに議論を推し進めて，より大きなゲージ群 SO(10) の **16** 表現が部分群 SU(5) に破れる状況を考えれば，**16** 表現は

$$\mathbf{16} \to \mathbf{10} + \bar{\mathbf{5}} + \mathbf{1} \tag{2.11}$$

に分解されることがわかる．これまで標準理論の物質をまとめたゲージ群 SU(5) の **10** 表現，$\bar{\mathbf{5}}$ 表現，**1** 表現がすべて過不足なく現れるので，標準理論のすべての物質はゲージ群 SO(10) のたった 1 つの **16** 表現に統一されるという簡潔で美しいシナリオに到達する．結果的にこのシナリオは現象論的な整合性を満たしていないが，大きなゲージ群で物質を統一していく理念は非常に興味深く，標準理論の物質がすべてゲージ群 SO(10) の **16** 表現に起源を持つことはおそらく何かしらの真理を反映しているだろう．

この統一の様相は，リー群の枠組みの中では非常に特徴的である．大きく分けると，リー群はランクが無限に大きくなる古典リー群と，有限のランクで止まる例外リー群に分かれる．古典リー群には，ユニタリ群，直交群，斜交群（シンプレクティック群）がある．代表的な例外リー群に E 型例外群とよばれるものがある．E 型例外群の中で最もランクが大きいものが E_8 であり，それから 1 つずつランクを下げていくと，E_7，E_6 と下がっていくが，E_5 は SO(10)，E_4 は SU(5)，E_3 は SU(3) × SU(2) と同型である（図 2.4 参照）．ここで行った解析はまさにその逆であり，標準理論の非可換ゲージ群 SU(3) × SU(2) か

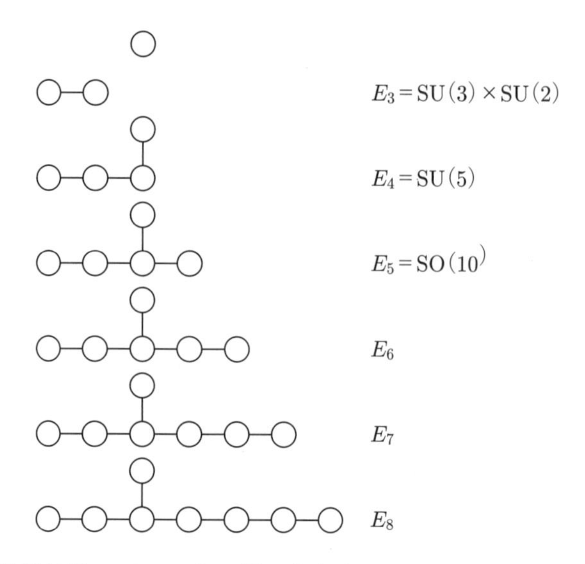

図 2.4　E 型例外群のディンキン図．上からそれぞれ $E_3 = \mathrm{SU}(3) \times \mathrm{SU}(2)$，$E_4 = \mathrm{SU}(5)$，$E_5 = \mathrm{SO}(10)$，$E_6$，$E_7$，$E_8$ に対応する．

ら始め，SU(5) を経て SO(10) に拡大されてきた．さらに統一理論を発展させると自然に E 型例外群に到達し，E_6，E_7，E_8 へと拡大されていくと想像される．つまり，大きなゲージ群による大統一理論を考えると，その延長線上には E 型例外群があり，無限に大きなランクを持てる古典群ではなく，最大のランク E_8 を持つ E 型例外群が選ばれている．

SO(10) から一段進めた E_6 による統一も考えられている．E_6 の **27** 表現は，部分群 $E_5 = \mathrm{SO}(10)$ に

$$\mathbf{27} \to \mathbf{16} + \mathbf{10} + \mathbf{1} \tag{2.12}$$

と分解され，さらに $E_4 = \mathrm{SU}(5)$ には，(2.11) と合わせて

$$\begin{aligned} \mathbf{10} &\to \mathbf{5} + \bar{\mathbf{5}}, \\ \mathbf{1} &\to \mathbf{1} \end{aligned} \tag{2.13}$$

と分解される．もともとの $E_5 = \mathrm{SO}(10)$ の **16** 表現による物質の統一と比べると，余分な **5** 表現と $\bar{\mathbf{5}}$ 表現を持つため，$\bar{\mathbf{5}}$ 表現の質量階層性が緩和されると期待される．この特性を用いてダウンクォークがアップクォークよりも緩やかな質量階層性を持つことを説明する試みがある．

まとめると，素粒子の統一理論では，E 型例外群が重要な役割を果たしている．また，このように E 型例外群に沿って統一理論が発展するならば，必然的に例外群 E_8 に到達する．大きなゲージ群による統一は，古典群を用いて無限に継続されるものではなく，必ず例外群 E_8 という構造により打止めになる．この意味で，素粒子標準理論においてより大きなゲージ群で統一する大統一理論の試みには，最終理論の構造があることが示唆される．

2.3 超対称性

場の量子論において粒子の生成消滅は代数によって行われるが，無矛盾な代数には交換関係と反交換関係がある．交換関係に従う粒子をボース粒子（ボソン），反交換関係に従う粒子をフェルミ粒子（フェルミオン）という．**超対称性**とは，簡単に言えば，ボソンとフェルミオンを入れ換える

$$\text{ボソン} \Leftrightarrow \text{フェルミオン}$$

という対称性である．

場の量子論において，自由ボソンも自由フェルミオンも，零点振動のエネルギーは無限大に発散する．幸い零点振動のエネルギーはミンコフスキー時空上の場の量子論を議論する際には観測量として登場しないので，ひとまず問題は起きない．しかし，重力を結合させた場の量子論を考慮すれば，零点振動のエネルギーは宇宙項となり，この無限大の宇宙項の効果は，観測されている近似的に平坦な時空と矛盾する．

この問題に対して，ボソンとフェルミオンの零点振動のエネルギーが互いに逆符号で寄与することに注目すれば，次のシナリオが考えられる．つまり，ボソンとフェルミオンの間に対称性があれば，ボソンの存在とフェルミオンの存在が互いに関連し合い，無限大が相殺される．このため，自然の微視的な構造において，超対称性は強く信じられている．

超対称性は 1 つ ($\mathcal{N}=1$) だけでなく，2 つ ($\mathcal{N}=2$)，4 つ ($\mathcal{N}=4$) と拡大させることができるので，一見無限に高い超対称理論を構築できそうな気持ちになるが，そうではない．超対称性はボソンとフェルミオンの異なるスピンを繋ぐので，高い超対称性は高いスピンを持つ粒子の存在を意味する．しかし，自然界にはスピン 2 の重力子よりも高いスピンを持つ粒子は存在しないと考えられている．したがって，一般にいくらでも高い超対称理論を構築できるわけではないと考えるのが自然である．

第 1.1 節で議論したように超対称性はカルツァ–クライン模型と非常に相性がよい．高い超対称性を持つ理論を構築するのは一般に難しいが，より高い次元における超対称理論を構築して，それをカルツァ–クライン模型と同様に，もとの次元に還元させるという手法（次元還元）がよく用いられる．このような見方において，高い超対称性と高い次元はほぼ同義語となり，いくらでも高い超対称性を構築できないことは，いくらでも高い次元で統一することができないことを意味する．

実際に，素粒子標準理論で用いられているヤン–ミルズ理論の超対称化は，4 次元時空で言えば，超対称性が 4 つ ($\mathcal{N}=4$) までしか，時空次元で言えば，10 次元までしか構築されないことが知られている．ここでは $\mathcal{N}=1$ の超対称性を持つヤン–ミルズ理論が構築される次元について，自由度の観点から簡便

表 2.2　各次元におけるゲージ場とゲージーノの質量殻上の自由度．次元とともにゲージ場の自由度は線形で増え，ゲージーノの自由度はほぼ冪乗で増える．ゲージ場の自由度とゲージーノの自由度が釣り合う超対称性を持つ次元は，明らかに最大値を持つ．

時空次元	3	4	5	6	7	8	9	10	11
ゲージ場	1	2	3	4	5	6	7	8	9
ゲージーノ	1	2	4	4	8	8	8	8	16

法を用いて考察してみよう．$\mathcal{N}=1$ 超対称ヤン–ミルズ理論は，ゲージ場とその超対称パートナーとなるゲージーノを含んでいる．4 次元時空内のゲージ場の運動方程式を満たす質量殻上 (on shell) の自由度は，ゲージ固定と縦波の除去により有効的に時間 1 成分と空間 1 成分が取り除かれ，$4-2=2$ 次元のベクトルと同じになる．同様に D 次元時空内のゲージ場の質量殻上の自由度は $D-2$ である．一方，超対称パートナーとなるゲージーノは，フェルミオン場であるためそれぞれの次元によって様相が少し異なる．一般に D 次元時空におけるガンマ行列

$$\{\gamma^{\mu},\gamma^{\nu}\}=2\eta^{\mu\nu},\quad (\eta^{\mu\nu})=\mathrm{diag}(-1,+1,+1,\cdots,+1) \tag{2.14}$$

の線形結合からフェルミオンの生成消滅演算子を定義し表現を構築すると，フェルミオンの表現次元は実数で数えて $2^{[D/2]+1}$ 次元となる．ただしここで，$[x]$ はガウス記号であり，x を超えない最大の整数を表す．フェルミオンは次元によって，マヨラナ条件（実条件）やワイル条件（カイラル条件）あるいはその両方を課すことができ，それぞれの条件で表現次元が半分になる．また運動方程式を満たす質量殻上の自由度はさらにその半分である．これらの場の自由度をまとめたのが表 2.2 である．これより，他の自由度を持たない $\mathcal{N}=1$ 超対称ヤン–ミルズ理論が構築される可能性がある時空次元は，表 2.2 でボソンのゲージ場とフェルミオンのゲージーノの自由度が釣り合っている 3，4，6，10 次元のみであることがわかる．実際，これらの次元において $\mathcal{N}=1$ 超対称ヤン–ミルズ理論が構築されており，弦理論の研究において重要な役割を果たしてきた．特に最大次元の 10 次元の $\mathcal{N}=1$ 超対称ヤン–ミルズ理論は，次元還元により 4 次元の $\mathcal{N}=4$ 超対称ヤン–ミルズ理論になる．表 2.2 から外挿すれば，これよりも高い次元ではボソンは線形にしか自由度が増えないのに対して，フェルミオンは冪乗で自由度が増えるので，決して釣り合うことはないことがわかる．このように超対称化の操作も，前節の大統一理論と同様に，際限なく継続できるものではなく，必ずどこかで打止めになる構造を持つ．

本節の最後に超対称性が与える技術的な進展についてコメントをしたい．これまで超対称性が場の量子論における発散の処理に有用であることや，超対称化の操作が無限に継続されないことを説明してきたが，超対称性に関してもう

一つ重要な視点がある．一般に場の量子論における量子効果は複雑であり，厳密に解析を進めるのは困難である．これに対して超対称性という非自明な対称性により，量子効果が大きく制限されることがある．そのため，通常の場の量子論よりも，超対称性を持つ場の量子論の方が簡単になる状況が生じる．実際，本書で解説する行列模型も，本来は場の量子論における分配関数や真空期待値で，無限次元の経路積分により定義された物理量であるが，高い超対称性のため，ボソンの寄与とフェルミオンの寄与が大きく相殺し，最終的に有限次元の多重積分に帰着したものである．このように考えれば，技術的には超対称性は量子効果の理解への近道を与えるといえよう．

2.4 超重力理論

素粒子標準理論を超える試みとして，前節まで大統一理論と超対称性について説明してきた．両者の特徴は，いずれの統一理論でも，統一というプロセスが際限なく進められるものではなく，必ずどこかで打止めになる構造を持つことであった．本節では重力理論の超対称化について議論したい．

前節の超対称性の場合と同じく，高い超対称性を持つ重力理論を構築するには，やはりより高い次元で構築してもとの次元に還元させる手法を用いる．最も高い超対称性を持つ超重力理論，つまり，最も高い次元における超重力理論は，11 次元時空で構築される．このように重力理論の超対称化においてもどこかで打止めになる構造を持つ．

この **11 次元超重力理論**は力強く，美しい理論である．実際，一旦 11 次元超重力理論が構築されれば，次元還元により他の次元の超重力理論が導出され，11 次元超重力理論は他の超重力理論を力強く支配している．また，次章以降で述べる弦理論は，時空内における場の理論の作用が完全に理解された理論ではないことを考えると，この 11 次元超重力理論こそ現時点で最も対称性の高い美しい理論である．

11 次元超重力理論は，スピン 2 の計量場 $g_{\mu\nu}$ やその超対称パートナーであるスピン 3/2 のグラビティーノの他に，3 階反対称テンソル場 $A_{\mu\nu\rho}$ を持つ．計量場と 3 階反対称テンソル場はボソンであり，グラビティーノはフェルミオンである．作用のボソンの部分のみ抜き出すと，

$$S = \frac{1}{(2\pi)^{10}\ell_{\mathrm{p}}^9}\left[\int d^{11}x\sqrt{-g}\left(R - \frac{1}{2}F_4^2\right) - \frac{1}{6}\int A_3 \wedge F_4 \wedge F_4\right] \qquad (2.15)$$

となる．ここで，$g_{\mu\nu}$ は計量場で，R はその計量場から決まる曲率である．また，3 階反対称テンソル場 $A_{\mu\nu\rho}$ は微分形式の 3 形式 $A_3 = A_{\mu\nu\rho}dx^\mu \wedge dx^\nu \wedge dx^\rho/3!$ と同一視すれば 3 形式場であり，$F_4 = dA_3$ はその 3 形式場から決まる曲率である．ℓ_{p} は 11 次元のプランク定数である．

超対称性はボソンとフェルミオンの間の対称性なので，その間で自由度が釣

り合っているはずである．ここでも前節と同様の簡便法を用いて自由度の釣り合いを確かめよう．4 次元時空におけるベクトルの質量殻上の自由度の数え方と同様に，$D=11$ 次元時空内の 3 階反対称テンソル場の質量殻上の自由度も，$D-2=9$ 次元の 3 階反対称テンソル場の自由度

$$\frac{(D-2)(D-3)(D-4)}{3\cdot 2\cdot 1}=84 \tag{2.16}$$

と同じである．また，計量場の自由度は対称性とトレースレス性から

$$\frac{(D-2)(D-1)}{2}-1=44 \tag{2.17}$$

である．ボソンである計量場の自由度 44 と 3 階反対称テンソル場の自由度 84 と合わせると，

$$44+84=128 \tag{2.18}$$

となる．一方，フェルミオンであるグラビティノの自由度は

$$2^{[\frac{D-2}{2}]}(D-2-1)=128 \tag{2.19}$$

（質量殻上のスピノル表現次元にトレースレス条件を課した）であるので，ボソンの自由度とフェルミオンの自由度が一致することがわかる．

まとめると，本節でみたように，重力理論の超対称化においても，11 次元超重力理論により打ち止めになる構造を持つ．この理論は美しく対称的であり，また力強く他の超重力理論を支配する．

第 3 章
弦理論と M 理論

前章で統一理論の動機について説明してきた．本章ではいよいよ M 理論の説明へと進む．前章の統一理論の流れの中で，すべての粒子を 1 次元の拡がりを持つ弦の振動と見なすことが提案された．この弦の振動に基づいて構成した理論を弦理論という．弦理論の励起モードにスピン 2 の零質量の粒子があり，これを重力子と同定することにより，無矛盾な重力の量子論が構築されることがわかった．しかし，摂動論的な解析から，超対称性を持つ弦理論は 10 次元時空において 5 種類存在し，統一の最終理論を期待する立場からでは，どれを選ぶべきかの恣意性が残る．その状況で，5 種類の超弦理論が様々な双対性を通じて繋がっていることが発見され，さらに 11 次元時空上に定義される M 理論の存在を仮定することにより，超弦理論に対する知見が明快に整合することがわかった．

本章では第 3.1 節で 5 種類の超弦理論が存在することを概観した後に，第 3.2 節でそれらが双対性を通じて等価な理論であることを解説し，第 3.4 節で 11 次元 M 理論から超弦理論に関する知見が整合していく様子を説明する．第 3.3 節や第 3.5 節では M 理論に対して重力理論による解析から得られる知見をまとめる．

3.1 摂動論的な弦理論

統一理論を目指す中で，自然が 0 次元の「点粒子」ではなく，1 次元の拡がりを持つ「弦（紐）」からできていると仮定する**弦理論**が注目されるようになった．弦は 1 次元の拡がりを持つが，弦全体が端点を持たない閉じた曲線になっている場合も，端点を持つ開いた曲線になっている場合も考えられる．粒子が運動すると，時空内には 0+1 次元の軌跡（世界線）ができ，同様に，弦も運動により時空内に 1+1 次元の軌跡（**世界面**）ができる*1)．

弦の作用として，運動によりできる世界面の面積を用いた南部–後藤作用を考える．これと等価な作用を量子化すると，閉じた弦から自然にスピン 2 の零質量の振動モードが発見され，重力子と同定された．さらに零質量のモードが作る低エネルギー有効理論を詳しく調べていくと，重力理論のアインシュタイン–ヒルベルト作用が再現され，弦理論は無矛盾な重力の量子論を内包していることがわかった．また同様に開いた弦も取り入れると，開いた弦の量子化からスピン 1 の零質量の振動モードが発見され，電磁相互作用など重力以外の 3 つの相互作用を引き起こすゲージボソンと同定された．

つまり，自然界の相互作用の統一理論として，次のようなシナリオが考えられる．自然界の基本理論として弦理論があり，弦は振動モードにより重力子やゲージボソンに同定される．これにより，重力相互作用とそれ以外の電磁力など 3 つの相互作用を含んだ，無矛盾な量子論ができる．この理論には他にも弦の高い振動モードが無限にあるが，現在実験のエネルギースケールでは弦が点粒子に縮まり，高い振動モードは観測できない．そのため，低エネルギー有効理論は重力理論やゲージ理論を組み合わせたものになる．

このシナリオを実現するためには，さらに次のような問題を考える必要がある．まず弦の世界面理論の量子論には量子異常（アノマリー）とよばれる効果があり，その無矛盾性により，時空は 3+1 次元よりもはるかに高次元で定義される必要がある．超対称性を導入しなければ弦理論が予言する時空は 25+1 次元であり，超対称性を導入しても時空は 9+1 次元となる．また同時に，超対称性を持つ弦理論が予言するゲージ群は SO(32) や $E_8 \times E_8$ であり，観測されている素粒子標準理論のゲージ群 $\mathrm{SU}(3) \times \mathrm{SU}(2) \times \mathrm{U}(1)$ よりもはるかに大きい．さらに，素直に 9+1 次元から 3+1 次元に次元還元させると，非常に高い超対称性が残る．

このように 9+1 次元から 3+1 次元に次元還元させる際に，高い超対称性や大きなゲージ対称性を破りながら，素粒子標準理論に近づける必要がある．簡単ではないが，それぞれの問題が密接に関連し合いながら，超弦理論が前章で説明した標準理論の美しい構造と結びついていくこのシナリオを，物理学者は歓迎した．

つまり第 2.2 節で説明したように，素粒子標準理論のゲージ群 $\mathrm{SU}(3) \times \mathrm{SU}(2) \times \mathrm{U}(1)$ をより大きなゲージ群で統一する大統一理論を考えると，自然に E 型例外群に到達するが，超弦理論の摂動論的な無矛盾性からゲージ群が制限され，その中にも $E_8 \times E_8$ が現れたのは驚きである．言い換えれば，重力相互作用と量子論的に整合する超弦理論を追求した結果，他の相互作用を統一すると思われる例外リー群 E_8 が現れたのは，まさに幸運だった．この時期

*1)　混乱を避けるため，本章では時空次元を空間次元と時間次元に分けて記述する．

に，物理学者は大いに興奮して，超弦理論がすべての相互作用を統一すると強く信じるようになった．

さらに，第 2.3 節で説明したボソンとフェルミオンによる零点振動のエネルギーが適切に相殺するように，超対称性 $\mathcal{N}=1$ を残す条件を課すと，余分な 6 次元空間はカラビ–ヤウ多様体でなければならないことがわかる．カラビ–ヤウ多様体の選び方により，超弦理論のゲージ群がどのような部分群に破れるか，また，その際にどのような物質が現れるか，に関して盛んに研究され，超弦理論の現象論が大きく進展した．

3.2　双対性

前章で説明した統一理論のアイディア，大統一理論や超対称性が，超弦理論の枠組みの中で明快に整合し，物理学者は大いに興奮したことを前節で述べてきた．摂動論的な解析により超弦理論は 9+1 次元時空で定義され，その低エネルギー有効理論は 9+1 次元超重力理論となる．しかし，第 2.4 節で説明したように，最大次元の超重力理論は 10+1 次元時空において構築され，このままでは 10+1 次元超重力理論が果たす役割が不明である．この問題は本節で議論する問題と絡んで，興味深い提案に繋がっていく．

統一理論の有力候補として考えられる 9+1 次元の超対称性を持つ弦理論は 5 つ発見され，それぞれ IIA 型超弦理論，IIB 型超弦理論，I 型超弦理論，SO(32) 混成型超弦理論*2)，$E_8\times E_8$ 混成型超弦理論と名付けられた．IIA 型と IIB 型は 9+1 次元時空の超対称性を 2 つ持ち，また，残りの I 型，SO(32) 混成型，$E_8\times E_8$ 混成型は時空の超対称性を 1 つ持つ超弦理論である．すべての相互作用の統一を追い求めてきた物理学者は，この事実に当惑した．統一の最終理論の枠組みでは，ただ 1 つの輝く理論から始めて，すべての相互作用が説明されることを期待してきたのに，摂動論的に無矛盾な超弦理論が 5 つも発見されたのは不思議だった．

そのような状況の中で，IIA 型超弦理論と IIB 型超弦理論，または，SO(32) 混成型超弦理論と $E_8\times E_8$ 混成型超弦理論に対して，1 次元空間をコンパクトな円周 S^1 に置き換えた有効的な 8+1 次元弦理論が考えられた．このとき，円周を回り運動量が量子化される**カルツァ–クラインモード**と円周を整数回巻き付ける**巻き付きモード**の両方の寄与が 2 つの弦理論の間で完全に入れ換わり，全体としては全く同じ質量スペクトラムを持つことがわかった．また，他の物理量も，2 つの II 型超弦理論や 2 つの混成型超弦理論の間で，完全に対応が付けられた．このように 2 つの弦理論の間で，カルツァ–クラインモードと巻き付きモードの寄与を入れ換えることにより物理量が完全に対応することを **T**

*2)「混成型」は ‘heterotic’ の訳語で，日本語では単に「ヘテロ型」ともいう．

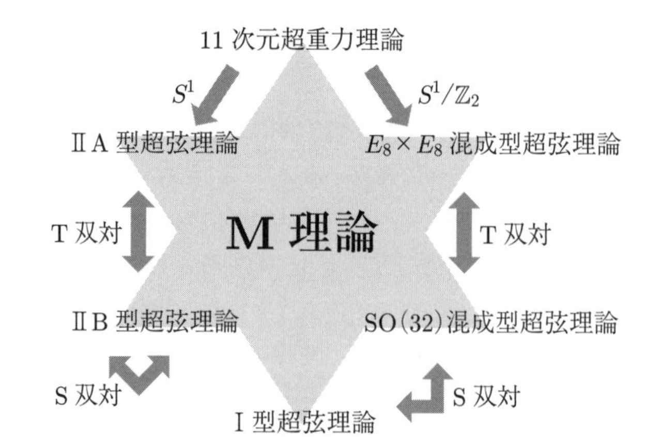

図 3.1　超弦理論の双対性と M 理論の概念図．双対性は両側の矢印を用い，コンパクト化は片側の矢印を用いて記した．

双対性という．

また，低エネルギーで弦が点粒子に縮まるため，それぞれの超弦理論の低エネルギー有効理論は対応する超重力理論になる．これに対して，超重力理論の間で結合定数をそれの逆数に入れ換える対称性も発見され，この対称性が超弦理論に拡大することがわかった．この対称性は IIB 型超弦理論を自分自身に変換し，I 型超弦理論と SO(32) 混成型超弦理論を入れ換える．このように 2 つの超弦理論の間で，結合定数を逆数にすることにより物理量が完全に対応することを **S 双対性**という．

つまりこれらの議論から，5 つ発見された超弦理論は本当は 5 つではなく，双対性により互いに関連し合っているかもしれないと考えられるようになった (図 3.1 参照)．

3.3　ブレーン解と場の理論

弦理論の非摂動論的な効果は，低エネルギー有効理論の超重力理論を調べるだけでも多くのことがわかる．本節では超重力理論の古典解とその古典解の弦理論における解釈について説明する．

一般次元の“膜”をブレーンとよべば，それぞれの超重力理論には，長さの次元を持つ定数 R を用いた適切な調和関数 $H(y)$ を用いて，様々な次元に拡がるブレーンの古典解が構築されている．後に議論するように，これらのブレーンの古典解は対応する弦理論の中では物理的な実体を持つものであるので，混乱しないようにここでは先取りしてこれらの古典解に対応する物理的な実体で名前を付けておこう．II 型超重力理論には**基本弦**に対応する古典解

$$ds^2_{\mathrm{F1}} = H(y)^{-1} dx^2 + dy^2, \quad H(y) = 1 + \frac{R^6}{y^6} \tag{3.1}$$

や基本弦と電磁双対な**NS5 ブレーン**に対応する古典解

$$ds^2_{\mathrm{NS5}} = dx^2 + H(y)dy^2, \quad H(y) = 1 + \frac{R^2}{y^2} \tag{3.2}$$

の他に，空間 p 次元に拡がるブレーンに対応する古典解

$$ds^2_{\mathrm{D}p} = H(y)^{-\frac{1}{2}}dx^2 + H(y)^{\frac{1}{2}}dy^2, \quad H(y) = 1 + \frac{R^{7-p}}{y^{7-p}} \tag{3.3}$$

があり，これを**D*p* ブレーン**という．ただし，x はブレーンに平行な方向の座標であり，y はブレーンに垂直な方向の座標である．IIA 型超重力理論において p は偶数であり，IIB 型超重力理論において p は奇数である．次に述べる 10+1 次元超重力理論の場合と同じく，調和関数の冪は興味深いパターンを示し，ブレーンに垂直な方向における調和関数の冪はブレーンに平行な方向における調和関数の冪よりも 1 だけ大きい．また，$3+1$ 次元の重力ポテンシャルや電磁力ポテンシャルが中心からの距離に反比例するのと同様に，調和関数の分母の冪は垂直方向の次元から 2 を差し引いたものである．例えば，Dp ブレーンの場合に垂直方向と平行方向における調和関数の冪はそれぞれ $\frac{1}{2}$ と $-\frac{1}{2}$ であり，$\frac{1}{2} - (-\frac{1}{2}) = 1$ を満たす．また，Dp ブレーンの垂直方向は $9-p$ 次元あり，調和関数は $H(y) \sim y^{-(7-p)}$ の振舞いを持つ．ここで示した計量の他に，ゲージ場の寄与もあるが，簡単のため省略した．

これらの古典解はすべて超対称性を半分保つものであり，ブレーンの単位体積あたりの質量はブレーンが持つ電荷と等しく，質量による万有引力と電荷による斥力がうまく釣り合っているので，安定な物理的な配位としてブレーンを複数枚重ね合わせられる．そして，うまく規格化すれば，基本弦，NS5 ブレーン，Dp ブレーンの単位体積あたりの質量はそれぞれ，弦の典型的な長さを示す定数 ℓ_{s} と弦の結合定数 g_{s} を用いて

$$T_{\mathrm{F1}} = \frac{1}{2\pi\ell_{\mathrm{s}}^2}, \quad T_{\mathrm{NS5}} = \frac{1}{(2\pi)^5\ell_{\mathrm{s}}^6 g_{\mathrm{s}}^2}, \quad T_{\mathrm{D}p} = \frac{1}{(2\pi)^p\ell_{\mathrm{s}}^{p+1} g_{\mathrm{s}}} \tag{3.4}$$

で与えられる．

これらの超重力理論はそれぞれ対応する超弦理論の低エネルギー有効理論なので，ここでみた超重力理論の古典解となるブレーン解も，弦理論において実体を持つと考えるのが自然である．超重力理論で構築された，基本弦やそれと電磁双対な NS5 ブレーンの古典解 (3.1), (3.2) と対応する弦理論の物理的な実体は，もともと弦理論が弦の理論であることを考えれば明らかである．しかし，最後の Dp ブレーンの古典解 (3.3) と対応する物理的な実体は長い間不明だった．これに対して，ポルチンスキーが明快な解答を与えた．ポルチンスキーは，端点を持つ開いた弦に対して固定端境界条件の下で量子化を行い，1-ループ振幅を重力子などの振動モードを持つ閉じた弦の吸収や放出に読み換えた．このとき質量や電荷を計算したところ，まさに超重力理論で構築したブ

レーン解のものと一致することを発見した．つまり，超重力理論のブレーン解は，開いた弦の端が固定された超平面と見なすことができ，また，逆に言えば，開いた弦の端が固定されている超平面は，単なる境界条件を与える超平面ではなく，質量や電荷を持ったブレーン解と同定できることがわかった．この意味で，これらの空間 p 次元に広がるブレーンの古典解 (3.3) は，弦に固定端（Dirichlet，ディリクレ）境界条件を与えるので，対応する弦理論における物理的な実体は Dp ブレーンとよばれた．次元 p を示す必要がないときには，単に D ブレーンとよぶ．

このような見方をすると，D ブレーンは単なる超平面ではなく，その上の開いた弦の励起が場の理論によって記述される，物理的な実体だと考えられる．D ブレーンの**世界体積**（世界線，世界面の高次元拡張）を記述する場の理論は，ウィッテンによって最大超対称性を持つヤン–ミルズ理論と同定された．

3.4 11 次元へ

第 3.1 節で説明したように，摂動論的な超弦理論は 9+1 次元で定義されているのに，第 2.4 節によれば，超重力理論の最大次元は 10+1 次元である．9+1 次元の超重力理論は，超弦理論の低エネルギー有効理論として，超弦理論の枠組みで有機的に活躍している．また，より低次元の超重力理論は，超弦理論を低次元にコンパクト化したときの低エネルギー有効理論となる．そうすると，第 2.4 節で最も美しい理論と称してきた 10+1 次元超重力理論だけが孤立することになる．

しかし，9+1 次元 IIA 型超重力理論は，10+1 次元超重力理論のコンパクト化により得られることはよく知られており，10+1 次元超重力理論だけが孤立しているはずがない．では，超弦理論において 10+1 次元超重力理論が果たす役割は何か，という疑問が生じる．

明確な形でこの疑問に答えを与えたのは，やはりウィッテンである．ウィッテンは，10+1 次元に知られていなかった理論が存在することを指摘し，それを **M 理論**と命名した．M 理論を円周 S^1 上にコンパクト化すれば IIA 型超弦理論となり，また線分 $S^1/\mathbb{Z}_2$ 上にコンパクト化すれば $E_8 \times E_8$ 混成型超弦理論となることが予想された．逆に，S 双対を持たない IIA 型超弦理論や $E_8 \times E_8$ 混成型超弦理論は強結合領域において 10+1 次元の M 理論に持ち上がると予想された．この予想の無矛盾性に対して多くの非自明な確認がなされており，ここでは S^1 コンパクト化に関する質量関係式の無矛盾性を紹介したい．

第 2.4 節でみたように，10+1 次元超重力理論は 3 階反対称テンソル場を持つ．ゲージ場 A_μ が粒子の世界線に結合し，2 階反対称テンソル $A_{\mu\nu}$ が弦の世界面に結合することと同様に，3 階反対称テンソル $A_{\mu\nu\rho}$ はブレーンの世界体積に結合する．$A_{\mu\nu\rho}$ と電気的に結合するブレーンは 2+1 次元であり，磁気的

表 3.1　S^1 コンパクト化をした 11 次元 M 理論のブレーンと 10 次元 IIA 型超弦理論のブレーンの対応.

11 次元 M 理論の S^1 コンパクト化	10 次元 IIA 型超弦理論
カルツァ-クラインモード	D0 ブレーン
巻き付いた M2 ブレーン	基本弦
巻き付いていない M2 ブレーン	D2 ブレーン
巻き付いた M5 ブレーン	D4 ブレーン
巻き付いていない M5 ブレーン	NS5 ブレーン
タウブ-ナット空間（計量の配位）	D6 ブレーン

に結合するブレーンは 5+1 次元である．実際，この超重力理論を用いて超対称性を半分保つ古典解を構築すれば，2+1 次元に拡がる古典解

$$ds^2_{\mathrm{M2}} = H(y)^{-\frac{2}{3}} dx^2 + H(y)^{\frac{1}{3}} dy^2, \quad H(y) = 1 + \frac{R^6}{y^6} \tag{3.5}$$

や，その電磁双対となる 5+1 次元に拡がる古典解

$$ds^2_{\mathrm{M5}} = H(y)^{-\frac{1}{3}} dx^2 + H(y)^{\frac{2}{3}} dy^2, \quad H(y) = 1 + \frac{R^3}{y^3} \tag{3.6}$$

が得られる．それぞれの単位体積あたりの質量は，11 次元プランク長 ℓ_{p} を用いて，

$$T_{\mathrm{M2}} = \frac{1}{(2\pi)^2 \ell_{\mathrm{p}}^3}, \quad T_{\mathrm{M5}} = \frac{1}{(2\pi)^5 \ell_{\mathrm{p}}^6} \tag{3.7}$$

で与えられる．これらのブレーン解もやはり，もとの M 理論において物理的な実体を持つと考えるのが自然で，対応する物理的な実体はそれぞれ **M2 ブレーン**と **M5 ブレーン**とよばれている．つまり，前節での D ブレーンの考察と同様に，M2 ブレーンや M5 ブレーンは質量や電荷を持ち，それぞれのブレーン上の励起が場の理論などにより記述される物理的な実体と考えるのが自然であろう．

これまで超重力理論を通じてわかったことをまとめると，IIA 型超弦理論には，D0 ブレーン，基本弦，D2 ブレーン，D4 ブレーン，NS5 ブレーン，D6 ブレーンが存在し，M 理論には，M2 ブレーンと M5 ブレーンが存在する．10+1 次元 M 理論を円周 S^1 にコンパクト化して IIA 型超弦理論に次元還元すれば，それぞれの理論のブレーンも対応するはずである（表 3.1 参照）．M2 ブレーンが，円周に巻き付いていれば基本弦となり，円周に巻き付いていなければ D2 ブレーンとなる．また M5 ブレーンが，円周に巻き付いていれば D4 ブレーンとなり，円周に巻き付いていなければ NS5 ブレーンとなる．さらに，D0 ブレーンは 10+1 次元重力理論のカルツァ-クラインモードであり，D6 ブレーンは 10+1 次元重力理論におけるタウブ-ナット (Taub-NUT) 空間である．ここで**タウブ-ナット空間**とは，ユークリッド空間上の重力理論の古典解で，漸近

的に $\mathbb{R}^3 \times S^1$ となる計量の非自明な配位である．S^1 にコンパクト化された M 理論からみれば，D6 ブレーンに垂直な方向はまさに $\mathbb{R}^3 \times S^1$ で，タウブ-ナット空間の漸近的な振舞いと一致するので，この解釈は自然であろう．

このように M 理論のブレーンと IIA 型超弦理論のブレーンが次元還元により対応することを仮定すると，関係式

$$\frac{1}{2\pi R} = T_{\mathrm{D0}}, \quad T_{\mathrm{M2}} 2\pi R = T_{\mathrm{F1}}, \quad T_{\mathrm{M2}} = T_{\mathrm{D2}},$$
$$T_{\mathrm{M5}} 2\pi R = T_{\mathrm{D4}}, \quad T_{\mathrm{M5}} = T_{\mathrm{NS5}} \tag{3.8}$$

が得られる．過決定の関係式であるが，非自明に解

$$R = \ell_{\mathrm{s}} g_{\mathrm{s}}, \quad \ell_{\mathrm{p}}^3 = \ell_{\mathrm{s}}^3 g_{\mathrm{s}} \tag{3.9}$$

を持つことは，M 理論に関する予想がうまく整合している証拠である．

3.5 自由度

前節でみたように，10+1 次元超重力理論において，2+1 次元の M2 ブレーンの古典解は，ブレーンに平行な 2+1 次元方向にローレンツ対称性 $\mathrm{SO}(1,2)$ を持ち，垂直な 8 次元方向に回転対称性 $\mathrm{SO}(8)$ を持つ．また，5+1 次元の M5 ブレーンの古典解は，ブレーンに平行な 5+1 次元方向にローレンツ対称性 $\mathrm{SO}(1,5)$ を持ち，垂直な 5 次元方向に回転対称性 $\mathrm{SO}(5)$ を持つ．同様に，弦理論のブレーン解が時空 $p+1$ 次元に拡がると，ブレーンに平行な $p+1$ 次元方向にローレンツ対称性 $\mathrm{SO}(1,p)$ を持ち，垂直な $9-p$ 次元方向に回転対称性 $\mathrm{SO}(9-p)$ を持つ．しかし，超重力理論のブレーン解の地平線近傍に着目すると，より高い対称性が現れることがある．

特に D3 ブレーン，M2 ブレーン，M5 ブレーンに着目すると，ブレーンの枚数 N が大きい極限，あるいは，十分にブレーンに近い領域では，ブレーンの古典解がそれぞれアンチ-ドジッター時空と球面空間の直積 $\mathrm{AdS}_5 \times S^5$，$\mathrm{AdS}_4 \times S^7$，$\mathrm{AdS}_7 \times S^4$ となる．このとき，それぞれの背景時空の対称性は $\mathrm{SO}(2,4) \times \mathrm{SO}(6)$，$\mathrm{SO}(2,3) \times \mathrm{SO}(8)$，$\mathrm{SO}(2,6) \times \mathrm{SO}(5)$ である．これは D3 ブレーン，M2 ブレーン，M5 ブレーン上の世界体積理論のローレンツ対称性 $\mathrm{SO}(1,3)$，$\mathrm{SO}(1,2)$，$\mathrm{SO}(1,5)$ がそれぞれ共形対称性 $\mathrm{SO}(2,4)$，$\mathrm{SO}(2,3)$，$\mathrm{SO}(2,6)$ に拡大していると解釈される．

上記の対称性の考察において特別な役割を果たしてきた 3 種類のブレーン，D3 ブレーン，M2 ブレーン，M5 ブレーンが N 枚重なったときの場の理論の自由度が重力理論から予想できることを以下紹介したい．

ベケンシュタイン–ホーキングのエントロピー公式により，自由度を測るエントロピー S は，地平線の面積 A とニュートン定数 G により，

$$S = \frac{A}{4G} \tag{3.10}$$

で与えられる．このとき，地平線の面積 A は，アインシュタイン方程式

$$R_{\mu\nu} - \frac{1}{2}g_{\mu\nu}R = 8\pi G T_{\mu\nu} \tag{3.11}$$

の解で与えられ，方程式の左辺はアインシュタインテンソルであり，右辺の $T_{\mu\nu}$ は物質のエネルギー運動量テンソルである．ブレーン解の場合，エネルギー運動量テンソル $T_{\mu\nu}$ はブレーンの枚数 N とブレーンの単位体積あたりの質量 T に比例する．そのため，N 枚のブレーンが重なったとき，ブレーン解や，ブレーン解を用いて計算される地平線の面積 A は，アインシュタイン方程式 (3.11) の右辺に現れる組合せ，ニュートン定数 G，ブレーンの枚数 N，ブレーンの単位体積あたりの質量 T の積 GNT の関数

$$A = A(GNT) \tag{3.12}$$

で与えられるはずである．9+1 次元超重力理論や 10+1 次元超重力理論におけるニュートン定数はそれぞれ数係数を無視すれば，

$$G_{10} \simeq \ell_{\mathrm{s}}^8 g_{\mathrm{s}}^2, \quad G_{11} \simeq \ell_{\mathrm{p}}^9 \tag{3.13}$$

であるので，D3 ブレーン，M2 ブレーン，M5 ブレーンのそれぞれの場合において GNT という組合せは

$$G_{10}NT_{\mathrm{D3}} \simeq N\ell_{\mathrm{s}}^4 g_{\mathrm{s}}, \quad G_{11}NT_{\mathrm{M2}} \simeq N\ell_{\mathrm{p}}^6, \quad G_{11}NT_{\mathrm{M5}} \simeq N\ell_{\mathrm{p}}^3 \tag{3.14}$$

と表せる．ここで，エントロピーは無次元量なので，次元解析から地平線の面積 A の GNT の依存性が決まり，

$$S_{\mathrm{D3}} \simeq \frac{(N\ell_{\mathrm{s}}^4 g_{\mathrm{s}})^2}{\ell_{\mathrm{s}}^8 g_{\mathrm{s}}^2} = N^2, \quad S_{\mathrm{M2}} \simeq \frac{(N\ell_{\mathrm{p}}^6)^{\frac{3}{2}}}{\ell_{\mathrm{p}}^9} = N^{\frac{3}{2}}, \quad S_{\mathrm{M5}} \simeq \frac{(N\ell_{\mathrm{p}}^3)^3}{\ell_{\mathrm{p}}^9} = N^3 \tag{3.15}$$

が得られる．他の次元の D ブレーンと同じく，D3 ブレーンの場合，N 枚の D ブレーンそれぞれが開いた弦の端点に対応するので，N 枚の D ブレーンの世界体積理論である超対称ヤン–ミルズ理論は，D ブレーンどうしを繋ぐ開いた弦に対応して $N \times N$ の行列で記述され，自由度 N^2 を持つ．しかし，M2 ブレーンや M5 ブレーンはより基本的な励起の端点になるわけでもないので，どうすれば場の理論の立場から $N^{\frac{3}{2}}$ や N^3 の振舞いを理解できるのか，長い間謎に包まれていた．第 II 部で M2 ブレーンの場合に対する進展を解説するのが本書の目標の 1 つである．

第4章

ABJM 理論

前章まででみたように，弦理論を用いて統一理論を考える際に，11 次元のM 理論が重要な役割を果たしているが，この理論は謎に包まれている．本章ではM 理論における基本励起に相当する M2 ブレーンに着目し，それを記述する場の理論が提唱されたことを説明する．

第 4.1 節や第 4.2 節でチャーン–サイモンズ形式やチャーン–サイモンズ理論の準備をした後に，第 4.3 節で M2 ブレーンの世界体積を記述する場の理論について説明する．

4.1 チャーン–サイモンズ形式

M2 ブレーンの世界体積理論を記述する際に，チャーン–サイモンズ理論をうまく用いることが重要なので，まずはチャーン–サイモンズ形式の説明から始める．

微分幾何学においてゲージ場の配位の位相構造を特徴づける特性類に，チャーン–サイモンズ形式がある．任意の奇数 p に対して，チャーン–サイモンズ p 形式 ω_p とは，その外微分

$$d\omega_p = \mathrm{tr}\,\overbrace{F \wedge F \wedge \cdots \wedge F}^{(p+1)/2} \tag{4.1}$$

により定義される微分形式である．ただしここで，2 形式の場の強さ（曲率）F は，1 形式のゲージ場（接続）A を用いて，

$$F = dA + A \wedge A \tag{4.2}$$

と表される．チャーン–サイモンズ p 形式 ω_p の具体形は知られており，特に低次では

$$\omega_1 = \mathrm{tr}\,A,$$

$$\omega_3 = \mathrm{tr}\Big[F \wedge A - \frac{1}{3}A \wedge A \wedge A\Big],$$

$$\omega_5 = \mathrm{tr}\Big[F \wedge F \wedge A - \frac{1}{2}F \wedge A \wedge A \wedge A + \frac{1}{10}A \wedge A \wedge A \wedge A \wedge A\Big] \quad (4.3)$$

となる．このようにチャーン–サイモンズ形式は計量を含まない微分形式であり，ゲージ場の配位の位相構造の研究において重要な役割を果たしてきた．

これらが定義式 (4.1) を満たすことは，場の強さの定義式 (4.2)，これに外微分を作用させて得られる関係式

$$dA = F - A \wedge A, \quad dF = F \wedge A - A \wedge F \quad (4.4)$$

やトレースの巡回対称性を用いて示すことができる．ここでは具体的にチャーン–サイモンズ 3 形式 ω_3 に対して (4.1) を示そう．符号に注意しながら外微分を作用させれば

$$d\omega_3 = \mathrm{tr}\Big[dF \wedge A + F \wedge dA - \frac{1}{3}(dA \wedge A \wedge A - A \wedge dA \wedge A + A \wedge A \wedge dA)\Big] \quad (4.5)$$

が得られ，これに (4.4) を代入しよう．すると，定義式 (4.1) にある $\mathrm{tr}\, F \wedge F$ の他に，F の線形項として

$$-\frac{1}{3}\,\mathrm{tr}\big[F \wedge A \wedge A + 2A \wedge F \wedge A + A \wedge A \wedge F\big] \quad (4.6)$$

が得られるが，微分形式の巡回対称性より，

$$\mathrm{tr}\, F \wedge A \wedge A = -\,\mathrm{tr}\, A \wedge F \wedge A = \mathrm{tr}\, A \wedge A \wedge F \quad (4.7)$$

となるので相殺される．また，F の定数項として

$$\frac{1}{3}\,\mathrm{tr}\, A \wedge A \wedge A \wedge A \quad (4.8)$$

があるが，同様に微分形式の巡回対称性より，

$$\mathrm{tr}\, A \wedge A \wedge A \wedge A = 0 \quad (4.9)$$

となり，それ自身で消える．これより，ω_3 は (4.1) を満たすことがわかる．他の次数も同様に計算できる．

4.2 チャーン–サイモンズ理論

チャーン–サイモンズ理論とは，チャーン–サイモンズ 3 形式 ω_3 を用いて，3 次元多様体 M^3 上で定義される場の理論を指し，ゲージ場 A の作用汎関数は

$$S^{\mathrm{CS}}[A] = k\int_{M^3}\frac{\omega_3}{4\pi} = \frac{k}{4\pi}\int_{M^3}\mathrm{tr}\Big[A \wedge dA + \frac{2}{3}A \wedge A \wedge A\Big] \quad (4.10)$$

で与えられる．ここで，係数に現れる k はチャーン–サイモンズレベルとよばれ，経路積分の被積分関数である位相 $e^{iS^{\mathrm{CS}}[A]}$ のゲージ不変性より整数に量子化される．また，この理論の作用 (4.10) は 3 形式を 3 次元多様体上で積分することにより与えられ，計量を含まない．そのため，3 次元多様体の計量の微小変形は作用汎関数の経路積分に影響を与えず，チャーン–サイモンズ理論は位相的場の理論である．

チャーン–サイモンズ理論の作用 $S^{\mathrm{CS}}[A]$ に対する運動方程式

$$\frac{\delta S^{\mathrm{CS}}[A]}{\delta A} = 0 \tag{4.11}$$

を求めると，

$$\frac{k}{2\pi} F = 0 \tag{4.12}$$

となり，曲率が平坦であるゲージ場の配位が運動方程式の解となる．ところが，平坦な曲率 (4.12) のゲージ場 A はゲージ変換で消去されるので，チャーン–サイモンズ理論はダイナミカルな自由度を持たないことになる．

数学の中で，チャーン–サイモンズ理論が大きく注目を浴びたのは，結び目理論の研究と深く関連するからである．結び目理論では，3 次元空間内のそれぞれの結び目に多項式を対応させている．結び目の位相構造を変えない変形に対して，多項式の不変性を証明できるので，多項式は結び目の位相構造を反映していることになる．このような多項式は，最初に発見されたジョーンズ多項式のほかに，いくつも発見されている．ウィッテンによれば，3 次元空間内の結び目を分類する多項式は，3 次元チャーン–サイモンズ理論のウィルソンループ演算子の真空期待値である．ここで**ウィルソンループ演算子**とは，非局所的なゲージ不変演算子であり，

$$W_\lambda = \mathrm{tr}_\lambda \, \mathrm{P} \exp \int_C A_\mu dx^\mu \tag{4.13}$$

のようにゲージ場 A_μ の閉じた経路 C に沿った順序積 P により定義され，λ はゲージ群における表現を表す．経路に沿った順序積に対するゲージ変換は経路の両端におけるゲージ変換となるが，閉じた経路とトレースにおいてゲージ変換が相殺されてゲージ不変量となる．もともとウィルソンループ演算子は，クォークと反クォークの間のポテンシャルを検知するために導入されたが，そのゲージ不変性と非局所性のため結び目理論でも大きく活躍している．このように場の理論の用語を用いれば，様々な結び目多項式は，チャーン–サイモンズ理論のゲージ群とウィルソンループ演算子の表現の違いに由来する．

物理学においても，位相不変性を持つチャーン–サイモンズ理論が大きく注目されている．物性物理学においてチャーン–サイモンズ理論は量子ホール効果を記述し，素粒子物理学ではチャーン–サイモンズ理論が基礎理論としての役割を果たすことが期待されている．例えば，素粒子論では次のような問題意

識がある．

- これまで説明したように，チャーン–サイモンズ理論は位相的場の理論であるが，場の理論が弦理論の低エネルギーの極限だと考えると，その位相的場の理論も位相的弦理論に持ち上がるのか．
- 3 次元において重力理論もダイナミカルな自由度を持たないことが知られているが，チャーン–サイモンズ理論を用いて重力理論を構築できるのか．
- チャーン–サイモンズ理論は計量を含まないが，背景時空の計量がダイナミカルに決まる弦理論を記述する弦の場の理論において，チャーン–サイモンズ理論は役に立つのか．

本書では詳しく触れることができないが，このような問題意識に基づいて盛んに研究が進められ，それぞれよい成功を収めている．次節では，前章で説明した M 理論を理解する上でも，チャーン–サイモンズ理論が重要な役割を果たすことを説明する．

4.3 ABJM 理論

さて，前章まで素粒子の統一理論について説明してきた．まずはこれまで説明したことをまとめておこう．

- 弦理論の双対性や 11 次元超重力理論の存在意義に関する考察から，おそらく 11 次元 M 理論が存在して，5 つ発見された摂動論的な 10 次元弦理論を統一しているだろう．
- 弦理論における D ブレーンと同様に，11 次元超重力理論から，M 理論には M2 ブレーンと M5 ブレーンの 2 種類のブレーンがあることがわかり，それぞれの世界体積は場の理論などで記述されるだろう．
- 11 次元超重力理論を用いた考察から，M2 ブレーンと M5 ブレーンがそれぞれ N 枚重なると，枚数 N が大きい極限で，世界体積理論の自由度はそれぞれ $N^{\frac{3}{2}}$ と N^3 となる．

特に最後の点が興味深い．D3 ブレーンの世界体積が超対称ヤン–ミルズ理論を用いて記述されるので，D3 ブレーンの自由度が $N \times N$ 行列の自由度 N^2 になるのは自然である．しかし，そもそも複数枚の M2 ブレーンや M5 ブレーンの世界体積を記述する場の理論が知られていなかったので，M2 ブレーンの自由度 $N^{\frac{3}{2}}$ や M5 ブレーンの自由度 N^3 の理解は長年の問題だった．直感的な行列の自由度 N^2 と比べると，$N^{\frac{3}{2}}$ や N^3 はいかにも神秘的に思われていた．

その中で，複数枚の M2 ブレーンを記述する場の理論に関していくつかの考察がなされてきた．平坦な時空における M2 ブレーン上の場の理論は，2+1 次元の場の理論であり，最大の超対称性 $\mathcal{N} = 8$ を持つはずである．また，M2 ブレーンにより垂直方向の 8 次元並進対称性が破れ，対応する超対称性が破れることから，M2 ブレーン上の世界体積理論は，8 個のスピン 0 のボソンと 8

個のスピン 1/2 のフェルミオンを持つことが知られている．これは，超対称性を持つ M2 ブレーンの世界体積理論において，ボソンの自由度とフェルミオンの自由度が釣り合っていることとも整合している．これに対して，M2 ブレーン上の世界体積理論をゲージ理論として，スピン 1 のゲージ場を加えてしまうと，自由度が釣り合わなくなってしまう．

この問題に対して，J. シュワルツはダイナミカルな自由度を持たないスピン 1 の 2+1 次元チャーン–サイモンズ理論に着目した．前節で説明したように，2+1 次元チャーン–サイモンズ理論 (4.10) は運動方程式 (4.12) の解がゲージ変換で消去できて，ダイナミカルな自由度を持たないことが知られている．この事実からヒントを得て，このチャーン–サイモンズ理論のスピン 1 のゲージ場を基本として，その超対称化をすればよいと考えた．つまり，2+1 次元チャーン–サイモンズ理論の超対称化を逐次に進め，最終的に超対称化を最大に進められて $\mathcal{N}=8$ の理論が得られたとしよう．すると，この理論は，ダイナミカルな自由度を持たないスピン 1 のゲージ場のほかに，8 個のスピン 0 のボソンと 8 個のスピン 1/2 のフェルミオンを持つので，M2 ブレーンの世界体積理論になると考えられる．このように，チャーン–サイモンズ理論の超対称化によって M2 ブレーンの世界体積を記述するアイディアが提唱された．

しかしすぐに，このアイディアを実行するのは困難であることがわかった．2+1 次元チャーン–サイモンズ理論の超対称化は，ヤン–ミルズ理論の超対称化より少し遅れて始まり，長い歴史の中で，一般のゲージ群と一般の表現の物質を持つ超対称チャーン–サイモンズ理論は，$\mathcal{N}=3$ までしか構築できないことが知られていたからである．

状況は混乱していたが，最終的に，特定のゲージ群と特定の表現に限れば，チャーン–サイモンズ理論の超対称化はさらに進められることがわかった．特に，Aharony–Bergman–Jafferis–Maldacena によれば，次の設定において，超対称性が $\mathcal{N}=6$ に拡大することがわかった．つまり，

- ゲージ群 $\mathrm{U}(N)\times\mathrm{U}(N)$,
- ゲージ群の各 $\mathrm{U}(N)$ 因子におけるチャーン–サイモンズレベル $(k,-k)$,
- 2 対の双基本表現 $(N,\overline{N})$ や $(\overline{N},N)$ の物質場,
- 適切なスーパーポテンシャルによる相互作用

を導入すれば，超対称性が拡大することが示された．ゲージ群の各因子におけるチャーン–サイモンズレベルはよく添え字として，$\mathrm{U}(N)_k\times\mathrm{U}(N)_{-k}$ のように表される．また，チャーン–サイモンズレベル k が 1 や 2 であるときには，超対称性が $\mathcal{N}=8$ に拡大することが予想されている．この理論は発見者の名前の頭文字を取って，**ABJM 理論**とよばれる．

さらに，その後の拡張によれば，ゲージ群の 2 つの因子が同じランクである必要はないことがわかった．つまり，ゲージ群を $\mathrm{U}(N_1)_k\times\mathrm{U}(N_2)_{-k}$ として，物質を 2 対の双基本表現 $(N_1,\overline{N}_2)$ や $(\overline{N}_1,N_2)$ としても，やはり同様に超対

称性$\mathcal{N}=6$を持つことがわかった．ここでは，このランク変形された理論も同様にABJM理論*1)とよぶことにする．

平坦な時空上のM2ブレーンの世界体積理論は超対称性$\mathcal{N}=8$を持つので，特別なチャーン–サイモンズレベル$k=1$の場合のABJM理論に対応するが，一般のABJM理論が記述するM2ブレーンの背景時空はどのように同定されるのだろうか．ABJM理論が記述するブレーンの配位を調べることで，この疑問に答えることができる．

高い超対称性を保つブレーンの配位はかなり制限されており，ABJM理論はその高い超対称性$\mathcal{N}=6$から，記述するブレーンの配位が以前から詳しく調べられていた．その結果わかったことは，ABJM理論は，IIB型超弦理論において，6方向をコンパクトな1次元円周S^1として，0126方向に延びるD3ブレーンを記述する有効的な2+1次元理論として実現されている．このとき，背景として，6方向の異なる座標において6方向と直交して，012345方向に延びるNS5ブレーンと，$012[3,7]_\theta[4,8]_\theta[5,9]_\theta$方向$(\tan\theta=k)$に延びる$(1,k)$5ブレーンが配置されている（ブレーンが延びる方向に関しては表4.1，模式図に関しては図4.1を参照）．

ここで，ブレーン配位の説明で用いられた用語についてまとめておく．(p,q)5ブレーンとは，p枚のNS5ブレーンとq枚のD5ブレーンと同じ電荷を持つ5ブレーンであり，NS5ブレーンとD5ブレーンの束縛状態としてその存在が知られている．また，IIB型超弦理論の10次元時空の座標を$(x_0,x_1,\cdots,x_9)$として，x_aの方向を$\vec{e}_a$方向，あるいは，単にa方向とよぶ．$[a,b]_\theta$とはa方向をb方向に角度θだけ傾けた方向$\vec{e}_a\cos\theta+\vec{e}_b\sin\theta$である．D3ブレーンと2種類の5ブレーンが同時に超対称性を保つためには，束縛状態となる(p,q)5ブレーンを$\tan\theta=q/p$だけ傾ける必要がある．6方向の2つの区間において，D3ブレーンの枚数が一致する必要はなく，片方の区間にN_1枚，もう片方の区間にN_2枚あるとすることができる．このとき，$\min(N_1,N_2)$枚のD3ブレーンが6方向の円周S^1を一周しているが，残りの$|N_2-N_1|$枚のD3ブレーンは一周せずに区間の一部だけに延びている．

6方向においてT双対を考えて，IIA型超弦理論に移行すれば，D3ブレーンはD2ブレーンに，NS5ブレーンは垂直方向が第3.4節で説明したタウブ-ナット空間となる．タウブ-ナット空間は中心から遠くでは漸近的に$\mathbb{R}^3\times S^1$となるが，そのS^1方向が6方向にT双対な$\widetilde{6}$方向になる．また，D5ブレーンはD6ブレーンに変わるので，IIB型超弦理論でNS5ブレーンとD5ブレーンの束縛状態の$(1,k)$5ブレーンだったものは，IIA型超弦理論においてタウ

*1) 文献によってはABJ(M)理論とよばれている．歴史的に，超群の構造を提唱した[27]に従い，このランク変形を含めた2種類の拡張を具体的に構築したのは[29,30]である．[28]の発見の画期性を尊重する意味と，拡張の種類の曖昧さを排除する意味で，本書ではランク変形された理論も含めてABJM理論とよぶ．

表 4.1 ABJM 理論に対応するブレーン配位．弦理論の 10 次元時空において，ブレーンが延びている方向を – で示した．$[a,b]_\theta$ は a 方向を b 方向に角度 θ だけ傾けた方向を指す．IIB 型超弦理論において，D3 ブレーン，NS5 ブレーン，$(1,k)5$ ブレーンの 3 種類のブレーンが登場する．NS5 ブレーンは 012345 方向に延びており，$(1,k)5$ ブレーンは NS5 ブレーンが延びている 345 方向をそれぞれ 789 方向に角度 $\theta = \arctan k$ だけ傾けた方向に延びている．6 方向に関して T 双対を取って IIA 型超弦理論に移行すると，NS5 ブレーンは 6 方向に T 双対な $\widetilde{6}$ 方向を漸近的な 1 次元円周に持つタウブ-ナット空間 (TN) となり，$(1,k)5$ ブレーンにある D5 ブレーンは形式的に $\widetilde{6}$ 方向にも延びる D6 ブレーンとなる．さらに M 理論に持ち上げて新たな 1 次元円周となる 10 方向を付け加えると，NS5 ブレーンと，$(1,k)5$ ブレーンはそれぞれ，$\widetilde{6}$ 方向と，$\widetilde{6}$ 方向と 10 方向のある線形結合の方向を，1 次元円周に持つタウブ-ナット空間になる．

IIB	0	1	2	6	3 7	4 8	5 9
D3	–	–	–	–			
NS5	–	–	–		–	–	–
$(1,k)5$	–	–	–		$[3,7]_\theta$	$[4,8]_\theta$	$[5,9]_\theta$

IIA	0	1	2	$\widetilde{6}$	3 7	4 8	5 9
D2	–	–	–				
TN	–	–	–		–	–	–
TN+$k\times$D6	–	–	–	(–)	$[3,7]_\theta$	$[4,8]_\theta$	$[5,9]_\theta$

ブ-ナット空間と D6 ブレーンを内包するものになる．

さらに 11 次元の M 理論に持ち上げると，D2 ブレーンは M2 ブレーンになり，その背景時空は次の議論を通じて $\mathbb{C}^4/\mathbb{Z}_k$ に定まる．

- M 理論に持ち上げると，D6 ブレーンもタウブ-ナット空間になるので，もともと IIB 型超弦理論で $(1,k)5$ ブレーンだったものは，ある線形結合の方向を 1 次元円周に持つタウブ-ナット空間になる．
- もとの NS5 ブレーンから得られたタウブ-ナット空間と合わせると，2 つの 5 ブレーンは異なる漸近的な 1 次元円周を持つタウブ-ナット空間になる．
- この 2 つのタウブ-ナット空間を合わせることにより，M2 ブレーンの背景時空 $\mathbb{C}^4/\mathbb{Z}_k$ が得られる．

このとき，もともと一部の区間だけに延びていた $|N_2 - N_1|$ 枚の D3 ブレーンは，M 理論の描像でどのようなものになるか，もはやわかりやすい言葉で説明するのが難しい．完全ではない部分的な M2 ブレーンなので，ここでは取りあえず**フラクショナル M2 ブレーン** (fractional M2-brane)，あるいは単に，**フラクショナルブレーン**とよぶことにしよう．しかし，フラクショナル M2 ブレーンをブレーンの別種として見なすべきか，背景幾何の変形と見なすべき

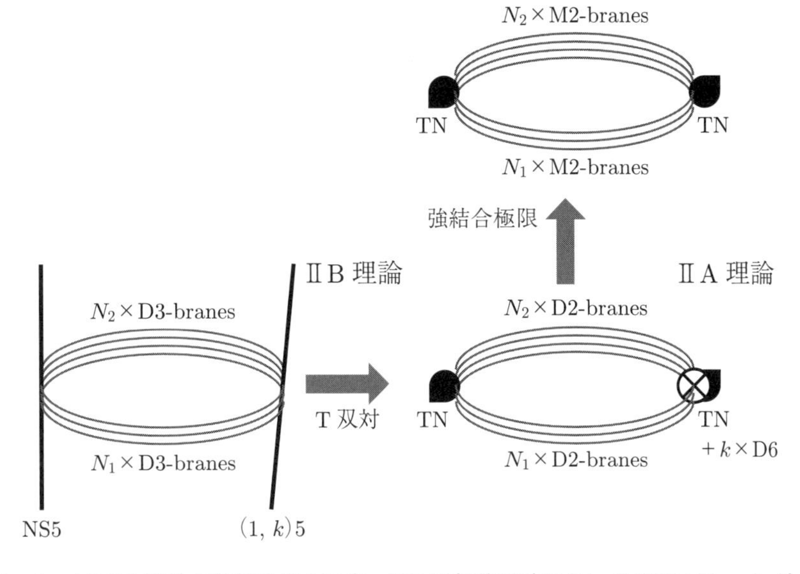

図 4.1　ABJM 理論の背景時空の同定．IIB 型超弦理論において NS5 ブレーンだったものは，IIA 型超弦理論において普通のタウブ-ナット空間 (TN) になる．また，$(1,k)5$ ブレーンだったものは D6 ブレーンを内包するタウブ-ナット空間になる．さらに M 理論に持ち上げると，D6 ブレーンもタウブ-ナット空間となるので，結局 2 つの 5 ブレーンは異なる 1 次元円周を漸近的に持つタウブ-ナット空間になる．これらを合わせると $\mathbb{C}^4/\mathbb{Z}_k$ になる．

か，どのような物理的な実体と考えるべきかに関して，わかりやすい説明を与えることはなかなか困難である．興味深いことに，次章で与える ABJM 理論から得られる行列模型に対して，第 III 部では 2 種類の解析方法を与えるが，解析方法によって，このフラクショナル M2 ブレーンがブレーンの拡張としてみえたり（第 10 章），背景幾何の変形にみえたり（第 12 章）する．

超対称性を持たないチャーン–サイモンズ理論において，非局所的なゲージ不変演算子として (4.13) のようにウィルソンループ演算子を考えることができた．同様に超対称性 $\mathcal{N}=6$ を持つ ABJM 理論においても，ウィルソンループ演算子を考えることができる．ウィルソンループ演算子はもとの $\mathcal{N}=6$ の超対称性を完全に保つことができないが，様々な超対称性を保つようにウィルソンループ演算子を構築することができる．本書で主に考察するウィルソンループ演算子は $\mathcal{N}=6$ の超対称性を半分保つものである．このように高い超対称性を保つことによって，ウィルソンループ演算子が大きく制限され，非常に特徴的な形をしている．次章で説明するように，ABJM 理論の分配関数において，ゲージ群 $\mathrm{U}(N_1)\times\mathrm{U}(N_2)$ と双基本表現の物質がまとまり，あたかもユニタリ超群 $\mathrm{U}(N_1|N_2)$ をゲージ群に持つように思える．超対称性を半分保つウィルソンループ演算子においても，背後にあるこのユニタリ超群の構造を尊

重した形をしている．超群 $\mathrm{U}(N_1|N_2)$ については必要に応じて次章や第 9 章で簡単に説明する．

特にフラクショナルブレーンが挿入されていない場合 $(N_2 = N_1 = N)$ において M 理論が弦理論に帰着する極限を考えよう．第 3.5 節の議論と同様に，$N \to \infty$ の極限において対応する背景時空は AdS_4 時空となる．また同時に，$k \to \infty$ 極限を取ると $\mathbb{Z}_k$ の同一視は $\mathbb{C}^4$ から 1 次元円周 S^1 を取り出す．このとき，M2 ブレーンの背景時空 $\mathbb{C}^4/\mathbb{Z}_k$ は，1 次元が AdS_4 の動径方向に，もう 1 次元が M 理論を IIA 型超弦理論に帰着させる S^1 になる．その結果，M 理論が弦理論に，M2 ブレーンが D2 ブレーンに，背景時空 $\mathbb{C}^4/\mathbb{Z}_k$ が $\mathbb{CP}^3$ に帰着される．この極限において未知の M 理論が理解の進んでいる IIA 型超弦理論に帰着するので，物理的な解釈を議論するときにしばしば重要である．

いずれにせよ，本章の考察をまとめると，ABJM 理論，つまり，ゲージ群 $\mathrm{U}(N_1)_k \times \mathrm{U}(N_2)_{-k}$ を持つ $\mathcal{N} = 6$ 超対称チャーン–サイモンズ理論は，背景時空 $\mathbb{C}^4/\mathbb{Z}_k$ 上の $\min(N_1, N_2)$ 枚の M2 ブレーンと $|N_2 - N_1|$ 枚のフラクショナル M2 ブレーンの複合系の世界体積を記述する理論であることがわかった．

第 II 部

行列模型の解析

第 I 部で説明したように，M 理論は統一理論において重要な役割を果たしているが，その実体は謎に包まれている．近年の発展となるチャーン–サイモンズ理論の超対称化により，M2 ブレーン上の場の理論が与えられ，ABJM 理論とよばれている．

第 II 部に登場する ABJM 行列模型とは，ABJM 理論の分配関数や超対称ウィルソンループ演算子の真空期待値の計算結果が多重積分に帰着したものである．本来，場の理論の分配関数や真空期待値は無限次元の経路積分を用いて定義されるが，理論と演算子が高い超対称性を保つため，無限次元の経路積分が有限次元の多重積分になる．この一連の議論や操作を**局所化技術**という．局所化技術について説明するには多くの準備が必要なので，ここでは，局所化技術による導出をせず，局所化技術を適用して得られた結果について説明し，その行列模型の解析に進む．

まずは第 5 章で，局所化技術によって得られた ABJM 行列模型について説明して，後の章でその解析に進む．第 6 章で行列模型の解析で標準的なトフーフト展開について説明し，いくつかの行列模型に適用した後に ABJM 行列模型にも適用する．このとき摂動補正が完全に足し上げられてエアリー関数となり，また非摂動論的な効果が検知されることをみる．ABJM 行列模型の場合には，トフーフト展開以外に，量子力学系に書き換えることにより，量子力学の WKB 展開が適用されることを第 7 章で説明する．このとき摂動和となるエアリー関数が簡単に再現され，しかも以前と異なる非摂動論的な効果が検知される．さらに第 8 章において厳密値と比較することにより，非摂動論的な効果の全体像が得られる．

第 5 章
行列模型の定義

本章では局所化技術を適用して得られたABJM行列模型について説明する．得られた結果の行列模型は一見複雑ではあるが，対称性の観点から実に調和が取れた形になっている．ABJM行列模型を対称性の観点から説明するために，まずは最も簡単なガウス行列模型から説明を始め，変形を通じてABJM行列模型を構築していくことにする．

第5.1節でガウス行列模型を導入した後に，第5.2節でチャーン–サイモンズ行列模型への変形，第5.3節で超群への形式的な変形を説明する．この2種類の変形を同時に実行したものがABJM行列模型であり，第5.4節で詳しく定義する．ユニタリ超群の代わりにOSp超群を用いて得られるOSp行列模型を第5.5節で説明する．

5.1 ガウス行列模型

ABJM行列模型とは，ABJM理論の分配関数や超対称ウィルソンループ演算子の真空期待値の計算結果が，超対称理論の局所化技術により多重積分に帰着したものである．超対称理論の局所化技術の結果として得られるABJM行列模型は一見複雑にみえる．本章では，定義としてABJM行列模型を提示し，その構造を説明したい．そのために，まずは本節で最も単純な行列模型であるガウス行列模型から説明を始める．このガウス行列模型は

$$Z_g^{\mathrm{G}}(N)=\int dH e^{-\frac{1}{2g}\operatorname{tr}H^2} \tag{5.1}$$

により定義される．ここで積分はすべての $N\times N$ エルミート行列 H に関して行う．この行列模型はすべての行列模型の中で最も基本的であり，ガウス積分

$$\int_{-\infty}^{\infty}\frac{dx}{2\pi}e^{-\frac{1}{2g}x^2} \tag{5.2}$$

における積分変数 x をエルミート行列 H に置き換えることにより得られる．

ガウス積分は実軸に沿って積分するので，行列もエルミート共役に対して不変なエルミート行列を用いる．この行列模型は行列のサイズ（ランク）N と結合定数 g に依存するので，定義式 (5.1) 左辺の $Z_g^{\mathrm{G}}(N)$ の引き数と下添え字に示した．また上添え字の G はガウス (Gauss) の略である．すぐにわかるように，この行列模型は $\mathrm{U}(N)$ ゲージ対称性を持つ*1)．つまり，エルミート行列 H に対して，ユニタリ行列 U を用いて

$$H \to UHU^\dagger \tag{5.3}$$

と変換しても，積分測度が不変であれば積分値は変わらない．一般にエルミート行列は対角化できるので，この行列積分は対角成分の積分とゲージ変換部分の積分に分けられる．ゲージ変換部分を先に積分すると，行列模型は

$$Z_g^{\mathrm{G}}(N) = \frac{1}{N!}\int_{\mathbb{R}^N} \frac{d^N x}{(2\pi)^N} e^{-\frac{1}{2g}\sum_{m=1}^N x_m^2} \prod_{m<m'}^N (x_m - x_{m'})^2 \tag{5.4}$$

となる．このとき，対角化を通じて，ゲージ対称性 $\mathrm{U}(N)$ の不変測度である差積の 2 乗

$$\prod_{m<m'}^N (x_m - x_{m'})^2 \tag{5.5}$$

が現れ，また指数にある行列のトレースは対角成分の 2 乗和

$$\sum_{m=1}^N x_m^2 \tag{5.6}$$

に帰着される．

5.2 チャーン–サイモンズ行列模型

第 4.2 節で紹介したチャーン–サイモンズ理論 (4.10) を $\mathcal{N}=2$ に超対称化すると，自由場と補助場が増えるだけで，本質的に変わらない．しかし，その超対称化により，3 次元球面 S^3 上の分配関数は局所化技術を用いて計算できて，

$$Z_k^{\mathrm{CS}}(N) = \frac{1}{N!}\int_{\mathbb{R}^N} \frac{d^N \mu}{(2\pi)^N} e^{-\frac{k}{4\pi}\sum_{m=1}^N \mu_m^2} \prod_{m<m'}^N \left(2\sinh\frac{\mu_m - \mu_{m'}}{2}\right)^2 \tag{5.7}$$

が得られる．この多重積分をチャーン–サイモンズ行列模型といい，添え字 CS はチャーン–サイモンズ (Chern–Simons) の略である．前節のガウス行列模型と異なり，素直に行列積分による表示を持つわけではないが，多重積分の形が

---

*1) $\mathrm{U}(N)$ 群は随伴変換として作用する．$\mathrm{U}(1)$ 部分群の随伴作用は自明なので通常 $\mathrm{SU}(N)$ ゲージ対称性を持つという言い方をするが，ここでは ABJM 理論のゲージ群に合わせて $\mathrm{U}(N)$ ゲージ対称性を持つという言い方をして $\mathrm{U}(1)$ 部分群を無視する．

ガウス行列模型 (5.4) と酷似しているので，同様に行列模型とよぶ．

ここで，ガウス行列模型 (5.4) と比べると，結合定数 g は

$$g = \frac{2\pi}{k} \tag{5.8}$$

となる．前章のチャーン–サイモンズ理論 (4.10) において，レベル k は整数に量子化されていたが，一旦，局所化技術を経て行列模型に帰着させると，k を実数だと考えても差し支えなく，無矛盾に行列模型が定義されている．また，ガウス行列模型と比べると，積分測度 (5.5) は

$$\prod_{m<m'}^{N} \left(2\sinh \frac{\mu_m - \mu_{m'}}{2} \right)^2 \tag{5.9}$$

に変形されている．この積分測度 (5.9) は，ガウス行列模型の積分測度 (5.5) において，x_m に $e^{\pm\mu_m}$ を代入することで得られる．具体的には，2 乗の両因子に対して，逆符号のものを代入すると

$$\begin{aligned} (x_m - x_{m'})\Big|_{x_m \to e^{\mu_m}} &= e^{\frac{1}{2}(\mu_m + \mu_{m'})} \left(2\sinh \frac{\mu_m - \mu_{m'}}{2} \right), \\ (x_m - x_{m'})\Big|_{x_m \to e^{-\mu_m}} &= e^{-\frac{1}{2}(\mu_m + \mu_{m'})} \left(-2\sinh \frac{\mu_m - \mu_{m'}}{2} \right) \end{aligned} \tag{5.10}$$

となり，符号を除いて不要な指数が相殺され，計算がわかりやすい．

有理関数を双曲線関数（あるいは三角関数）に変形することは，様々な数理物理の模型において頻繁に登場するが，ガウス行列模型からチャーン–サイモンズ行列模型への変形においても同様な変形が自然に起きている．変形において多くの場合は可積分性などよい性質を保つことが知られている．

興味深いことに，このチャーン–サイモンズ行列模型は，結び目の位相不変量を研究する結び目理論において重要な役割を果たしている．第 4.2 節で説明したように，ジョーンズ多項式などの結び目不変量に対して，より高い見地からの理解が求められている中，ウィッテンが場の理論による解釈を与えた．つまり，3 次元多様体中の結び目不変量は，3 次元多様体上の位相的場の理論であるチャーン–サイモンズ理論における，ゲージ不変なウィルソンループ演算子の真空期待値と解釈された．これにより，多くの結び目不変量が統一的に理解されるようになった．

結び目理論の場の理論による解釈と関連して，局所化技術を用いて，3 次元球面 S^3 上の $\mathcal{N} = 2$ チャーン–サイモンズ理論において，超対称性を半分保つウィルソンループ演算子の真空期待値が計算された．その結果，真空期待値は

$$\langle s_\lambda \rangle_k^{\mathrm{CS}}(N) = \frac{1}{N!} \int \frac{d^N \mu}{(2\pi)^N} e^{-\frac{k}{4\pi}\sum_{m=1}^{N} \mu_m^2} s_\lambda(e^\mu) \prod_{m<m'}^{N} \left(2\sinh \frac{\mu_m - \mu_{m'}}{2} \right)^2 \tag{5.11}$$

で与えられることがわかった．ここで，λ はウィルソンループの表現であり，

$s_\lambda(x)$ はシュア多項式で，ユニタリ群 $\mathrm{U}(N)$ の指標である．前出のチャーン–サイモンズ行列模型 (5.7) は，ウィルソンループの表現を自明表現にする，あるいは，ウィルソンループの挿入を考えない場合に対応する．第 II 部ではウィルソンループの挿入を考えないので，シュア多項式の説明は第 III 部の第 9 章に回そう．

5.3 超群行列模型

ガウス行列模型 (5.4) において，形式的に行列 H を（ボソン的な対角ブロックとフェルミオン的な非対角ブロックを持つ）超行列

$$\left(\begin{array}{c|c} (\text{ボソン的変数})_{N_1\times N_1} & (\text{フェルミオン的変数})_{N_1\times N_2} \\ \hline (\text{フェルミオン的変数})_{N_2\times N_1} & (\text{ボソン的変数})_{N_2\times N_2} \end{array}\right) \tag{5.12}$$

に置き換え，ゲージ群 $\mathrm{U}(N)$ を超群 $\mathrm{U}(N_1|N_2)$ に置き換えてみよう．超群 $\mathrm{U}(N_1|N_2)$ に対応するリー代数はボソン的な生成子とフェルミオン的な生成子を合わせ持つ．より具体的には，超群 $\mathrm{U}(N_1|N_2)$ はボソン的な部分群として $\mathrm{U}(N_1)\times\mathrm{U}(N_2)$ を持ち，フェルミオン的な生成子はその双基本表現 $(N_1,\overline{N}_2)$ と $(\overline{N}_1,N_2)$ をなす．これにより，超群 $\mathrm{U}(N_1|N_2)$ の不変測度は，分子と分母にそれぞれボソンとフェルミオンの寄与が現れ，

$$\frac{\prod_{m<m'}^{N_1}(x_m-x_{m'})^2\prod_{n<n'}^{N_2}(y_n-y_{n'})^2}{\prod_{m=1}^{N_1}\prod_{n=1}^{N_2}(x_m+y_n)^2} \tag{5.13}$$

で与えられる．また，超トレースは 2 つの対角ブロックのトレースの差

$$\sum_{m=1}^{N_1}x_m^2-\sum_{n=1}^{N_2}y_n^2 \tag{5.14}$$

により定義される．これらの考察を合わせて，超群行列模型として

$$\begin{aligned} Z_g^{\mathrm{SG}}(N_1|N_2) \sim \frac{1}{N_1!N_2!}\int_{\mathbb{R}^{N_1+N_2}}\frac{d^{N_1}x}{(2\pi)^{N_1}}\frac{d^{N_2}y}{(2\pi)^{N_2}} \\ \times e^{\frac{i}{2g}(\sum_{m=1}^{N_1}x_m^2-\sum_{n=1}^{N_2}y_n^2)}\frac{\prod_{m<m'}^{N_1}(x_m-x_{m'})^2\prod_{n<n'}^{N_2}(y_n-y_{n'})^2}{\prod_{m=1}^{N_1}\prod_{n=1}^{N_2}(x_m+y_n)^2} \end{aligned} \tag{5.15}$$

を考えるのが自然であろう．ここで，$Z_g^{\mathrm{SG}}(N_1|N_2)$ の添え字 SG は超群 (supergroup) の略である．(5.15) の左辺の引き数において，$Z_k^{\mathrm{SG}}(N_1,N_2)$ と表してもよいところを，わざわざ縦棒 | を用いて，$Z_k^{\mathrm{SG}}(N_1|N_2)$ と表しているのは，この行列模型が超群 $\mathrm{U}(N_1|N_2)$ の構造を持つことを強調したいからである．(5.15) において，超トレースをそのまま指数にすると，2 つのトレースの差から，片方のガウス積分に対して，もう片方は逆ガウス積分となり，積分の収束性が著しく悪くなる．そこで，(5.15) の指数に虚数単位を付けて，ガウス

積分の代わりにフレネル積分を考えることにした．しかし，このような措置を行っても，この行列模型は形式的に定義されたもので，x や y の両変数に対して実数全体で積分を行うと，測度の $(x_m + y_n)^{-1}$ の因子から極が現れ，おそらくよい振舞いをしないだろう．したがって，本節の超群行列模型は説明の都合で形式的に定義しただけで，解析に値するものではない．

5.4 ABJM 行列模型

これまでの考察を踏まえて，本節では ABJM 行列模型を定義する．これまで本章では，最も基本的な行列模型であるガウス行列模型 (5.4) を定義し，2 種類の変形が可能であることを述べた．まずガウス行列模型は，群 $\mathrm{U}(N)$ をゲージ群に持つため，対角成分を残してゲージ変換部分を先に積分すれば，群 $\mathrm{U}(N)$ の不変測度が現れた．この有理関数の積分測度を双曲線関数に置き換える変形を通じて，結び目不変量の文脈で登場するチャーン–サイモンズ行列模型 (5.7) が得られた．また，この群 $\mathrm{U}(N)$ の役割をそのまま超群 $\mathrm{U}(N_1|N_2)$ に置き換える変形 (5.15) を考えることもできた．ただし，この超群行列模型は形式的に定義されたものであり，積分はおそらく収束しないだろう．これらの 2 種類の変形をここではそれぞれ**チャーン–サイモンズ変形**と**超群変形**とよぶことにする．

ABJM 行列模型は，ガウス行列模型における 2 種類の変形を同時に施した

$$\frac{\prod_{m<m'}^{N_1}(2\sinh\frac{\mu_m-\mu_{m'}}{2})^2\prod_{n<n'}^{N_2}(2\sinh\frac{\nu_n-\nu_{n'}}{2})^2}{\prod_{m=1}^{N_1}\prod_{n=1}^{N_2}(2\cosh\frac{\mu_m-\nu_n}{2})^2}$$

$$\nearrow \qquad\qquad \nwarrow$$

$$\prod_{m<m'}^{N}\left(2\sinh\frac{\mu_m-\mu_{m'}}{2}\right)^2 \qquad\qquad \frac{\prod_{m<m'}^{N_1}(x_m-x_{m'})^2\prod_{n<n'}^{N_2}(y_n-y_{n'})^2}{\prod_{m=1}^{N_1}\prod_{n=1}^{N_2}(x_m+y_n)^2}$$

$$\nwarrow \qquad\qquad \nearrow$$

$$\prod_{m<m'}^{N}(x_m-x_{m'})^2$$

図 5.1　変形による ABJM 行列模型の積分測度の理解．ABJM 行列模型の積分測度（上）はガウス行列模型の積分測度（下）の変形として理解できる．ガウス行列模型に現れる $\mathrm{U}(N)$ 不変測度の差積の 2 乗に対して，チャーン–サイモンズ変形を行い，x_m を $e^{\pm\mu_m}$ に置き換えることにより有理関数を双曲線関数に変形することができる（左）．また，超群変形を行い，$\mathrm{U}(N)$ 不変測度を $\mathrm{U}(N_1|N_2)$ 不変測度に置き換えることができる（右）．ABJM 行列模型の積分測度は，ガウス行列模型の積分測度に対して，両方の変形を同時に行ったものである．

ものとして定義する（図 5.1 参照）．具体的には，ガウス行列模型 (5.4) の積分測度に現れた $\mathrm{U}(N)$ 不変測度である差積の 2 乗 (5.5) を次のように変形することにより，ABJM 行列模型の積分測度が得られる．つまり，$\mathrm{U}(N)$ 不変測度 (5.5) に対して，x_m を指数関数 $e^{\pm\mu_m}$ に置き換えることでチャーン–サイモンズ行列模型の積分測度 (5.9) が得られたように，$\mathrm{U}(N_1|N_2)$ 不変測度 (5.13) に対しても，同様の置き換え $x_m \to e^{\pm\mu_m}$，$y_n \to e^{\pm\nu_n}$ を実行すれば，2 乗の両因子はそれぞれ

$$
\left.\frac{\prod_{m<m'}^{N_1}(x_m - x_{m'})\prod_{n<n'}^{N_2}(y_n - y_{n'})}{\prod_{m=1}^{N_1}\prod_{n=1}^{N_2}(x_m + y_n)}\right|_{x_m\to e^{\mu_m},y_n\to e^{\nu_n}}
$$
$$
= \frac{\prod_{m<m'}^{N_1} e^{\frac{\mu_m+\mu_{m'}}{2}}(2\sinh\frac{\mu_m-\mu_{m'}}{2})\prod_{n<n'}^{N_2} e^{\frac{\nu_n+\nu_{n'}}{2}}(2\sinh\frac{\nu_n-\nu_{n'}}{2})}{\prod_{m=1}^{N_1}\prod_{n=1}^{N_2} e^{\frac{\mu_m+\nu_n}{2}}(2\cosh\frac{\mu_m-\nu_n}{2})},
$$
$$
\left.\frac{\prod_{m<m'}^{N_1}(x_m - x_{m'})\prod_{n<n'}^{N_2}(y_n - y_{n'})}{\prod_{m=1}^{N_1}\prod_{n=1}^{N_2}(x_m + y_n)}\right|_{x_m\to e^{-\mu_m},y_n\to e^{-\nu_n}}
$$
$$
= \frac{\prod_{m<m'}^{N_1} e^{-\frac{\mu_m+\mu_{m'}}{2}}(-2\sinh\frac{\mu_m-\mu_{m'}}{2})\prod_{n<n'}^{N_2} e^{-\frac{\nu_n+\nu_{n'}}{2}}(-2\sinh\frac{\nu_n-\nu_{n'}}{2})}{\prod_{m=1}^{N_1}\prod_{n=1}^{N_2} e^{-\frac{\mu_m+\nu_n}{2}}(2\cosh\frac{\mu_m-\nu_n}{2})}
\tag{5.16}
$$

となり，符号を除いて不要な指数が相殺され，ABJM 行列模型の積分測度

$$
\left[\frac{\prod_{m<m'}^{N_1}(2\sinh\frac{\mu_m-\mu_{m'}}{2})\prod_{n<n'}^{N_2}(2\sinh\frac{\nu_n-\nu_{n'}}{2})}{\prod_{m=1}^{N_1}\prod_{n=1}^{N_2}(2\cosh\frac{\mu_m-\nu_n}{2})}\right]^2
\tag{5.17}
$$

が得られる．この意味で，標語的に

ABJM 行列模型はガウス行列模型に対して
チャーン–サイモンズ変形と超群変形を同時に施したものである

といえよう．

つまり，**ABJM 行列模型**を*2)

$$
Z_k^{\mathrm{ABJM}}(N_1|N_2) = \frac{i^{-\frac{1}{2}(N_1^2-N_2^2)}}{N_1!N_2!}\int_{\mathbb{R}^{N_1+N_2}}\frac{d^{N_1}\mu}{(2\pi)^{N_1}}\frac{d^{N_2}\nu}{(2\pi)^{N_2}}
$$
$$
\times e^{\frac{ik}{4\pi}(\sum_{m=1}^{N_1}\mu_m^2-\sum_{n=1}^{N_2}\nu_n^2)}\frac{\prod_{m<m'}^{N_1}(2\sinh\frac{\mu_m-\mu_{m'}}{2})^2\prod_{n<n'}^{N_2}(2\sinh\frac{\nu_n-\nu_{n'}}{2})^2}{\prod_{m=1}^{N_1}\prod_{n=1}^{N_2}(2\cosh\frac{\mu_m-\nu_n}{2})^2}
\tag{5.18}
$$

と定義しよう．ここで，N_1 と N_2 は行列のサイズ（ランク）に起源を持つ積分の次元であり，非負の整数である．k はチャーン–サイモンズレベルで本来は整数に量子化される量であるが，行列模型の範囲内では単に実数を考えても差し支えない．行列模型という言い方をしているが，チャーン–サイモンズ行

*2) 全体的な因子 $i^{-\frac{1}{2}(N_1^2-N_2^2)}$ は局所化技術などから決められた．

列模型と同様に，当初のガウス行列模型と異なり，素直に行列積分による表示を持つわけではない．

ABJM 行列模型 (5.18) において，指数のトレースが超トレースになり，積分の収束性のためガウス積分の代わりにフレネル積分を考えるのは，超群行列模型 (5.15) で説明した通りである．しかし，超群行列模型にあった極 $(x_m+y_n)^{-1}$ は $(2\cosh\frac{\mu_m-\nu_n}{2})^{-1}$ に変わり，収束性が大きく改善される．実際，次章以降では具体的に ABJM 行列模型の解析に進め，積分値について詳しく調べていく．フレネル積分

$$D_k\mu_m=\frac{d\mu_m}{2\pi}e^{\frac{ik}{4\pi}\mu_m^2},\quad D_{-k}\nu_n=\frac{d\nu_n}{2\pi}e^{-\frac{ik}{4\pi}\nu_n^2} \tag{5.19}$$

を定義すれば，ABJM 行列模型 (5.18) は

$$\begin{aligned}Z_k^{\mathrm{ABJM}}(N_1|N_2)&=i^{-\frac{1}{2}(N_1^2-N_2^2)}\int_{\mathbb{R}^{N_1+N_2}}\frac{D_k^{N_1}\mu}{N_1!}\frac{D_{-k}^{N_2}\nu}{N_2!}\\&\quad\times\frac{\prod_{m<m'}^{N_1}(2\sinh\frac{\mu_m-\mu_{m'}}{2})^2\prod_{n<n'}^{N_2}(2\sinh\frac{\nu_n-\nu_{n'}}{2})^2}{\prod_{m=1}^{N_1}\prod_{n=1}^{N_2}(2\cosh\frac{\mu_m-\nu_n}{2})^2}\end{aligned} \tag{5.20}$$

とより簡潔に表すことができる．

また，チャーン–サイモンズ理論においてウィルソンループ演算子の真空期待値を考えたのと同じように，ABJM 理論においても超対称性を半分保つウィルソンループ演算子の真空期待値

$$\begin{aligned}\langle s_\lambda\rangle_k(N_1|N_2)&=i^{-\frac{1}{2}(N_1^2-N_2^2)}\int_{\mathbb{R}^{N_1+N_2}}\frac{D_k^{N_1}\mu}{N_1!}\frac{D_{-k}^{N_2}\nu}{N_2!}\\&\quad\times\frac{\prod_{m<m'}^{N_1}(2\sinh\frac{\mu_m-\mu_{m'}}{2})^2\prod_{n<n'}^{N_2}(2\sinh\frac{\nu_n-\nu_{n'}}{2})^2}{\prod_{m=1}^{N_1}\prod_{n=1}^{N_2}(2\cosh\frac{\mu_m-\nu_n}{2})^2}s_\lambda(e^\mu|e^\nu)\end{aligned} \tag{5.21}$$

を考えることができる．ここで，$s_\lambda(x|y)$ は超シュア多項式であり，超群 $\mathrm{U}(N_1|N_2)$ の指標である．しばらくはウィルソンループの挿入を考えないので，超シュア多項式は第 9 章で説明することにする．

もちろん本節では簡単に，ABJM 行列模型の**定義**という言い方をしたが，正確には $Z_k^{\mathrm{ABJM}}(N_1|N_2)$ や $\langle s_\lambda\rangle_k(N_1|N_2)$ は 3 次元球面 S^3 上の ABJM 理論の分配関数や超対称性を半分保つウィルソンループ演算子の真空期待値であり，無限次元の経路積分を用いて定義される．高い超対称性のため，無限次元の経路積分の計算が超対称理論の局所化技術を用いて厳密に進められ，最終的に有限次元の行列積分に帰着される．本節で与えた ABJM 行列模型 (5.18) や (5.21) は，本来このような局所化技術を経て得られた計算結果である．

この際，興味深いことに，局所化技術の計算結果が非常に調和した形で超群にまとまったことに注意しよう．つまり前章で説明したように，M2 ブレーンを記述する ABJM 理論はもともと，ゲージ群 $\mathrm{U}(N_1)_k\times\mathrm{U}(N_2)_{-k}$ や 2 対の双基本表現 $(N_1,\overline{N_2})$ や $(\overline{N_1},N_2)$ の物質場を持つ理論であり，超群 $\mathrm{U}(N_1|N_2)$

の対称性を持つわけではなかった．超対称理論の局所化技術により，ゲージ場の1ループから，超群 $\mathrm{U}(N_1|N_2)$ の不変測度の変形となる ABJM 行列模型の積分測度 (5.17) の分子が得られ，また，物質場の1ループから，ABJM 行列模型の積分測度 (5.17) の分母が得られた．このように全体としてはほとんど奇跡的に超群 $\mathrm{U}(N_1|N_2)$ の不変測度にまとまった．また，第4.3節の最後で言及したように，超対称性を半分保つウィルソンループ演算子もこの超群を尊重した形で現れ，局所化技術を適用した結果，超群 $\mathrm{U}(N_1|N_2)$ の指標になる．この超群 $\mathrm{U}(N_1|N_2)$ の出現に関する深遠な理由は完全に理解されたわけではない．

5.5 OSp 行列模型

前節において ABJM 行列模型を導入した．超対称性 $\mathcal{N}=6$ を持ち，$\mathrm{U}(N_1)\times\mathrm{U}(N_2)$ のゲージ場と双基本表現の物質場を持つ ABJM 理論に対して，無限次元の経路積分を実行した結果，驚くことに，あたかも超群 $\mathrm{U}(N_1|N_2)$ をゲージ群に持つような行列模型が現れた．場の理論の超対称性 $\mathcal{N}=6$ と超群 $\mathrm{U}(N_1|N_2)$ の2つの“超”は本来は無関係であるが，深い部分で関連づいていると想像できる．その関連性を確信させる別の例を紹介しよう．

これまでみてきたように，高い超対称性を持つチャーン–サイモンズ理論の1つに $\mathcal{N}=6$ チャーン–サイモンズ理論があるが，この理論の変形として $\mathcal{N}=5$ の超対称性を持つチャーン–サイモンズ理論がある．これまでと同様に，局所化技術を用いて，$\mathcal{N}=5$ チャーン–サイモンズ理論の分配関数を計算すると，

$$
\begin{aligned}
Z_{\mathrm{OSp}(2N_1+1|2N_2)} &= \int \frac{D_k^{N_1}\mu}{N_1!}\frac{D_{-k}^{N_2}\nu}{N_2!} \\
&\times \frac{\prod_{m<m'}^{N_1}(2\sinh\frac{\mu_m-\mu_{m'}}{2})^2(2\sinh\frac{\mu_m+\mu_{m'}}{2})^2\prod_{m=1}^{N_1}(2\sinh\frac{\mu_m}{2})^2 \times\prod_{n<n'}^{N_2}(2\sinh\frac{\nu_n-\nu_{n'}}{2})^2(2\sinh\frac{\nu_n+\nu_{n'}}{2})^2\prod_{n=1}^{N_2}(2\sinh\nu_n)^2}{\prod_{m=1}^{N_1}\prod_{n=1}^{N_2}(2\cosh\frac{\mu_m-\nu_n}{2})^2(2\cosh\frac{\mu_m+\nu_n}{2})^2\prod_{n=1}^{N_2}(2\cosh\frac{\nu_n}{2})^2}, \\
Z_{\mathrm{OSp}(2N_1|2N_2)} &= \int \frac{D_k^{N_1}\mu}{N_1!}\frac{D_{-k}^{N_2}\nu}{N_2!} \\
&\times \frac{\prod_{m<m'}^{N_1}(2\sinh\frac{\mu_m-\mu_{m'}}{2})^2(2\sinh\frac{\mu_m+\mu_{m'}}{2})^2 \times\prod_{n<n'}^{N_2}(2\sinh\frac{\nu_n-\nu_{n'}}{2})^2(2\sinh\frac{\nu_n+\nu_{n'}}{2})^2\prod_{n=1}^{N_2}(2\sinh\nu_n)^2}{\prod_{m=1}^{N_1}\prod_{n=1}^{N_2}(2\cosh\frac{\mu_m-\nu_n}{2})^2(2\cosh\frac{\mu_m+\nu_n}{2})^2}
\end{aligned}
\tag{5.22}
$$

が得られ，積分は

$$
D_k\mu=\frac{d\mu}{4\pi}e^{\frac{ik}{4\pi}\mu^2},\quad D_{-k}\nu=\frac{d\nu}{4\pi}e^{-\frac{ik}{4\pi}\nu^2} \tag{5.23}
$$

で与えられる．

ABJM 理論から局所化技術で ABJM 行列模型を導出した場合と同様に，$\mathcal{N}=5$ チャーン–サイモンズ理論ももともと超群の対称性を持たなかったが，

表 5.1 直交群や斜交群の不変測度．後に OSp 超群の不変測度に組み合わせることを見越して，直交群は変数 x，斜交群は変数 y で表した．

群	不変測度
$\mathrm{O}(2N+1)$	$\prod_{m<m'}^{N}\big(x_m - x_{m'}\big)\big(1-(x_m x_{m'})^{-1}\big)\prod_{m=1}^{N}\big(x_m^{\frac{1}{2}} - x_m^{-\frac{1}{2}}\big)$
$\mathrm{O}(2N)$	$\prod_{m<m'}^{N}\big(x_m - x_{m'}\big)\big(1-(x_m x_{m'})^{-1}\big)$
$\mathrm{Sp}(2N)$	$\prod_{n<n'}^{N}\big(y_n - y_{n'}\big)\big(1-(y_n y_{n'})^{-1}\big)\prod_{n=1}^{N}\big(y_n - y_n^{-1}\big)$

局所化技術を通じて行列模型に帰着させる際に超群の不変測度が現れた．これを見通した上で，分配関数 (5.22) の左辺には，最初から超群 $\mathrm{OSp}(2N_1+1|2N_2)$ や $\mathrm{OSp}(2N_1|2N_2)$ をラベル付けしている．直交群や斜交群の不変測度は有名で，それぞれ表 5.1 にまとめた．これに対して，超群 $\mathrm{OSp}(2N_1+1|2N_2)$ の不変測度は，直交群や斜交群の不変測度を組み合わせて

$$\frac{\begin{array}{c}\prod_{m<m'}^{N_1}\big(x_m - x_{m'}\big)\big(1-(x_m x_{m'})^{-1}\big)\prod_{m=1}^{N_1}\big(x_m^{\frac{1}{2}} - x_m^{-\frac{1}{2}}\big)\\ \times\prod_{n<n'}^{N_2}\big(y_n - y_{n'}\big)\big(1-(y_n y_{n'})^{-1}\big)\prod_{n=1}^{N_2}\big(y_n - y_n^{-1}\big)\end{array}}{\prod_{m=1}^{N_1}\prod_{n=1}^{N_2}\big(x_m + y_n\big)\big(1+(x_m y_n)^{-1}\big)\prod_{n=1}^{N_2}\big(y_n^{\frac{1}{2}} + y_n^{-\frac{1}{2}}\big)} \tag{5.24}$$

で与えられ，超群 $\mathrm{OSp}(2N_1|2N_2)$ の不変測度は

$$\frac{\begin{array}{c}\prod_{m<m'}^{N_1}\big(x_m - x_{m'}\big)\big(1-(x_m x_{m'})^{-1}\big)\\ \times\prod_{n<n'}^{N_2}\big(y_n - y_{n'}\big)\big(1-(y_n y_{n'})^{-1}\big)\prod_{n=1}^{N_2}\big(y_n - y_n^{-1}\big)\end{array}}{\prod_{m=1}^{N_1}\prod_{n=1}^{N_2}\big(x_m + y_n\big)\big(1+(x_m y_n)^{-1}\big)} \tag{5.25}$$

で与えられる．さらに (5.16) と同様に $x_m \to e^{\pm\mu_m}$，$y_n \to e^{\pm\nu_n}$ を代入すれば (5.22) の不変測度が得られる．このような考察から，高い超対称性であることと超群の構造が現れることは，おそらく無関係ではないだろうと推測される．このように $\mathcal{N}=5$ チャーン–サイモンズ理論の分配関数に対して局所化技術を用いて得られた，OSp 超群の不変測度を持つ行列模型を，ここでは **OSp 行列模型**とよぶ．

一般に弦理論において開いた弦からユニタリ群のゲージ対称性が得られる．これに弦の向き付けの同一視（**オリエンティフォルド射影**）をすると，ゲージ対称性が直交群や斜交群に変わる．これと同様に，局所化技術を適用した結果 OSp 超群のゲージ対称性が現れた $\mathcal{N}=5$ チャーン–サイモンズ理論も，向き付けの同一視による解釈が可能だと期待される．

第 6 章
行列模型の解析 I −トフーフト展開−

第 I 部で，M 理論や M2 ブレーンが統一理論を理解する上で重要な役割を果たすことをみた．M2 ブレーンの世界体積を記述する ABJM 理論の分配関数や真空期待値を計算するには，本来は局所化技術を用いて無限次元の経路積分を有限次元の行列積分に帰着させる必要があるが，説明が煩雑になるため，前章では定義という形で ABJM 行列模型を導入した．

本章からいよいよ ABJM 行列模型の解析に進む．本章ではまず一般の行列模型の解析でよく用いられるトフーフト展開について説明し，行列模型が 2 次元面の種数展開と同じ構造を持つことを説明する（第 6.2 節）．次にトフーフト展開においてレゾルベントによる解析手法を説明し（第 6.3 節や第 6.4 節），それを ABJM 行列模型に適用する（第 6.6 節）．しかし，ABJM 行列模型の具体的な解析において，トフーフト展開は必ずしも実用的ではなく，計算内容によっては，次章で説明する別の展開の方が便利である．そのため，本章では展開構造の説明に専念し，計算によっては詳細を文献に委ねたり，次章に先延ばししたりする．トフーフト展開から得られる結果は豊かで，全摂動補正を足し上げてエアリー関数が得られたり（第 6.7 節），非摂動論的な効果としてインスタントン効果が検知されたり（第 6.9 節），多くの興味深い示唆を持つ．

6.1 相互作用を持つガウス積分

トフーフト展開を説明するために，まずは ABJM 行列模型から離れて，ゲージ群 $\mathrm{U}(N)$ を持つガウス行列模型を考える．さらに，計算の説明の都合上，自明なゲージ群しか持たないもの，つまり，単なる（規格化された）実積分

$$Z=\int_{-\infty}^{\infty}dh\exp\left(-\left[\frac{m}{2}h^2+\frac{g}{4}h^4\right]\right)\Big/\int_{-\infty}^{\infty}dh\exp\left(-\frac{m}{2}h^2\right)\qquad(6.1)$$

から始めよう．場の理論の見方では，2 次項は自由な粒子の伝搬，3 次以上の項は粒子間の相互作用を意味し，それぞれの係数 m，g は粒子の質量と相互作

用の結合定数を表す．この分子の積分は，結合定数 $g=0$ のとき分母のガウス積分に帰着するので，相互作用を持つガウス積分といえよう．結合定数 $g \neq 0$ のときには，結合定数 g で摂動展開

$$Z = \int_{-\infty}^{\infty} dh \sum_{n=0}^{\infty} \frac{1}{n!} \left(\frac{-g}{4} h^4 \right)^n e^{-\frac{m}{2}h^2} \Big/ \int_{-\infty}^{\infty} dh e^{-\frac{m}{2}h^2} \tag{6.2}$$

をした上で，形式的に積分と無限和の交換を受け入れて，この積分を

$$Z = \sum_{n=0}^{\infty} \frac{1}{n!} \left(\frac{-g}{4} \right)^n \langle h^{4n} \rangle = 1 - \frac{g}{4} \langle h^4 \rangle + O(g^2) \tag{6.3}$$

と表して解析を進めよう．ただし，真空期待値 $\langle h^{4n} \rangle$ は

$$\langle h^{4n} \rangle = \int_{-\infty}^{\infty} dh h^{4n} e^{-\frac{m}{2}h^2} \Big/ \int_{-\infty}^{\infty} dh e^{-\frac{m}{2}h^2} \tag{6.4}$$

により定義され，指数に自由伝搬の質量項しか含まれず，Z と同様に規格化されていることに注意しよう．

このような真空期待値の計算は素粒子論において頻出で，次のように母関数を用いて計算するのが標準的である．つまり，j という外場（パラメータ）を導入して，母関数

$$Z(j) = \int_{-\infty}^{\infty} dh e^{-\frac{m}{2}h^2 + jh} \Big/ \int_{-\infty}^{\infty} dh e^{-\frac{m}{2}h^2} = e^{\frac{1}{2m}j^2} \tag{6.5}$$

を考える．すると，真空期待値は

$$\langle h^n \rangle = \left(\frac{\partial}{\partial j} \right)^n Z(j) \Big|_{j=0} \tag{6.6}$$

により計算される．この方法を用いると，

$$\langle h^2 \rangle = \frac{1}{m}, \quad \langle h^4 \rangle = \frac{3}{m^2}, \quad \langle h^6 \rangle = \frac{15}{m^3}, \quad \cdots \tag{6.7}$$

が次々と得られる．最終的に (6.6) を用いた $\langle h^{4n} \rangle$ の計算には，(6.5) の指数関数の展開の j^{4n} 項しか寄与しないので，一般形

$$\langle h^{4n} \rangle = \left(\frac{\partial}{\partial j} \right)^{4n} \left[\frac{1}{(2n)!} \left(\frac{j^2}{2m} \right)^{2n} \right] = \frac{(4n)!}{(2n)! 2^{2n}} \frac{1}{m^{2n}} \tag{6.8}$$

が得られる．

さらに，次節の準備のために別の方法でもこの計算結果 (6.8) を理解しておこう．そのためまず，(6.6) において最終的に $j=0$ とおくので，微分して現れた項がすべて残るわけではないことに注意しよう．寄与するものは，必ず微分を通じて j が指数から降りてきて，さらに微分を受けて消えたものだけである．言い換えれば，真空期待値は j の積（あるいは h の積）を 2 つずつの組に分けた場合の数に等しい．これが場の理論におけるウィックの定理の主張である．この事実に着目すると，$\langle h^{4n} \rangle$ の計算は，$4n$ 個の h から順番によらずに h

のペアに分ける場合の数

$$\langle h^{4n}\rangle = \frac{{}_{4n}C_2 \times {}_{4n-2}C_2 \times \cdots \times {}_2C_2}{(2n)!m^{2n}} = \frac{(4n)!}{(2n)!2^{2n}}\frac{1}{m^{2n}} \tag{6.9}$$

に帰着され，(6.8) で得られた一般形が再現される．

これらの計算で得られた結果を，もとの相互作用を持つガウス積分 (6.3) に代入すると，

$$Z = \sum_{n=0}^{\infty}\frac{(4n)!}{(2n)!n!}\left(\frac{-g}{16m^2}\right)^n = 1 - \frac{3g}{4m^2} + O\left(\frac{g^2}{m^4}\right) \tag{6.10}$$

となる．ここで注意すべきことは，このような結合定数 g に関する摂動展開は収束せず，(6.10) は形式的な展開にすぎないことである．実際，係数 $(4n)!/\big((2n)!n!\big)$ を持つ級数が有限の収束半径を持たないことは，スターリングの公式

$$n! \sim n^n e^{-n} \tag{6.11}$$

と級数 $\sum_n c_n z^n$ の収束半径 R のダランベールの判定法

$$\frac{1}{R} = \lim_{n\to\infty}\left|\frac{c_{n+1}}{c_n}\right| \tag{6.12}$$

を用いれば簡単に確かめられる．この状況はかなり普遍的で，結合定数の摂動展開で得られる級数は一般に有限の収束半径を持たないことが知られている．なお，本書ではこれ以上説明できないが，有限の収束半径を持たない漸近展開から，摂動展開で到達できない非摂動論的な効果に関する情報を取り出すことができ，リサージェンスというキーワードで盛んに研究が行われている．

本節の最後に規格化に関して注意を与えておく．相互作用を持つガウス積分 (6.1) は質量 m と相互作用 g という 2 つの定数を持っていたが，摂動展開 (6.10) では常に g/m^2 の組合せで展開される．この状況は，積分変数 h と結合定数 g を

$$h' = \sqrt{\frac{g}{m}}h, \quad g' = \frac{1}{m^2}g \tag{6.13}$$

と再定義することで明白になる．実際，再定義により積分 (6.1) の分子は

$$\sqrt{\frac{m}{g}}\int_{-\infty}^{\infty} dh' \exp\left(-\frac{1}{g'}\left[\frac{1}{2}h'^2 + \frac{1}{4}h'^4\right]\right) \tag{6.14}$$

となり，全体的な因子を除いて 1 つの定数 $g' = g/m^2$ のみに依存する．説明の都合上ここでは 2 つの規格化を適宜使い分けて，次節では主に (6.1) の規格化を用い，それ以降は (6.14) の規格化を用いる．

6.2 相互作用を持つガウス行列模型

前節で相互作用を持つガウス積分に対して計算方法を説明したので，次に相

互作用を持つガウス行列模型，つまり，N 次エルミート行列の積分

$$Z=\int dH\exp\left(-\left[\frac{m}{2}\operatorname{tr}H^2+\frac{g}{4}\operatorname{tr}H^4\right]\right)\Big/\int dH\exp\left(-\frac{m}{2}\operatorname{tr}H^2\right) \tag{6.15}$$

を考える．第5章では，この行列模型を対角化して $\mathrm{U}(N)$ 不変測度を持つ対角成分の多重積分に変えたが，ここでは，前節の積分変数を行列に変えただけなので，前節とほぼ同様の取扱いをする．すると，変数 h の代わりに行列 H を扱うことになり，一見複雑になったようにみえるが，逆に前節で説明したウィックの定理の構造がより明白になり，興味深い2次元面の構造が現れる．

前節と同様に，真空期待値

$$\langle(\operatorname{tr}H^4)^n\rangle=\int dH(\operatorname{tr}H^4)^n e^{-\frac{m}{2}\operatorname{tr}H^2}\Big/\int dHe^{-\frac{m}{2}\operatorname{tr}H^2} \tag{6.16}$$

を用いて，行列模型を展開すると，

$$Z=\sum_{n=0}^{\infty}\frac{1}{n!}\left(\frac{-g}{4}\right)^n\langle(\operatorname{tr}H^4)^n\rangle \tag{6.17}$$

が得られる．また，前節と同様に，母関数

$$Z(J)=\int dHe^{-\frac{m}{2}\operatorname{tr}H^2+\operatorname{tr}JH}\Big/\int dHe^{-\frac{m}{2}\operatorname{tr}H^2}=e^{\frac{1}{2m}\operatorname{tr}J^2} \tag{6.18}$$

を導入すると，真空期待値は

$$\langle H^{i_1}{}_{j_1}H^{i_2}{}_{j_2}\cdots\rangle=\frac{\partial}{\partial J^{j_1}{}_{i_1}}\frac{\partial}{\partial J^{j_2}{}_{i_2}}\cdots Z(J)\bigg|_{J=0} \tag{6.19}$$

により得られる．前節と同様に，最後には行列 J を零とおくので，寄与するのは，J の微分を通じて指数から降りてきて，さらに J の微分によって消去されるもののみである．つまり，ウィックの定理により，真空期待値は H を2つずつの組に分けることによって計算される．すると，分配関数 (6.17) の最低次

$$\langle\operatorname{tr}H^4\rangle=\langle H^i{}_jH^j{}_kH^k{}_lH^l{}_i\rangle \tag{6.20}$$

の計算も，行列 H を2つずつの組に分けて

$$\langle H^i{}_jH^k{}_l\rangle=\frac{1}{m}\delta^k_j\delta^i_l \tag{6.21}$$

を適用することにより計算される．この際，前節で説明した，2つずつの組に分ける場合の数を数えるだけでなく，行列の添え字の組合せによっても異なる構造が現れる．実際，(6.20) のウィック展開には2種類の縮約の方法があり，

$$\langle H^i{}_jH^j{}_k\rangle\langle H^k{}_lH^l{}_i\rangle=\frac{1}{m^2}(\delta^j_j\delta^i_k)(\delta^l_l\delta^k_i)=\frac{N^3}{m^2} \tag{6.22}$$

や $\langle H^j{}_kH^k{}_l\rangle\langle H^l{}_iH^i{}_j\rangle$ の縮約は N^3 で寄与するのに対して，

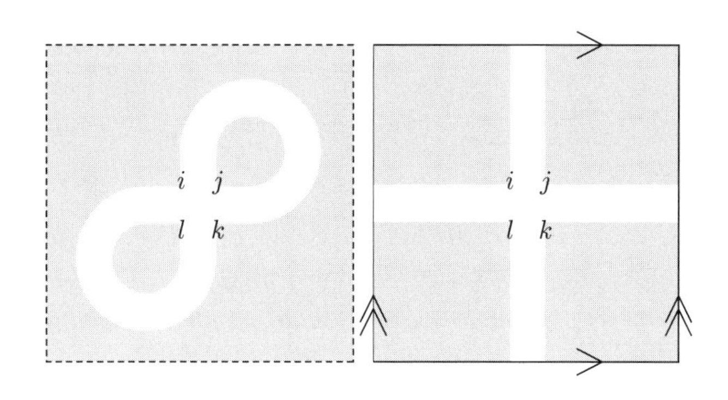

図 6.1 行列模型の計算 (6.22) や (6.23) に対応するトフーフト二重線図．添え字の縮約の構造を表すために頂点や線を膨らませて描く．(6.22) に対応する左図は平面内に描くことができるが，(6.23) に対応する右図は平面内に描くことができず，上下，左右の境界を同一視したトーラス上に描く．左図の平面は一点コンパクト化すれば球面と見なすことができる．左の二重線図は球面の単体分割を与え，オイラー数は $\chi = V - E + F = 1 - 2 + 3 = 2$ となる．同様に，右の二重線図はトーラスの単体分割を与え，オイラー数は $\chi = V - E + F = 1 - 2 + 1 = 0$ となる．ここで，頂点の数 V は相互作用の次数で，辺の数 E は伝搬の個数である．F は面の数で，面はクロネッカーデルタを繋ぐことにより現れ，二重線図において塗りつぶしている．

$$\langle H^i{}_j H^k{}_l \rangle \langle H^j{}_k H^l{}_i \rangle = \frac{1}{m^2}(\delta^k_j \delta^i_l)(\delta^l_k \delta^j_i) = \frac{N}{m^2} \tag{6.23}$$

の縮約は N で寄与する．まとめると，最終的に分配関数は

$$Z = 1 - \frac{g}{4m^2}(2N^3 + N) + O(g^2) \tag{6.24}$$

となる．$N = 1$ とおくと，行列の構造が消え，前節の結果 (6.10) を再現する．

これらのクロネッカーデルタの縮約計算と N の依存性を理解するには，**トフーフトの二重線図**が役立つ．トフーフトの二重線図において，行列の添え字の構造がわかるように，伝搬は (6.21) の 2 つのクロネッカーデルタそれぞれに線を対応させて，

$$\langle H^i{}_j H^k{}_l \rangle = \left[\begin{array}{ccc} i & \overline{\qquad\qquad} & l \\ j & \overline{\qquad\qquad} & k \end{array} \right] \tag{6.25}$$

と線を膨らませて表し，また，相互作用項も同様に頂点を膨らませて，

$$H^i{}_j H^j{}_k H^k{}_l H^l{}_i = \left[\begin{array}{cccc} & i & j & \\ i \,\lrcorner & & & \llcorner\, j \\ l \,\urcorner & & & \ulcorner\, k \\ & l & k & \end{array} \right] \tag{6.26}$$

と表す．このトフーフトの二重線図を使えば，上の計算の (6.22) や (6.23) はそれぞれ図 6.1 の左図と右図になる．このとき左図は平面内に描くことができるが，右図は平面内に描くことができない．そのため右図では，上下や左右の

境界を同一視したトーラスを用意して，その上にトフーフトの二重線図を描くことにする．縮約の方法に応じて，左図ではクロネッカーデルタ由来の閉じた線が 3 本あるが，右図で閉じた線はトーラスの同一視の下で一筆書きできる．これらの閉じた線の本数は N の冪として現れる．

上では，(6.20) の二重線図を平面内に描けるかどうかによって，N の冪が異なることをみた．さらに一歩進んで，次のように真空期待値に対する二重線図を 2 次元面と見なすことができる．これまで通常のファインマン図では，相互作用を頂点，伝搬を線（辺）と見なしてきた．これに対して，二重線図を用いることにより，頂点や辺だけでなく，縮約を通じてクロネッカーデルタが繋がり，それによって閉じた線を境界に持つ「面」という概念が定まり，2 次元面による解釈が可能になる．例えば，図 6.1 でクロネッカーデルタを繋いでできた閉じた線を境界に持つ面を塗りつぶすと，左図と右図にはそれぞれ 3 つの面と 1 つの面が現れ，これらの面を繋いで 2 次元面ができる．またこれらの面の数は閉じた線の本数と対応し，N の冪になる．

逆に，これらの二重線図を 2 次元面の単体分割と考えることも可能である．位相幾何学で 2 次元面を理解する際には，2 次元面を 2 次元単体となる三角形に分割し，その三角形の繋がり具合（ホモロジー）により理解するという方法が用いられている．その結果，現れる頂点，辺，面の数をそれぞれ V, E, F とすると，2 次元面に対してオイラー数 $\chi = V - E + F$ が定まり，種数 g を $\chi = 2 - 2\mathrm{g}$ と定義すると，2 次元面は種数 g により分類される．伝搬と相互作用を二重線で描いたトフーフトの二重線図において，面はクロネッカーデルタを 3 つ繋いでできるとは限らないのでもはや三角形ではないが，単体分割の双対に移行したり意味を拡張したりすれば，やはり 2 次元面の単体分割と見なすことができる．

展開において，二重線図が V 個の相互作用（頂点），E 個の伝搬関数（辺），F 個の面を含むとすると，その寄与は

$$g^V \frac{1}{m^E} N^F \tag{6.27}$$

で与えられる．この寄与において，二重線図によって N の冪が異なる様子を説明するために，(6.13) と同様の規格化を行い，m と g の関係を取り入れよう．つまり，分配関数 (6.15) において，積分変数 H と結合定数 g を

$$H' = \sqrt{\frac{g}{m}} H, \quad g' = \frac{1}{m^2} g \tag{6.28}$$

により変数変換してもう一度 H' と g' を H と g で表せば，分配関数は

$$Z = \int dH \exp\left(-\frac{1}{g} \left[\frac{1}{2} \operatorname{tr} H^2 + \frac{1}{4} \operatorname{tr} H^4 \right] \right) \Big/ \int dH \exp\left(-\frac{1}{2g} \operatorname{tr} H^2 \right) \tag{6.29}$$

となる．規格化の前後の (6.15) と (6.29) を比べると，質量 m と結合定数 g がともに g^{-1} になったので，(6.27) において $m \to g^{-1}$ と $g \to g^{-1}$ を代入すると，寄与は

$$g^V \frac{1}{m^E} N^F \bigg|_{\substack{m \to g^{-1} \\ g \to g^{-1}}} = g^{E-V} N^F = \begin{cases} \lambda^{E-V} N^{V-E+F} = \lambda^{E-V} N^{\chi} \\ g^{-(V-E+F)} \lambda^F = g^{-\chi} \lambda^F \end{cases} \tag{6.30}$$

で与えられる．ただしここで，λ を

$$\lambda = gN \tag{6.31}$$

と定義して，**トフーフト結合定数**とよぶ．また，(6.30) の 1 行目と 2 行目はそれぞれトフーフト結合定数 λ のほかに行列のランク N と結合定数 g を用いて結果を表した．

ここでわかったことをまとめよう．トフーフト結合定数 λ を固定したまま，行列のランク N を大きく，結合定数 g を小さくする極限

$$N \to \infty, \quad g \to 0, \quad \lambda = gN : \text{固定} \tag{6.32}$$

を**トフーフト極限**という．その極限において，(6.30) の 1 行目より，分配関数の各項は，二重線図から作られる 2 次元面の種数 g に応じて，それぞれ異なる N の冪の振舞いをする．例えば，(6.22) のように二重線図を平面内に描ける場合と比べて，(6.23) のようにトーラス上に描く必要がある場合は，オイラー数 $\chi = 2 - 2\mathrm{g}$ が 2 だけ小さく，(6.30) によりトフーフト極限において N^2 だけ低いオーダーの寄与を与えることになる．このとき，平面は無限遠を一点コンパクト化すれば球面と同じ位相構造を持つことに注意しよう．

このように一般に分配関数 Z やそれから作られる自由エネルギー $F = \log Z$ の各項に対してトフーフト極限を取ると，種数 g に応じて異なる N の冪の振舞いをする．各項を，トフーフト極限における N の冪，あるいは，二重線図から作られる 2 次元面の種数 g により整理する展開

$$Z = \sum_{\mathrm{g}=0}^{\infty} N^{2-2\mathrm{g}} Z'_{\mathrm{g}}(\lambda), \quad F = \sum_{\mathrm{g}=0}^{\infty} N^{2-2\mathrm{g}} F'_{\mathrm{g}}(\lambda), \tag{6.33}$$

または

$$Z = \sum_{\mathrm{g}=0}^{\infty} g^{2\mathrm{g}-2} Z_{\mathrm{g}}(\lambda), \quad F = \sum_{\mathrm{g}=0}^{\infty} g^{2\mathrm{g}-2} F_{\mathrm{g}}(\lambda), \tag{6.34}$$

を**トフーフト展開**といい，この展開は行列模型の背後にある 2 次元面の構造を反映している．弦理論において弦の世界面も 2 次元面であるので，トフーフト展開は弦理論と相性がよいと想像される．実際，その関係はこれからの解析でより明らかになる．

6.3 レゾルベント

前節で相互作用を持つガウス行列模型に対して，結合定数 g の低次についてトフーフトの二重線図を導入して具体的に計算を進めた．その結果，2 次元面の種数展開の構造を持つことをみた．特に二重線図が平面内に描ける場合は種数 $\mathrm{g}=0$ に対応し，トフーフト極限 (6.32) において主要な寄与を与える．本節と次節ではさらに，トフーフト展開の最低次（種数 $\mathrm{g}=0$）におけるガウス行列模型の全寄与を考えたい．

そのため，第 5.1 節でガウス行列模型を多重積分 (5.4) に帰着させたのと同様に，前節の相互作用を持つガウス行列模型 (6.29) に対しても，多重積分

$$Z=\frac{1}{N!}\int\frac{d^Nx}{(2\pi)^N}e^{-\frac{1}{g}\sum_{m=1}^{N}V(x_m)}\prod_{m<m'}^{N}(x_m-x_{m'})^2 \tag{6.35}$$

に帰着させる．ここで，$V(x)$ はポテンシャルであり，前節の相互作用はポテンシャルを $V(x)=x^2/2+x^4/4$ とした場合に対応するが，一般の相互作用でも同様に議論を進められるので，ここでは特定せずに進めよう．

まずはユニタリ群の不変測度をポテンシャルの一部だと見なして，トフーフト結合定数 $\lambda=gN$ を用いて，有効ポテンシャル

$$V_{\mathrm{eff}}\big[\{x_m\}_{m=1}^N\big]=\frac{\lambda}{N}\sum_{m=1}^{N}V(x_m)-\frac{\lambda^2}{N^2}\sum_{m<m'}^{N}\log(x_m-x_{m'})^2 \tag{6.36}$$

を定義すると，行列模型は

$$Z=\frac{1}{N!}\int\frac{d^Nx}{(2\pi)^N}e^{-\frac{1}{g^2}V_{\mathrm{eff}}\left[\{x_m\}_{m=1}^N\right]} \tag{6.37}$$

と表される．このとき行列模型の力学変数は固有値 $\{x_m\}_{m=1}^N$ であり，トフーフト極限 (6.32) において主要な寄与を与える固有値の分布状況がわかれば，それに対してトフーフト展開の最低次での自由エネルギー $F=\log Z$ が求まる．

ここで定義した有効ポテンシャル (6.36) は，N 項の和からなる第 1 項の係数が N^{-1} で，$N(N-1)/2$ 項の二重和からなる第 2 項の係数が N^{-2} なので，トフーフト極限において有限の寄与を持つ．また行列模型 (6.37) において結合定数 g は経路積分におけるプランク定数と同じ役割を果たすので，トフーフト極限 (6.32)（結合定数 g が小さい極限）はプランク定数が小さい極限に対応し，古典的な配位が主要な寄与を与える．そのため，有効ポテンシャル (6.36) を各力学変数 x_m に関して変分（有限自由度なので単に微分）して得られる運動方程式 $\delta V_{\mathrm{eff}}=0$

$$V'(x_m)=\frac{2\lambda}{N}\sum_{m'(\neq m)}\frac{1}{x_m-x_{m'}} \tag{6.38}$$

を用いてしばらく古典的な考察を進めよう．

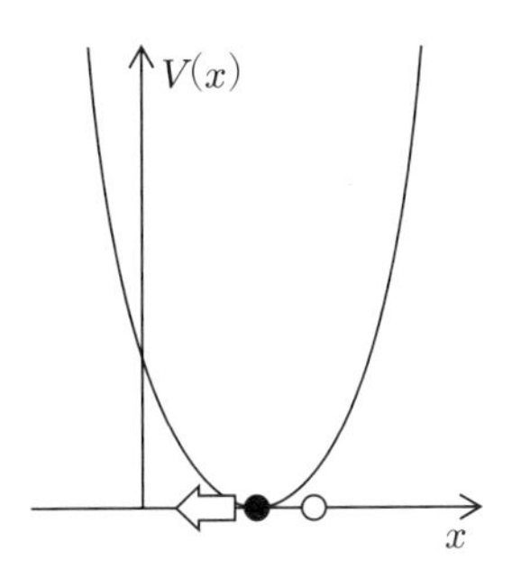

図 6.2　固有値間の斥力．運動方程式 (6.38) においてもし右辺が存在しなければ，ポテンシャル $V(x)$ の極小値 $V'(x_m)=0$，$V''(x_m)>0$ に固有値が集積する．$x_{m'}>x_m$ となる固有値 $x_{m'}$ により (6.38) の右辺は負の方向に変化し，運動方程式を成り立たせるために $V'(x_m)=0$ を満たしていた x_m は $V'(x_m)<0$ を満たす方向に移動するはずである．$V''(x_m)>0$ なのでこれは x_m が小さくなる方向であり，固有値間の相互作用は斥力と解釈される．

もともとの行列模型 (6.35) の形からも想像できるように，固有値が一致する場合は不変測度 $\prod_{m<m'}^{N}(x_m-x_{m'})^2$ のため寄与しないので，もとのポテンシャル $V(x)$ の相互作用に加えてさらに固有値間に有効的に斥力が働くはずである．これは運動方程式 (6.38) を用いればより明示的に確認できる．実際，運動方程式において x_m と比較したときの $x_{m'}$ の大小は，右辺の正負と逆に対応するので，右辺は固有値間の斥力として解釈される（図 6.2 参照）．右辺が存在しなければ N 個の固有値はポテンシャル $V(x)$ の極値に完全に凝縮されるが，右辺により固有値間に斥力が働き，固有値が間隔を空けてポテンシャルの極値の近くに並ぶことがわかる．この固有値の分布状況からトフーフト展開の最低次における自由エネルギー $F=\log Z$ が求まることになる．

トフーフト極限 (6.32) において固有値の個数 N は無限大なので，ポテンシャル $V(x)$ の極値の近くに間隔を空けて並ぶ離散的な固有値分布 $\{x_m\}_{m=1}^{N}$ は，連続的な固有値分布関数

$$\rho(x)=\lim_{N\to\infty}\frac{1}{N}\sum_{m=1}^{N}\delta(x-x_m) \tag{6.39}$$

になると考えるのが自然である．ここで任意関数 $f(x)$ に対して，置き換え

$$\frac{1}{N}\sum_{m=1}^{N}f(x_m)\to\int dx\rho(x)f(x) \tag{6.40}$$

により連続極限に移行させると，連続極限において有効ポテンシャル (6.36) は固有値分布関数 $\rho(x)$ の汎関数

$$V_{\text{eff}}\big[\rho(x)\big]=\lambda\int dx\rho(x)V(x)-\frac{\lambda^2}{2}\int dxdx'\rho(x)\rho(x')\log(x-x')^2 \tag{6.41}$$

となり，行列模型はその経路積分

$$Z = \int \mathcal{D}\rho(x) e^{-\frac{1}{g^2} V_{\text{eff}}[\rho(x)]} \tag{6.42}$$

で与えられる．この連続的な固有値分布関数 $\rho(x)$ は規格化条件

$$\int dx \rho(x) = 1 \tag{6.43}$$

を満たすので，問題は拘束条件 (6.43) を満たしながら，汎関数 $V_{\text{eff}}\big[\rho(x)\big]$ を最小化させる運動方程式

$$V'(x) = 2\lambda \, \mathrm{P}\!\!\int dx' \, \frac{\rho(x')}{x - x'} \tag{6.44}$$

の解を求めることになる．ここで，P は極における主値積分を指す．連続極限における運動方程式 (6.44) は，離散的な運動方程式 (6.38) に対して連続極限 (6.40) を取ることによっても導出できるし，あるいは，連続極限により得られた有効ポテンシャル (6.41) に対して拘束条件 (6.43) の下で変分することによっても導出できる．ただし変分を実行する際には，一般的な変分 $\rho(x) \to \rho(x) + \delta\rho(x)$ ではなく，拘束条件 (6.43) を考慮して，積分値を変えない全微分となる変分

$$\rho(x) \to \rho(x) + \frac{d}{dx} \delta\rho(x) \tag{6.45}$$

を考えた方がわかりやすい．一旦古典的な配位 $\rho(x)$ がわかれば，それは行列模型の経路積分 (6.42) において支配的となり，トフーフト展開の最低次における自由エネルギー $F = \log Z$ は，古典的な配位を代入することにより

$$F = -g^{-2} V_{\text{eff}}\big[\rho(x)\big] \tag{6.46}$$

と得られる．

さて，固有値分布を知るためには，量子論に戻ってレゾルベント

$$\omega(z) = g \left\langle \sum_{m=1}^{N} \frac{1}{z - x_m} \right\rangle \tag{6.47}$$

を考えるのが便利である．ここで真空期待値とは，行列模型 (6.35) と同じ多重積分を行列模型の分配関数 Z で規格化したもの

$$\begin{aligned} \Big\langle f\big[\{x_m\}_{m=1}^N\big] \Big\rangle = \frac{1}{Z} \frac{1}{N!} \int \frac{d^N x}{(2\pi)^N} e^{-\frac{1}{g} \sum_{m=1}^N V(x_m)} \prod_{m<m'}^{N} (x_m - x_{m'})^2 \\ \times f\big[\{x_m\}_{m=1}^N\big] \end{aligned} \tag{6.48}$$

であり，$\langle 1 \rangle = 1$ である．レゾルベント $\omega(z)$ を引き数 z に関して $z \to \infty$ のまわりで展開すれば

$$\frac{\omega(z)}{\lambda} = \frac{1}{z} + \frac{\big\langle N^{-1} \sum_{m=1}^N x_m \big\rangle}{z^2} + \frac{\big\langle N^{-1} \sum_{m=1}^N x_m^2 \big\rangle}{z^3} + \cdots \tag{6.49}$$

となり，固有値のすべての冪和の真空期待値から固有値分布に関する情報が得られる．また，定義式 (6.47) から，連続極限においてレゾルベント $\omega(z)$ は固有値分布関数 $\rho(x)$ を用いて

$$\omega(z) = \lambda \int dx' \, \frac{\rho(x')}{z - x'} \tag{6.50}$$

と表せる．

運動方程式 (6.38) に対して，$N^{-1}(z - x_m)^{-1}$ を乗じて m に関して和を取り多重積分 (6.48) を実行すると，その左辺において

$$\begin{aligned}\frac{1}{N}\left\langle \sum_{m=1}^{N} \frac{V'(x_m)}{z - x_m} \right\rangle &= \frac{1}{N}\left\langle \sum_{m=1}^{N} \frac{V'(z) - \big(V'(z) - V'(x_m)\big)}{z - x_m} \right\rangle \\ &= \frac{V'(z)\omega(z)}{\lambda} - f(z)\end{aligned} \tag{6.51}$$

が得られる．ただし，$f(z)$ は

$$f(z) = \frac{1}{N}\left\langle \sum_{m=1}^{N} \frac{V'(z) - V'(x_m)}{z - x_m} \right\rangle \tag{6.52}$$

で定義される．その具体形は不明だが，少なくともポテンシャル $V(z)$ が解析関数ならば，$V'(z) - V'(x_m)$ は $z = x_m$ を代入すると零になるので $z - x_m$ で割り切れ，さらに和や真空期待値を取って得られる $f(z)$ も z に関する解析関数であることがわかる．一方，右辺は

$$\begin{aligned}\frac{2\lambda}{N^2}\left\langle \sum_{m=1}^{N} \sum_{m'(\neq m)}^{N} \frac{1}{(z - x_m)(x_m - x_{m'})} \right\rangle &\simeq \frac{\lambda}{N^2}\left\langle \left(\sum_{m=1}^{N} \frac{1}{z - x_m} \right)^2 \right\rangle \\ &\simeq \frac{\omega(z)^2}{\lambda}\end{aligned} \tag{6.53}$$

となる．ただしここでの等式変形は，次に述べる操作を順番に行うことにより得られる．まず等式

$$\frac{1}{(z - x_m)(x_m - x_{m'})} - \frac{1}{(z - x_{m'})(x_m - x_{m'})} = \frac{1}{(z - x_m)(z - x_{m'})} \tag{6.54}$$

に対して，m と m' の両方に関して和を取ると，(6.54) の左辺の 2 項は同じ寄与を与えるので，関係式

$$\sum_{m=1}^{N} \sum_{m'(\neq m)}^{N} \frac{1}{(z - x_m)(x_m - x_{m'})} = \frac{1}{2} \sum_{m=1}^{N} \sum_{m'(\neq m)}^{N} \frac{1}{(z - x_m)(z - x_{m'})} \tag{6.55}$$

が得られる．またトフーフト極限において，(6.55) の右辺の二重和に $m' = m$ の場合に対応する一重和 $\sum_{m=1}^{N}(z - x_m)^{-2}/2$ を付け加えても主要な寄与を変えないので，右辺は $\left(\sum_{m=1}^{N}(z - x_m)^{-1}\right)^2/2$ と見なすことができる．これに

より (6.53) の初めの等式が成り立つ．さらにこの結果に，トフーフト極限（古典極限）において成り立つ分離性

$$\langle \mathcal{O}\mathcal{O}' \rangle \simeq \langle \mathcal{O} \rangle \langle \mathcal{O}' \rangle \tag{6.56}$$

を適用させると，2 乗の真空期待値が真空期待値の 2 乗となり，(6.53) においてさらに等式変形を進めることが可能になる．

ここで得られた結果 (6.51) と (6.53) をまとめると，トフーフト極限におけるレゾルベント $\omega(z)$ は，ある未知の解析関数 $f(z)$ に対して

$$\frac{V'(z)\omega(z)}{\lambda} - f(z) = \frac{\omega(z)^2}{\lambda} \tag{6.57}$$

を満たし，これをあらわに解けば，

$$\omega(z) = \frac{V'(z) - \sqrt{V'(z)^2 - 4\lambda f(z)}}{2} \tag{6.58}$$

が得られる．本来このような議論は，古典的な運動方程式の多重積分ではなく，量子論的に成り立つシュウィンガー–ダイソン方程式を用いるべきであるが，同じ結果を与えるのでここでは説明の簡潔さから運動方程式の積分を用いて説明した．(6.58) における平方根の符号やレゾルベントの具体形は，展開形 (6.49) との整合性から決められる．例えば相互作用を持たない $V(z) = z^2/2$ の場合には，$f(z)$ の定義式 (6.52) より $f(z) = 1$ なので，レゾルベントは

$$\omega(z) = \frac{z - \sqrt{z^2 - 4\lambda}}{2} \tag{6.59}$$

となり，展開形 (6.49) を再現する．相互作用を持つ場合には，解析関数 $f(z)$ の定義式 (6.52) から具体的に計算を進めるのは難しいので，一見レゾルベント $\omega(z)$ を決定するのも難しくみえる．しかし，極限 $z \to \infty$ においてレゾルベント (6.58) の z の正冪がすべて消えて展開形 (6.49) と一致することを要請すれば，やはり解析関数 $f(z)$ やレゾルベント $\omega(z)$ の具体形が決められる．このようにレゾルベントが $z \to \infty$ の展開形から間接的に決定され，そこから固有値分布に関する情報が得られることが，レゾルベントを考える重要な理由であろう．

6.4 固有値分布

前節で，トフーフト展開の最低次（種数 $\mathrm{g} = 0$）における，相互作用を持つガウス行列模型の全寄与を理解するには，無限個の固有値の冪和 (6.49) により固有値分布の情報を担うレゾルベント (6.47) が有用であることを説明し，明示的に解 (6.58) を求めた．また，レゾルベントは固有値分布関数を用いて (6.50) と表されることを説明した．では逆に，固有値分布の情報を担うと考えてき

たレゾルベント (6.47) からどのように固有値分布関数を読み取るのだろうか．本節では固有値分布関数を求め，これからトフーフト展開の最低次における全寄与が求められることを説明し，またこのような解析の背後にある代数曲線の構造を説明したい．

レゾルベントから固有値分布関数を読み取るには解析性に着目するのがよい．離散的な固有値が集積し，レゾルベントが実軸においてカットを持つ場合を考えよう．実軸にあるカットの上下においてレゾルベントの差は，定義式 (6.47) から

$$
\begin{aligned}
\omega(z+i\epsilon)-\omega(z-i\epsilon) &= \frac{-2i\lambda}{N}\left\langle\sum_{m=1}^{N}\frac{\epsilon}{(z-x_m)^2+\epsilon^2}\right\rangle \\
&= \frac{-2\pi i\lambda}{N}\left\langle\sum_{m=1}^{N}\delta(z-x_m)\right\rangle \underset{N\to\infty}{\simeq} -2\pi i\lambda\rho(z)
\end{aligned}
\tag{6.60}
$$

となる．ここで，2 番目の等式変形では

$$
\lim_{\epsilon\to 0}\frac{\epsilon}{x^2+\epsilon^2}=\pi\delta(x) \tag{6.61}
$$

を用いた．これはデルタ関数 $\delta(x)$ の 2 つの性質，(i) $x\neq 0$ に対して値が零であること，(ii) x 軸上での積分値が 1 であること，を満たすからである．この等式は電磁波の分散現象の解析で用いられるクラマース–クローニッヒの関係式と同一で，よく

$$
\frac{1}{z+i\epsilon}=\mathrm{P}\frac{1}{z}-\pi i\delta(z) \tag{6.62}
$$

と表される．また，トフーフト極限における固有値分布関数は古典極限で得られたものであるので，(6.60) の最後の等式変形を行った．

以上をまとめると，固有値分布関数はレゾルベントにより

$$
\rho(z)=\frac{1}{-2\pi i\lambda}\big(\omega(z+i\epsilon)-\omega(z-i\epsilon)\big) \tag{6.63}
$$

で与えられる．これを用いれば，前節のレゾルベントの結果から固有値分布関数を求めることができる．例えば相互作用を持たない場合 $V(z)=z^2/2$ には，レゾルベント (6.59) より

$$
\rho(z)=\frac{\sqrt{4\lambda-z^2}}{2\pi\lambda} \tag{6.64}
$$

が得られる．固有値分布関数 $\rho(z)$ の関数形は半円の方程式

$$
z^2+\big(2\pi\lambda\rho(z)\big)^2=4\lambda,\quad \rho(z)\geq 0 \tag{6.65}
$$

を満たすので，この固有値分布は**ウィグナーの半円則**とよばれる．また，相互作用を持つ場合も同様に，レゾルベント (6.58) を決定した後に，(6.63) より古典的な固有値分布関数が得られる．さらに (6.46) より，古典的な固有値分布関

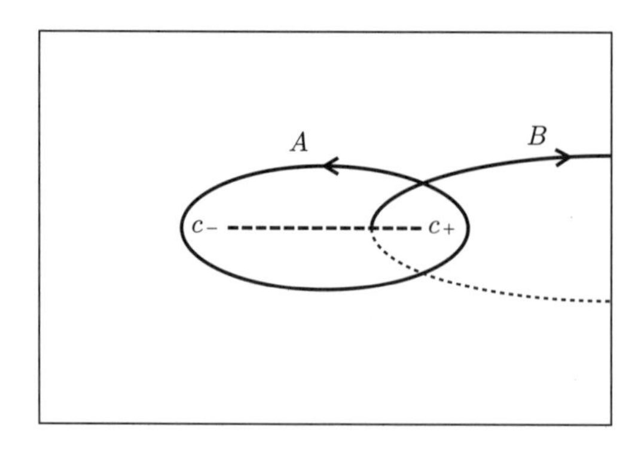

図 6.3　レゾルベント $\omega(z)$ の解析性．実軸に平方根のカットを持ち，そこに固有値が集積している．A サイクルに沿って積分すればトフーフト結合定数 (6.67) となり，B サイクルに沿って積分すれば自由エネルギーのトフーフト結合定数による微分 (6.73) となる．

数 (6.63) を有効ポテンシャル (6.41) に代入すれば，トフーフト展開の最低次（種数 $\mathrm{g}=0$）における行列模型の自由エネルギー $F=\log Z$ が決定される．

本節の最後にレゾルベントの背後にある複素代数曲線の構造に少し触れたい．ただし，この複素代数曲線は 2 次元面でも，トフーフト展開の二重線図に現れる 2 次元面とは異質で，むしろ固有値分布が織りなす 2 次元面と考えるのが適切である．固有値分布関数 $\rho(x)$ は規格化条件 (6.43) を満たすので，カットを $[c_-, c_+]$ とすると，規格化条件は (6.63) を用いてレゾルベントにより

$$\int_{c_-}^{c_+} dx \frac{\omega(x+i\epsilon)-\omega(x-i\epsilon)}{-2\pi i\lambda} = 1 \tag{6.66}$$

と表せる．つまり，カットを囲むサイクルを A サイクル（図 6.3 参照）とよべば，

$$\int_A dz\omega(z) = 2\pi i\lambda \tag{6.67}$$

が得られる．

また，連続極限における運動方程式 (6.44) を導出する際に，規格化条件 (6.43) を拘束条件として有効ポテンシャル (6.41) を変分したが，これは固有値の個数 N を固定するためだった．もしも固有値の個数の変化を許して，無限遠から固有値を持ってきて，固有値の個数を N 個から $N+1$ 個に増やすことを考えるならば，拘束条件を課さずに変分を実行すべきであり，この際に得られた

$$\frac{\delta V_{\mathrm{eff}}}{\delta\rho(x)} = \lambda V(x) - \lambda^2 \int dx'\rho(x')\log(x-x')^2 \tag{6.68}$$

の微分は固有値が感じる力に比例する．力に沿って仕事を加え，無限遠から固有値を 1 つ持ってくれば，自由エネルギー F には固有値の個数の増加による有効ポテンシャルの変化分が加わり，その変化分は

$$\frac{\Delta F}{\Delta N} = \int_{\infty}^{c_+} dx \frac{\partial}{\partial x}\left(\frac{-g^{-2}\delta V_{\text{eff}}}{N\delta\rho(x)}\right) \tag{6.69}$$

で与えられるはずである．固有値の個数 N をトフーフト結合定数 λ に書き換えて，(6.34) の種数 $\mathrm{g}=0$ における自由エネルギー $F = g^{-2}F_0$ を代入すれば，

$$\frac{g^{-2}}{g^{-1}}\frac{\partial F_0}{\partial \lambda} = \int_{\infty}^{c_+} dx \frac{\partial}{\partial x}\left(\frac{-g^{-2}}{g^{-1}\lambda}\frac{\delta V_{\text{eff}}}{\delta\rho(x)}\right) \tag{6.70}$$

が得られ，さらに x 微分を実行すれば

$$\frac{\partial F_0}{\partial \lambda} = -\int_{\infty}^{c_+} dx \left[V'(x) - 2\lambda\, \mathrm{P}\!\!\int dx' \frac{\rho(x')}{x-x'}\right] \tag{6.71}$$

となる．これに対して，連続版のレゾルベントの定義式 (6.50) とレゾルベントの解 (6.58) を代入すれば

$$\frac{\partial F_0}{\partial \lambda} = -\int_{\infty}^{c_+} dx \big[V'(x) - 2\omega(x)\big] = -\int_{\infty}^{c_+} dx \sqrt{V'(x)^2 - 4\lambda f(x)} \tag{6.72}$$

が得られる．この被積分関数をレゾルベントの解 (6.58) の多価性を持つ部分と見なし，多価性と無関係な正則項 $V'(z)$ を付け加えれば，

$$\frac{\partial F_0}{\partial \lambda} = \int_B dz\omega(z) \tag{6.73}$$

となる．ここで，無限遠からカット $[c_-, c_+]$ のところまできて，カットを通ってさらに無限遠に戻るサイクルを B サイクルとした．

以上をまとめると，レゾルベント $\omega(z)$ の A サイクル積分 (6.67) はトフーフト結合定数 λ を与え，B サイクル積分 (6.73) はトフーフト結合定数 λ による自由エネルギーの微分 $\partial_\lambda F_0$ を与えることがわかった．物理側において，トフーフト結合定数 λ と自由エネルギーの微分 $\partial_\lambda F$ はあたかも解析力学における座標と運動量のように共役な関係（シンプレクティック構造）を持つ．これと対応して，複素代数曲線側でも A サイクルと B サイクルがシンプレクティック構造を持つことが知られている．このため，行列模型の研究は複素代数曲線の研究と深く関係して発展を続けている．

6.5 チャーン–サイモンズ行列模型

本章において前節までは相互作用を持つガウス行列模型を例に取って，トフーフト展開について説明し，レゾルベントを用いたトフーフト展開の最低次の計算方法について説明した．本節では，ガウス行列模型の場合と同様に，第 5.2 節で導入したチャーン–サイモンズ行列模型の分配関数

$$Z_k^{\text{CS}}(N) = \frac{1}{N!}\int \frac{d^N\mu}{(2\pi)^N} e^{-\frac{1}{2g}\sum_{m=1}^N \mu_m^2} \prod_{m<m'}^N \left(2\sinh\frac{\mu_m - \mu_{m'}}{2}\right)^2 \tag{6.74}$$

に対して，レゾルベントを用いたトフーフト展開の最低次の計算方法を説明したい．第 5.2 節のチャーン–サイモンズ行列模型の定義 (5.7) では，チャーン–サイモンズレベル k を用いて行列模型を表したが，これまでのガウス行列模型との類似から (6.74) では結合定数 $g = 2\pi/k$ (5.8) を用いて行列模型を表す．また，分配関数 $Z_k^{\mathrm{CS}}(N)$ の添え字は k のままにしておく．チャーン–サイモンズ行列模型は，ガウス行列模型と比べて，積分測度が有理関数 (5.5) から双曲線関数 (5.9) に変わっている．しかし，レゾルベント $\omega(z)$ が解析性と無限遠 $z \to \infty$ における展開形から求まり，これによって固有値分布や自由エネルギーが決定されるのはほぼ同様である．本節では積分測度の変更により一見複雑になったレゾルベントの求め方について述べたい．

第 6.3 節と同様に，チャーン–サイモンズ行列模型の解析においても，レゾルベント

$$\omega(z) = g\left\langle \sum_{m=1}^{N} \coth\frac{z-\mu_m}{2} \right\rangle \tag{6.75}$$

が重要な役割を果たす．ガウス行列模型の場合 (6.48) と同様に，真空期待値は (6.74) と同じ多重積分を実行したものを $Z_k^{\mathrm{CS}}(N)$ で規格化したものを表す．ガウス行列模型の場合 (6.47) と比べると積分測度の変更によりレゾルベントの形が異なるが，(6.49) と同様にレゾルベント $\omega(z)$ を z で展開すれば，やはり固有値の様々な冪和が現れ，レゾルベントが固有値分布に関する情報を持つことがわかる．また第 6.3 節と同様に，ランク N が大きいトフーフト極限 (6.32) において，無限個の固有値が集積したレゾルベントはもはや解析関数ではなく，(6.58) のように多価性が生成される．このような解析性と極限における振舞いをうまく用いてレゾルベントを決定したい．

トフーフト極限において古典近似が成り立つので，まずは不変測度を取り込んだ有効的なポテンシャル $V_{\mathrm{eff}}\big[\{\mu_m\}_{m=1}^N\big]$ を考え，その有効ポテンシャルを μ_m で変分（微分）した古典的な運動方程式

$$\mu_m = g\sum_{m'(\neq m)}^{N} \coth\frac{\mu_m-\mu_{m'}}{2} \tag{6.76}$$

から，レゾルベント $\omega(z)$ に関する条件を導出しよう．運動方程式 (6.76) において，$g\coth(z-\mu_m)/2$ を乗じて m に関する和を取り，(6.74) と同じ多重積分を実行すると，

$$g\left\langle \sum_{m=1}^{N} \mu_m \coth\frac{z-\mu_m}{2} \right\rangle = g^2\left\langle \sum_{m=1}^{N}\sum_{m'(\neq m)}^{N} \coth\frac{z-\mu_m}{2}\coth\frac{\mu_m-\mu_{m'}}{2} \right\rangle \tag{6.77}$$

が得られる．左辺は

$$
\begin{aligned}
g\left\langle \sum_{m=1}^{N} \mu_m \coth\frac{z-\mu_m}{2} \right\rangle &= g\left\langle \sum_{m=1}^{N} (z-(z-\mu_m))\coth\frac{z-\mu_m}{2} \right\rangle \\
&= z\omega(z) - g\left\langle \sum_{m=1}^{N} (z-\mu_m)\coth\frac{z-\mu_m}{2} \right\rangle \qquad (6.78)
\end{aligned}
$$

となり，解析的な第 2 項を除くと，レゾルベントを用いて $z\omega(z)$ と表される．また右辺においては，coth 関数の恒等式

$$
\begin{aligned}
&\coth(\zeta-\xi)\coth(\xi-\eta) + \coth(\xi-\eta)\coth(\eta-\zeta) \\
&\quad + \coth(\eta-\zeta)\coth(\zeta-\xi) = -1 \qquad (6.79)
\end{aligned}
$$

に対して $\zeta = z/2$，$\xi = \mu_m/2$，$\eta = \mu_{m'}/2$ を代入すると，

$$
\begin{aligned}
&\coth\frac{z-\mu_m}{2}\coth\frac{\mu_m-\mu_{m'}}{2} + \coth\frac{\mu_m-\mu_{m'}}{2}\coth\frac{\mu_{m'}-z}{2} \\
&\quad + \coth\frac{\mu_{m'}-z}{2}\coth\frac{z-\mu_m}{2} = -1 \qquad (6.80)
\end{aligned}
$$

が得られ，$m \neq m'$ となる $N(N-1)/2$ 個の整数の組 (m, m') に関して足し上げると，初めの 2 項は同じ寄与となり，

$$
\begin{aligned}
&\sum_{m\neq m'} \coth\frac{z-\mu_m}{2}\coth\frac{\mu_m-\mu_{m'}}{2} \\
&\quad = \frac{1}{2}\left[\sum_{m\neq m'} \coth\frac{z-\mu_m}{2}\coth\frac{z-\mu_{m'}}{2} - \frac{1}{2}N(N-1)\right] \qquad (6.81)
\end{aligned}
$$

となる．$m = m'$ の場合はトフーフト展開において高次の寄与しか与えないので無視でき，(6.81) に対して (6.74) の多重積分をすると，運動方程式 (6.77) の右辺の最低次は

$$
g^2\left\langle \sum_{m=1}^{N}\sum_{m'(\neq m)}^{N} \coth\frac{z-\mu_m}{2}\coth\frac{\mu_m-\mu_{m'}}{2} \right\rangle \simeq \frac{\omega(z)^2}{2} - \frac{(gN)^2}{4}\langle 1\rangle \qquad (6.82)
$$

となる．

運動方程式から得られた (6.77) の左辺と右辺に (6.78) と (6.82) をそれぞれ代入すると，解析関数

$$
f(z) = -2g\left\langle \sum_{m=1}^{N} (z-\mu_m)\coth\frac{z-\mu_m}{2} \right\rangle + \frac{(gN)^2}{2}\langle 1\rangle \qquad (6.83)
$$

を用いて，トフーフト展開の最低次では

$$
\omega(z)^2 - 2z\omega(z) = f(z) \qquad (6.84)
$$

が成り立つことがわかる．解析関数 $f(z)$ の定義式 (6.83) からその具体形を求めるのは難しいが，解析関数 $f(z)$ の具体形がわからなくても，次のように解

析性と無限遠における振舞いからレゾルベント $\omega(z)$ を決定できる．

第 6.3 節のガウス行列模型のレゾルベントの場合 (6.58) と同様に，本節のチャーン–サイモンズ行列模型でも実軸において固有値が集積し，その結果レゾルベントが実軸にカットを持つことは容易に想像できる．レゾルベントはこのカットの上下両方において (6.84) を満たすので，それらを等置すれば

$$\omega(z+i\epsilon)^2 - 2z\omega(z+i\epsilon) = \omega(z-i\epsilon)^2 - 2z\omega(z-i\epsilon) \tag{6.85}$$

となる．ここで，係数に現れる関数 z は多価性を持たないので，単に $z \pm i\epsilon = z$ とした．カット上では $\omega(z+i\epsilon) \neq \omega(z-i\epsilon)$ なので，(6.85) より

$$z = \frac{1}{2}(\omega(z+i\epsilon) + \omega(z-i\epsilon)) \tag{6.86}$$

が成り立ち，これよりレゾルベントの解析性がわかった．

レゾルベントを決めるために，次にレゾルベントの解析性をわかりやすい形に書き換えて，その無限遠における振舞いをみる．そのため，関数

$$g(z) = e^{\frac{\omega(z)}{2}} + e^{z-\frac{\omega(z)}{2}} \tag{6.87}$$

を考えると，解析性 (6.86) からカットの直上において

$$\begin{aligned} g(z+i\epsilon) &= e^{\frac{\omega(z+i\epsilon)}{2}} + e^{z-\frac{\omega(z+i\epsilon)}{2}} \\ &= e^{z-\frac{\omega(z-i\epsilon)}{2}} + e^{\frac{\omega(z-i\epsilon)}{2}} = g(z-i\epsilon) \end{aligned} \tag{6.88}$$

が成り立つ．つまり，関数 $g(z)$ においてカットが完全に消えて，全 z 平面で解析的であることがわかった．しかし，無限遠における振舞いは必ずしも自明ではない．実際，レゾルベントの定義 (6.75) より無限遠における振舞いは

$$\lim_{z\to\infty} \omega(z) = t, \quad \lim_{z\to-\infty} \omega(z) = -t \tag{6.89}$$

で与えられるので，無限遠点を含めると解析的ではない．ここで，本節のチャーン–サイモンズ行列模型や次節以降の ABJM 行列模型の場合，結合定数が $g = 2\pi/k$ (5.8) であるため，文献 [11] に従って 2 種類のトフーフト結合定数 $\lambda = N/k$ と $t = gN$ を導入した．無限遠の振舞い (6.89) を理解するために，記号の乱用になるが，$Z = e^z$ として，$g(z)$ を Z の関数と見なしたときの関数も同じく $g(Z)$ と記すと，極限における振舞いは

$$\lim_{Z\to\infty} g(Z) = e^{-\frac{t}{2}}Z, \quad \lim_{Z\to 0} g(Z) = e^{-\frac{t}{2}} \tag{6.90}$$

と書き直される．これから，全 Z 平面において解析的な関数 $g(Z)$ は

$$g(Z) = e^{-\frac{t}{2}}(Z+1) \tag{6.91}$$

と定まり，最終的にレゾルベント $\omega(z)$ はこの解析関数 $g(Z)$ を用いて

$$\omega(z) = 2\log\frac{g(Z)-\sqrt{g(Z)^2-4Z}}{2} \tag{6.92}$$

$(Z=e^z)$ と決定される.

第 6.3 節においてガウス行列模型の解析性と極限における振舞いからレゾルベントを決定した. 本節ではチャーン–サイモンズ行列模型に対しても, 計算や議論が少し煩雑になるが, 同様に解析性 (6.86) と極限における振舞い (6.89) からレゾルベントが決定されることをみた. ガウス行列模型に対しては第 6.4 節で最低次の固有値分布や自由エネルギーの計算に進んだが, ここではこれ以上チャーン–サイモンズ行列模型の解析を続けず, ABJM 行列模型に進もう.

6.6 ABJM 行列模型

本章の第 6.4 節まではガウス行列模型を例に取ってトフーフト展開やレゾルベントによる解析方法について説明し, 前節ではそれをチャーン–サイモンズ行列模型に適用してきた. 本節ではさらに第 5.4 節で導入した ABJM 行列模型に適用してみよう.

第 3.5 節において重力理論の解析から超弦理論の統一を司る M 理論の M2 ブレーンを記述する理論は自由度 $N^{\frac{3}{2}}$ を持つことをみた. また, 第 4.3 節と第 5.4 節では ABJM 理論が M2 ブレーンの世界体積理論であり, その分配関数が ABJM 行列模型になることをみた. そのため, ABJM 行列模型の自由エネルギーは N が大きい極限で $N^{\frac{3}{2}}$ の振舞いになることが期待される. しかし, 素直に考えると行列模型は行列の自由度を持ち, 自由エネルギーが N^2 となるはずである. どのような仕組みで $N^{\frac{3}{2}}$ になるかが興味深い.

本節ではどのような議論を通じて $N^{\frac{3}{2}}$ が求まるかを説明したいが, ガウス行列模型やチャーン–サイモンズ行列模型と比べると, ABJM 行列模型のレゾルベントの解析は煩雑である. そのため, 本節では解析の流れや意味づけを説明することに重点をおく. 計算の詳細については, 次章においてトフーフト展開と全く異なる展開方法でもう一度振り返りたい.

ここではまず前節のチャーン–サイモンズ行列模型の解析と同様の解析を ABJM 行列模型*1)

$$Z_k(N_1|N_2) = \frac{i^{-\frac{1}{2}(N_1^2-N_2^2)}}{N_1!N_2!}\int_{\mathbb{R}^{N_1+N_2}}\frac{d^{N_1}\mu}{(2\pi)^{N_1}}\frac{d^{N_2}\nu}{(2\pi)^{N_2}}e^{\frac{i}{2g}(\sum_{m=1}^{N_1}\mu_m^2-\sum_{n=1}^{N_2}\nu_n^2)}$$

---

*1) 本章ではこれ以降 ABJM 行列模型の分配関数のみを議論するので, $Z_k(N_1|N_2)=Z_k^{\mathrm{ABJM}}(N_1|N_2)$ と略す. ABJM 行列模型に対するトフーフト展開の解析に関しては, 原論文 [35] やマリーニョによる講義録 [11] で詳しく説明されている. 本節の計算の詳細で説明不足の箇所に関して, 興味があればこれらの文献を参照したり, トフーフト展開の詳細は気にせずに次章の WKB 解析で補足したりしてほしい. そのため, 本章ではトフーフト結合定数などの定義をこれらの文献に合わせておく.

$$\times \frac{\prod_{m<m'}^{N_1}(2\sinh\frac{\mu_m-\mu_{m'}}{2})^2\prod_{n<n'}^{N_2}(2\sinh\frac{\nu_n-\nu_{n'}}{2})^2}{\prod_{m=1}^{N_1}\prod_{n=1}^{N_2}(2\cosh\frac{\mu_m-\nu_n}{2})^2} \tag{6.93}$$

に適用することを簡潔に説明したい．チャーン–サイモンズ行列模型の場合と同様に，ABJM 行列模型 $Z_k(N_1|N_2)$ もチャーン–サイモンズレベル k を添え字に付けているが，ガウス行列模型との類似から，解析ではやはり結合定数

$$g = \frac{2\pi}{k} \tag{6.94}$$

を用いることにする．また，固有値分布を表すレゾルベント

$$\omega(z) = \omega^{(1)}(z) + \omega^{(2)}(z+\pi i) \tag{6.95}$$

を

$$\omega^{(1)}(z) = g\left\langle\sum_{m=1}^{N_1}\coth\frac{z-\mu_m}{2}\right\rangle, \quad \omega^{(2)}(z) = g\left\langle\sum_{n=1}^{N_2}\coth\frac{z-\nu_n}{2}\right\rangle \tag{6.96}$$

と定義しておく．

　このとき，負符号を取り入れたトフーフト結合定数

$$t_1 = gN_1, \quad t_2 = -gN_2 \tag{6.97}$$

を用いると，積分測度を取り込んだ有効ポテンシャルに対する運動方程式は

$$\begin{aligned}\mu_m &= \frac{t_1}{N_1}\sum_{m'(\neq m)}^{N_1}\coth\frac{\mu_m-\mu_{m'}}{2} + \frac{t_2}{N_2}\sum_{n=1}^{N_2}\tanh\frac{\mu_m-\nu_n}{2},\\ \nu_n &= \frac{t_2}{N_2}\sum_{n'(\neq n)}^{N_2}\coth\frac{\nu_n-\nu_{n'}}{2} + \frac{t_1}{N_1}\sum_{m=1}^{N_1}\tanh\frac{\nu_n-\mu_m}{2}\end{aligned} \tag{6.98}$$

となる．これに対して，チャーン–サイモンズ行列模型の場合と同様に，運動方程式 (6.98) の第 1 式に $\coth(z-\mu_m)/2$ を乗じて，m に関する和を取った上で (6.93) の多重積分を実行し，さらに第 2 式に $\tanh(z-\nu_n)/2$ を乗じて，同様の操作を実行した後に，2 式の和を取る．すると，トフーフト展開の最低次におけるレゾルベント (6.95) は，解析関数 $f(z)$ を用いた関係式

$$\omega(z)^2 - 2z\omega^{(1)}(z) - 2(z+\pi i)\omega^{(2)}(z+\pi i) = f(z) \tag{6.99}$$

を満たすことがわかる．(6.85) から (6.86) が得られたのと同様に，2 つのカットの直上において，それぞれ

$$\begin{aligned} z &= \frac{1}{2}(\omega(z+i\epsilon)+\omega(z-i\epsilon)),\\ z &= \frac{1}{2}(\omega(z+\pi i+i\epsilon)+\omega(z+\pi i-i\epsilon))\end{aligned} \tag{6.100}$$

が成り立つ．

これから，$Z=e^z$ の関数として

$$g(Z)=e^{t_1+t_2}(e^{\omega(z)}+Z^2e^{-\omega(z)}) \tag{6.101}$$

を考えると，前節と同様にカットの上下で同じ値となるため，カットはもはや存在せず，全 z 平面において解析的な関数となる．極限における振舞い

$$\lim_{Z\to\infty}g(Z)=Z^2,\quad \lim_{Z\to 0}g(Z)=1 \tag{6.102}$$

から，$g(Z)$ はパラメータ ζ を用いて

$$g(Z)=Z^2-\zeta Z+1 \tag{6.103}$$

と表せ，レゾルベント

$$\omega(Z)=\log\left(\frac{e^{-(t_1+t_2)}}{2}\left[g(Z)-\sqrt{g(Z)^2-4e^{2(t_1+t_2)}Z^2}\right]\right) \tag{6.104}$$

が得られる．

一旦トフーフト展開の最低次におけるレゾルベントが得られると，第 6.4 節と同様に自由エネルギーの最低次を求めることができる．第 6.4 節の最後でガウス行列模型を用いて説明したように，トフーフト結合定数 λ と種数 $\mathrm{g}=0$ の自由エネルギーの微分 $\partial_\lambda F_0$ はそれぞれレゾルベント $\omega(z)$ の 2 つのサイクルに沿った複素積分 (6.67) と (6.73) により与えられる．しかし，ABJM 行列模型の場合，カットの構造が難しい対数関数を用いて表されたレゾルベント (6.104) に対して同様の解析を進めるのは困難である．これに対して，レゾルベントをパラメータ ζ で微分すれば，

$$\frac{\partial\omega(z)}{\partial\zeta}=\frac{Z}{\sqrt{g(Z)^2-4e^{2(t_1+t_2)}Z^2}} \tag{6.105}$$

のように対数関数がなくなり平方根だけの関数になるので，平方根のカットの 2 つのサイクルに沿った複素積分に簡略化される．つまり，λ や $\partial_\lambda F_0$ をレゾルベント $\omega(z)$ の複素積分で表す (6.67) や (6.73) そのものよりも，一回パラメータ ζ で微分して，$\partial_\zeta[\lambda]$ や $\partial_\zeta[\partial_\lambda F_0]$ をレゾルベントの ζ 微分 $\partial_\zeta[\omega(z)]$ (6.105) の複素積分で表すことを考えた方がわかりやすい．以下ではランクが等しい場合 $N_2=N_1=N$ に限って，行列模型

$$Z_k(N)=Z_k(N|N)=Z_k^{\mathrm{ABJM}}(N|N) \tag{6.106}$$

の解析を進めよう．このとき文献 [11] に従ってトフーフト結合定数を

$$\lambda=\frac{N}{k} \tag{6.107}$$

と定義した．

レゾルベントの ζ 微分 $\partial_\zeta[\omega(z)]$ (6.105) において平方根の中身が Z の 4 次式なので，一次分数変換によりカットの端点を標準的な位置に変換すれば，そのサイクル積分を第一種完全楕円積分*2)

$$K(k)=\int_0^1 \frac{dt}{\sqrt{(1-t^2)(1-k^2t^2)}} \tag{6.108}$$

で表すことができる．その結果，$\zeta = i\kappa$ とすれば，トフーフト結合定数 λ は，微分 $\partial_\zeta[\lambda]$ がサイクル積分で表されることから，微分方程式

$$\frac{d\lambda}{d\kappa}=\frac{1}{4\pi^2}K\left(\frac{i\kappa}{4}\right) \tag{6.109}$$

を満たす．これより，トフーフト結合定数 λ は，$g(Z)$ のカットの位置を示すパラメータ κ の関数として，

$$\lambda=\frac{\kappa}{8\pi}{}_3F_2\left(\frac{1}{2},\frac{1}{2},\frac{1}{2};1,\frac{3}{2};-\frac{\kappa^2}{16}\right)=\frac{\log^2\kappa}{2\pi^2}+\frac{1}{24}+\mathcal{O}\left(\frac{1}{\kappa^2}\right) \tag{6.110}$$

と表される．ここで，${}_pF_q(a_1,\cdots,a_p;b_1,\cdots,b_q;z)$ は一般化された超幾何関数

$${}_pF_q(a_1,\cdots,a_p;b_1,\cdots,b_q;z)=\sum_{n=0}^{\infty}\frac{(a_1)_n(a_2)_n\cdots(a_p)_n}{(b_1)_n(b_2)_n\cdots(b_q)_n}\frac{z^n}{n!} \tag{6.111}$$

であり，$(a)_n$ はポッホハンマー記号

$$(a)_{n\geq 1}=a(a+1)(a+2)\cdots(a+n-1),\quad (a)_0=1 \tag{6.112}$$

である．後の計算のため (6.110) では一般化された超幾何関数に対してさらに $\kappa\to\infty$ として展開している．この (6.110) の結果は，トフーフト結合定数を

$$\hat{\lambda}=\lambda-\frac{1}{24} \tag{6.113}$$

と再定義すべきであることを示唆している．実際，曲がった時空の効果からこのようにずれることは重力側の解析から知られていた．

また，自由エネルギーのトフーフト結合定数による微分 $\partial_\lambda F_0$ に関しても，やはり微分 $\partial_\zeta[\partial_\lambda F_0]$ がサイクル積分で表されるので，標準的な位置に変換すれば完全楕円積分となり，(6.109) と同様の微分方程式を満たす．このとき，さらに (6.109) を用いて $\zeta = i\kappa$ 微分を λ 微分に書き直すと，

$$\partial_\lambda^2 F_0(\lambda)=4\pi^3\frac{K'\left(\frac{i\kappa}{4}\right)}{K\left(\frac{i\kappa}{4}\right)}+4\pi^3 i \tag{6.114}$$

となり，双対な引き数を持つ完全楕円積分 $K'(k)=K(\sqrt{1-k^2})$ を用いて表される．(6.114) に対して一度積分を実行すれば，

---

*2) Mathematica を用いて計算する場合には $K(k)=$ `EllipticK[`k^2`]` と定義されていることに注意する必要がある．

$$\partial_\lambda F_0(\lambda) = 2\pi^2 \log\kappa + \frac{4\pi^2}{\kappa^2}\,{}_4F_3\left(1,1,\frac{3}{2},\frac{3}{2};2,2,2;-\frac{16}{\kappa^2}\right) \tag{6.115}$$

が得られ，さらにこれに (6.110) の $\kappa\to\infty$ における展開形を代入すれば，ある多項式関数 f_m を用いて，トフーフト展開の最低次における自由エネルギーは

$$F_0(\hat{\lambda}) = \frac{4\pi^3\sqrt{2}}{3}\hat{\lambda}^{\frac{3}{2}} + \sum_{m=1}^{\infty} e^{-2\pi m\sqrt{2\hat{\lambda}}} f_m\left(\frac{1}{\pi\sqrt{2\hat{\lambda}}}\right) \tag{6.116}$$

という形で表されることがわかる．(6.110) の $\kappa\to\infty$ 展開に対応して，(6.116) の結果は $\hat{\lambda}\to\infty$ における展開で表されている．

以上の解析を経て，トフーフト展開の最低次（種数 $\mathrm{g}=0$）における自由エネルギーは，さらに $\hat{\lambda}\to\infty$ で展開すれば，(6.116) で与えられることがわかった．このとき，トフーフト展開 (6.34) の最低次における係数 g^{-2} を取り込んで，指数関数 $e^{-2\pi\sqrt{2\hat{\lambda}}}$ の補正項を無視すれば，自由エネルギーの展開の初項は

$$F(g,N) \overset{g\,\text{展開}}{=} \frac{1}{g^2}F_0(\hat{\lambda}) + \cdots \overset{\lambda^{-1}\text{展開}}{=} \frac{1}{g^2}\frac{4\pi^3\sqrt{2}}{3}\lambda^{\frac{3}{2}} + \cdots \tag{6.117}$$

で与えられることに注目しよう．このままでは予想していた $N^{\frac{3}{2}}$ の振舞いにならないが，結合定数が $g=2\pi/k$ (6.94) で，トフーフト結合定数が $\lambda=N/k$ (6.107) であることを用いると，初項は

$$F(g,N) = \frac{\pi\sqrt{2}}{3}k^{\frac{1}{2}}N^{\frac{3}{2}} + \cdots \tag{6.118}$$

と書き直され，$N^{\frac{3}{2}}$ の振舞いが再現されたようにみえる．

得られた自由エネルギーの結果の 2 つの表示 (6.117) と (6.118) を見比べて，どの意味で $N^{\frac{3}{2}}$ の振舞いが再現されるべきかについて，以下詳しく考察しよう．第 4 章で述べたように，ABJM 理論は $\mathbb{C}^4/\mathbb{Z}_k$ 上の M2 ブレーンの世界体積理論であり，本章ではその分配関数から得られた行列模型に対してトフーフト展開の最低次であるトフーフト極限で解析を進めてきた．トフーフト極限 (6.32)（図 6.4 参照）とは，トフーフト結合定数 $\lambda=N/k$ を固定したまま，$N\to\infty$，$k\to\infty$ の極限を取ることであった．第 4.3 節の最後でみたように，背景時空 $\mathbb{C}^4/\mathbb{Z}_k$ において極限 $k\to\infty$ を取れば，有効的に $\mathbb{Z}_k$ が連続的な 1 次元の同一視に変わり，動径方向を除けば背景時空が $\mathbb{CP}^3\times S^1$ になる．さらに，極限 $k\to\infty$ においてこの 1 次元円周 S^1 が小さくなるため，11 次元 M 理論が 10 次元弦理論に，背景時空 $\mathbb{C}^4/\mathbb{Z}_k$ 上の M2 ブレーンが背景時空 $\mathbb{CP}^3$ 上の D2 ブレーンに帰着される．実際，トフーフト極限における行列模型の解析結果 (6.117) でも，D ブレーンとして $g^{-2}\sim N^2$ の振舞いを正しく再現していた．このようにトフーフト極限により M 理論が有効的に弦理論に帰着される領域を**弦理論領域**とよぶ．

しかし，ABJM 理論の分配関数から定義される自由エネルギーを用いて，M2 ブレーンの自由度 $N^{\frac{3}{2}}$ を再現したいならば，$k\to\infty$ 極限で有効的に弦理

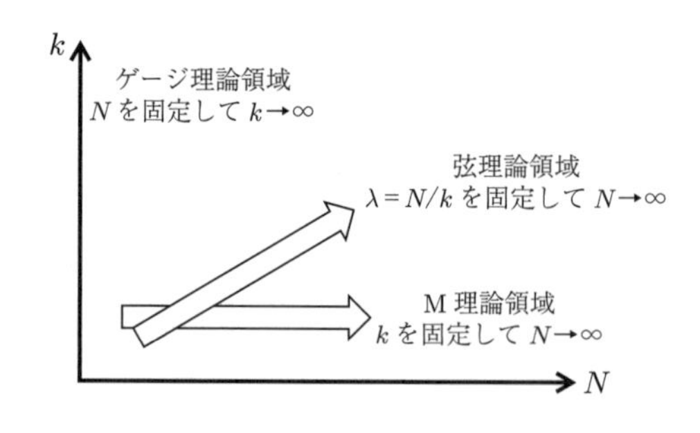

図 6.4 M 理論領域と弦理論領域とゲージ理論領域．超重力理論の解析で得られた M2 ブレーンの自由度 $N^{\frac{3}{2}}$ を再現するのは，M 理論の背景時空を特徴づけるチャーン–サイモンズレベル k を（小さく）固定したまま N を大きくする極限である．M 理論における自由度を検知できる領域という意味で，これを **M 理論領域**という．それに対して，行列模型の自由エネルギーの振舞い (6.117) が得られたのは，トフーフト極限（トフーフト結合定数 $\lambda = N/k$ を（大きく）固定したまま N を大きくする極限）での解析結果である．トフーフト極限において有効的に 1 次元円周 S^1 が小さくなり M 理論から弦理論へ移行するので，これを**弦理論領域**という．弦理論領域の結果を M 理論領域の結果として読み換える際には，$\lambda = N/k$ を大きく固定した弦理論領域と k を小さく固定した M 理論領域を比べる必要がある．ちなみに，通常のゲージ理論の解析では，ゲージ群のランク N を固定したまま，結合定数 $g = 2\pi/k$ の展開を考えている．これは M 理論領域とも弦理論領域とも異なる領域である．

論に帰着される領域ではなく，M 理論を検知できる k が小さくて一定な **M 理論領域**で議論をすべきである．その意味で，自由エネルギーをトフーフト結合定数ではなく，レベル k とランク N で表したときに $N^{\frac{3}{2}}$ が再現されるべきである．実際，トフーフト展開で得られた結果 (6.117) をもう一度レベル k とランク N を用いて書き換えた (6.118) において，M2 ブレーンの自由度 $N^{\frac{3}{2}}$ が再現できたのはまさに期待していたことである．

このとき M 理論領域において，M 理論の背景時空を特徴づけるパラメータ k を固定したまま，ランク N を大きくする極限を取ると，トフーフト結合定数 $\lambda = N/k$ も必然的に大きくなる．トフーフト展開における自由エネルギーの最低次 $F_0(\hat{\lambda})$ の結果 (6.115) に対して，さらに $\lambda \to \infty$ で展開すること (6.117) はこの見方と整合する．

ただし，通常異なる領域において異なる効果が現れるので，このトフーフト極限で得られた結果 (6.117) を，単なる変数変換により M 理論領域の結果 (6.118) として解釈し直せたのは，偶然だったと考えるのが自然であろう．この問題については次章の WKB 展開でもう一度振り返ることにして，本章ではトフーフト展開で得られた結果に関する考察を続けることにしよう．

トフーフト極限における自由エネルギーの結果 (6.116) において，トフーフト展開の最低次の初項について議論したが，他にも，指数関数 $e^{-2\pi\sqrt{2\hat{\lambda}}}$ の補正項がある．これらの指数関数の補正項は後に λ^{-1} 展開における非摂動論的な効果の寄与として解釈されるが，ひとまずこれらの指数関数の補正項を無視しよう．次の 2 節でトフーフト展開における高次補正とその解釈を議論してから，第 6.9 節で指数関数の補正項の議論に戻ろう．

6.7 ABJM 行列模型の高次補正

前節でトフーフト展開の最低次における ABJM 行列模型の自由エネルギーの結果を，M 理論領域に読み換えると $N^{\frac{3}{2}}$ の振舞いが得られることをみた．これまでの行列模型からみれば，自由エネルギー $N^{\frac{3}{2}}$ の振舞いは目新しく，その補正を計算することで，M2 ブレーンの世界体積理論の特性を理解できると期待される．特に，ABJM 理論はほぼ最大の超対称性を持つ理論であり，高い超対称性を持つ理論は対称性により強く制限されるため可解となる可能性が高い．この立場に立ち，トフーフト展開に現れる各項

$$F(g,N) = g^{-2}F_0(\hat{\lambda}) + g^0 F_1(\hat{\lambda}) + g^2 F_2(\hat{\lambda}) + \cdots \tag{6.119}$$

を足し上げることが考えられた．前節と同様に，本節の結果の多くは次章において異なる展開方法で再導出されるので，本節では係数などを無視して，計算の流れを説明するに留める．

本章ではトフーフト展開の最低次の計算方法のみを説明してきたが，正則アノマリー方程式（正則量子異常方程式）を用いればより高次の計算も可能である．これらの方法を ABJM 行列模型に適用した結果

$$\begin{array}{lcllll}
F_0(\hat{\lambda}) & = & \hat{\lambda}^{\frac{3}{2}} & & & \\
F_1(\hat{\lambda}) & = & \log\hat{\lambda} & + \ \hat{\lambda}^{\frac{1}{2}} & & \\
F_2(\hat{\lambda}) & = & \hat{\lambda}^{-\frac{3}{2}} & + \ \hat{\lambda}^{-1} & + \ \hat{\lambda}^{-\frac{1}{2}} & \\
F_3(\hat{\lambda}) & = & \hat{\lambda}^{-3} & + \ \hat{\lambda}^{-\frac{5}{2}} & + \ \hat{\lambda}^{-2} & + \ \hat{\lambda}^{-\frac{3}{2}} \\
 & \vdots & & & &
\end{array} \tag{6.120}$$

となった．ただし簡単のため，ここでは指数関数 $e^{-2\pi\sqrt{2\hat{\lambda}}}$ の補正項や様々な係数をすべて省略した．興味深いことに種数が 1 つ増えるごとに項の数も 1 つずつ増える構造となっている．ここからヒントを得て，斜めに足し上げることが提案された（図 6.5 参照）．実際，驚くことに，トフーフト結合定数の補正

$$\lambda' = \hat{\lambda} - \frac{g^2}{3} = \lambda - \frac{1}{24} - \frac{\lambda^2}{3N^2} \tag{6.121}$$

を定義すると，結合定数 g とトフーフト結合定数 λ の二重展開だった自由エネルギー (6.120) は，綺麗に単項式 $F'_{\mathrm{g}}(\lambda')$ の級数

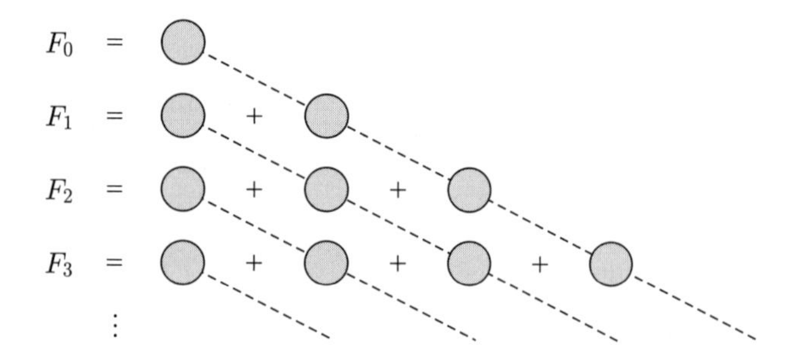

図 6.5 ABJM 行列模型のトフーフト展開の概念図．斜めに足し上げることにより，二重展開だった自由エネルギーが単項式の級数として表される．

$$F = \sum_{\mathrm{g}=0}^{\infty} g^{2\mathrm{g}-2} F'_{\mathrm{g}}(\lambda') \tag{6.122}$$

として表されるようになった．ただしここで，単項式 $F'_{\mathrm{g}}(\lambda')$ は

$$\begin{aligned} F'_0(\lambda') &= \lambda'^{\frac{3}{2}} = \hat{\lambda}^{\frac{3}{2}} + g^2\hat{\lambda}^{\frac{1}{2}} + g^4\hat{\lambda}^{-\frac{1}{2}} + g^6\hat{\lambda}^{-\frac{3}{2}} + \cdots \\ F'_1(\lambda') &= \log\lambda' = \log\hat{\lambda} + g^2\hat{\lambda}^{-1} + g^4\hat{\lambda}^{-2} + \cdots \\ F'_2(\lambda') &= \lambda'^{-\frac{3}{2}} = \hat{\lambda}^{-\frac{3}{2}} + g^2\hat{\lambda}^{-\frac{5}{2}} + \cdots \\ &\vdots \end{aligned} \tag{6.123}$$

で与えられる．

さらに，正則アノマリー方程式は種数に関する漸化式であり，漸化式を微分方程式に変更して解析を進めることができる．その結果，自由エネルギーは，指数関数の補正項を無視すれば，最終的にエアリー関数 Ai の対数関数

$$F = \log C^{-\frac{1}{3}} \operatorname{Ai}\bigl[C^{-\frac{1}{3}}(N-B)\bigr] + A \tag{6.124}$$

に足し上げられることがわかる．ただし定数 A，B，C は*3)

$$C = \frac{2}{\pi^2 k}, \quad B = \frac{1}{3k} + \frac{k}{24},$$
$$A = \begin{cases} -\dfrac{\zeta(3)}{\pi^2 k} - \dfrac{2}{k}\displaystyle\sum_{m=1}^{\frac{k}{2}-1} m\Bigl(\frac{k}{2}-m\Bigr)\log\Bigl(2\sin\frac{2\pi m}{k}\Bigr) & k:\ \text{偶数} \\ -\dfrac{\zeta(3)}{8\pi^2 k} + \dfrac{k}{4}\log 2 - \dfrac{1}{k}\displaystyle\sum_{m=1}^{k-1} \widetilde{m}(k-\widetilde{m})\log\Bigl(2\sin\frac{\pi m}{k}\Bigr) & k:\ \text{奇数} \end{cases} \tag{6.125}$$

で与えられ，$\widetilde{m} = \bigl(k + (-1)^m(2m-k)\bigr)/4$ である．また，この結果を分配関数の言葉に書き換えれば，分配関数が**エアリー関数**

$$Z_k(N) = e^A C^{-\frac{1}{3}} \operatorname{Ai}\bigl[C^{-\frac{1}{3}}(N-B)\bigr] \tag{6.126}$$

*3) 定数項 A はここで議論した正則アノマリー方程式からでは決められない．数値計算の結果と比較してその存在が発見され，次章以降の解析方法で具体形が得られた．

そのものになることがわかった．まとめると，ABJM 行列模型の自由エネルギーはエアリー関数の対数関数に足し上げられ，分配関数はエアリー関数そのものである．

ここでは簡潔に，自由エネルギーがエアリー関数の対数関数に足し上げられた，という言い方をしてきたが，注意が必要である．エアリー関数の展開は漸近展開であるので，正確には，自由エネルギーとエアリー関数は同じ漸近展開を持つ，という言い方をすべきで，摂動論を超えた非摂動論的な効果においては曖昧さが残る．しかしながら，第 8 章でみるように，ABJM 行列模型の分配関数の定義 (6.93) を用いてその厳密値を計算することができ，エアリー関数とよい一致がみられる．このため，摂動展開の結果をエアリー関数だと決めて，さらにどのような非摂動論的な効果があるのか，という問題を問うことができる．この問題は第 8 章で詳しく論じる．

6.8 エアリー関数に関する考察

第 6.2 節においてトフーフト展開を説明し，第 6.6 節や第 6.7 節でそれを ABJM 行列模型に適用した．その結果，前節の最後にまとめたように，ABJM 行列模型の分配関数はエアリー関数 (6.126) で与えられることがわかった．この結果は M2 ブレーンに対してどのような示唆を与えるのだろうか．

やや技術的ではあるが，ここではある興味深い示唆について説明したい．エアリー関数自体はよく知られた関数であり，複雑な漸近的な振舞いを持つ．ところが，エアリー関数の積分表示

$$\mathrm{Ai}\big[N\big] = \int_{-\infty i}^{\infty i} \frac{d\mu}{2\pi i} e^{\frac{1}{3}\mu^3 - \mu N} \tag{6.127}$$

において，指数関数部分の 3 次式はエアリー関数そのものよりもはるかに簡単な多項式である．以下に説明するように，統計力学との類似で，分配関数 $Z_k(N)$ を統計力学の正準集団の分配関数と見なせば，この積分表示は双対な大正準集団で解析を進めるべきであることを示唆する．

ABJM 行列模型の分配関数 $Z_k(N)$ において，ランク N を粒子数と見なし，$Z_k(N)$ を正準集団の分配関数と見なすと，粒子数 N に双対なフガシティ z や化学ポテンシャル $\mu = \log z$ を導入した母関数である大正準分配関数

$$\Xi_k(z) = \sum_{N=0}^{\infty} z^N Z_k(N) \tag{6.128}$$

や大正準ポテンシャル $\log \Xi_k(e^\mu)$，または，それを改良した**簡略化された大正準ポテンシャル** $J_k(\mu)$

$$\sum_{n=-\infty}^{\infty} e^{J_k(\mu + 2\pi i n)} = \Xi_k(e^\mu) \tag{6.129}$$

を考えることができる．ここで，簡略化された大正準ポテンシャルは耳慣れない用語であるが，次のような解釈を持つ量である．(6.129) の右辺において，大正準分配関数の引き数に $z = e^{\mu}$ を代入すると，大正準分配関数は化学ポテンシャル μ を $2\pi i$ シフトする変換

$$\mu \to \mu + 2\pi i \tag{6.130}$$

において不変である．この自明な $2\pi i$ シフトの不変性を見越して定義の時点から取り込んだのが，簡略化された大正準ポテンシャル (6.129) である．この際，無限個ある μ の $2\pi i$ シフトの中のどれを簡略化された大正準ポテンシャルとするかは，定義式 (6.129) からでは一意的に定まらないが，ここでは実関数となる $J_k(\mu)$ が存在すると仮定して，それを定義に採用することにする．

エアリー関数の積分表示 (6.127) が示唆することは，もともとの分配関数 $Z_k(N)$ よりも，この簡略化された大正準ポテンシャルが重要な役割を果たすことである．これを具体的にみていこう．大正準分配関数の定義式 (6.128) の逆変換

$$Z_k(N) = \oint dz \frac{\Xi_k(z)}{z^{N+1}} \tag{6.131}$$

に対して，変数変換 $z = e^{\mu}$ をすると，

$$Z_k(N) = \int_{-\pi i}^{\pi i} \frac{d\mu}{2\pi i} \Xi_k(e^{\mu}) e^{-\mu N} \tag{6.132}$$

となり，さらに，簡略化された大正準ポテンシャルの定義式 (6.129) を代入すると，

$$Z_k(N) = \sum_{n=-\infty}^{\infty} \int_{-\pi i}^{\pi i} \frac{d\mu}{2\pi i} e^{J_k(\mu+2\pi i n)-\mu N} \tag{6.133}$$

が得られる．ここで，無限和の各項において，

$$\mu_n = \mu + 2\pi i n \tag{6.134}$$

と変数変換して，積分変数 μ_n をもう一度 μ に書き換えると，

$$Z_k(N) = \sum_{n=-\infty}^{\infty} \int_{(2n-1)\pi i}^{(2n+1)\pi i} \frac{d\mu}{2\pi i} e^{J_k(\mu)-\mu N} \tag{6.135}$$

となる．(6.135) の無限個の積分の和は，同じ被積分関数を虚軸上の異なる区間で積分したものを区間について足し上げたものである．すべて足し上げると，最終的に逆変換

$$Z_k(N) = \int_{-\infty i}^{\infty i} \frac{d\mu}{2\pi i} e^{J_k(\mu)-\mu N} \tag{6.136}$$

が得られる．この簡略化された大正準ポテンシャルから正準集団の分配関数へ

の変換 (6.136) と，エアリー関数の積分表示 (6.127) を見比べると，明らかに類似性

$$Z_k(N) \leftrightarrow \mathrm{Ai}\big[N\big], \quad J_k(\mu) \leftrightarrow \frac{1}{3}\mu^3 \tag{6.137}$$

が認められるだろう．

エアリー関数そのものよりも積分表示の指数部分の 3 次式が簡単であることからヒントを得て，

正準集団における分配関数を考えてきたが，
簡略化された大正準ポテンシャルを用いることにより，
より簡潔に ABJM 行列模型の解析を進められる

ことが予想される．この思想に基づいて，簡略化された大正準ポテンシャルの用語で行列模型の分配関数の結果 (6.126) を表すと，

$$J_k(\mu) = \frac{C}{3}\mu^3 + B\mu + A \tag{6.138}$$

となる．実際，この大正準ポテンシャルを逆変換 (6.136) に代入することにより，分配関数 $Z_k(N)$ の結果 (6.126)

$$Z_k(N) = \int_{-\infty i}^{\infty i} \frac{d\mu}{2\pi i} e^{\frac{C}{3}\mu^3 + B\mu + A - \mu N} = e^A C^{-\frac{1}{3}} \,\mathrm{Ai}\left[C^{-\frac{1}{3}}(N-B)\right] \tag{6.139}$$

が再現される．この思想は次章の WKB 展開に繋がっていく．

6.9 世界面インスタントン効果

第 6.6 節において ABJM 行列模型の解析を進め，最終的にトフーフト展開の最低次における自由エネルギー (6.116) を得た．さらにこの結果に対して，指数関数 $e^{-2\pi\sqrt{2\hat{\lambda}}}$ の補正を無視すれば，M2 ブレーンの自由度 $N^{\frac{3}{2}}$ が再現されることをみた．また第 6.7 節では同じ方法の延長線で，トフーフト展開の高次補正に対して，同じように指数関数の補正を無視すれば，高次補正の寄与がエアリー関数に足し上げられることもみた．このエアリー関数の結果を用いて，第 6.8 節で大正準集団の構造があることを説明した．しかし，(6.116) でみたように，これらの寄与のほかに指数関数 $e^{-2\pi\sqrt{2\hat{\lambda}}}$ の補正の寄与が無限にあり，その解釈や構造を解明したい．

一般に量子力学や場の量子論の経路積分表示と同様に，行列模型においても (6.28) のような変数変換をすれば，

$$Z = \int dH e^{-\frac{1}{g}V[H]} \tag{6.140}$$

となるので，相互作用の結合定数 g はプランク定数と同様の寄与を与える．結合定数 g の摂動によりこれらの解析を進めると，様々な物理量は結合定数 g の冪展開として表される．しかし，物理量の結合定数 g の依存性がすべて冪展開になるとは限らない．実際，行列模型 (6.140) において，もし $V[H_0] \neq 0$ となる安定で非自明な配位 $H = H_0$ があれば，通常の真空のまわりの摂動展開のほかに，$e^{-g^{-1}V[H_0]}$ の寄与が現れ，全体として分配関数は形式的に

$$Z = 1 + g + g^2 + \cdots + e^{-\frac{1}{g}} + \cdots \tag{6.141}$$

のような展開形を持つ．このとき，指数関数の項 $e^{-\frac{1}{g}}$ は，$g = 0$ における全次数の微分係数が零となるので，摂動展開では決して行き届かない効果である．このような効果は摂動論では行き届かないので，**非摂動論的な効果**とよばれる．また量子力学や場の量子論の経路積分における同様の効果は，分配関数に有限の寄与を与えるためには，配位が時空内で局在する必要がある．時間方向に局在した効果という意味で，**インスタントン効果**とよばれ，その配位や現れる寄与は**インスタントン**とよばれる．配位が真空から連続的に変形できる場合，通常その配位は不安定なので，インスタントン配位は真空から連続変形で到達できない，配位空間に非自明に巻き付いた位相的な配位であると考えられる．

トフーフト展開の最低次における自由エネルギー $F_0(\hat{\lambda})$ (6.116) に現れる指数関数 $e^{-2\pi\sqrt{2\hat{\lambda}}}$ の寄与も，$\hat{\lambda} \to \infty$ における全次数の微分係数が零であり，物理的な実体を表す配位が背景時空に巻き付いた非摂動論的な効果（インスタントン効果）と考えられる．その物理的な実体や背景時空への巻き付き方を理解することは重要である．

第 6.6 節で説明したように，本章の解析に用いられたトフーフト展開は弦の世界面を尊重する展開である．この極限において M2 ブレーンの背景時空 $\mathbb{C}^4/\mathbb{Z}_k$ は，動径方向や M 理論の 1 次元円周 S^1 を除けば $\mathbb{CP}^3$ に帰着される．したがって，自由エネルギーの最低次 $F_0(\hat{\lambda})$ (6.116) に現れる指数関数 $e^{-2\pi\sqrt{2\hat{\lambda}}}$ の寄与は，弦の世界面が $\mathbb{CP}^3$ のある部分多様体に巻き付くインスタントン効果であると想像できる．実際，弦の世界面が $\mathbb{CP}^3$ の中の $\mathbb{CP}^1$ に巻き付いたときの質量が計算され，指数関数 $e^{-2\pi\sqrt{2\hat{\lambda}}}$ の指数を再現していることがわかった．これからこの指数関数の非摂動論的な効果は，弦の世界面が $\mathbb{CP}^3$ の中の $\mathbb{CP}^1$ に巻き付いた寄与であると解釈され，このインスタントン効果を**世界面インスタントン効果**とよぶ．

第 7 章
行列模型の解析 II –WKB 展開–

第 5 章で ABJM 行列模型を導入し，第 6 章では一般の行列模型の解析に有用なトフーフト展開について説明し，これを ABJM 行列模型に適用した．トフーフト極限（トフーフト結合定数 $\lambda = N/k$ を固定して N や k を大きくする極限）で得られた結果を，有限の k に解釈し直すことにより，ABJM 行列模型の自由エネルギーが $N^{\frac{3}{2}}$ で振る舞うことをみた．本章では，ABJM 行列模型の解析に有用なフェルミガス形式について説明し（第 7.1 節），直接的な解析方法で，有限の k に対してこの $N^{\frac{3}{2}}$ の振舞いを再現する．さらにこの解析方法は $N^{\frac{3}{2}}$ の振舞いを再現するだけでなく，簡単にエアリー関数を再現したり（第 7.3 節），第 6.9 節でみた世界面インスタントン効果と異なるインスタントン効果を検知したり（第 7.5 節）して，ABJM 行列模型の本質に迫る重要なものである．

7.1 フェルミガス形式

前章で ABJM 理論の自由エネルギーを計算したが，途中の (6.106) から簡単のためランクが等しい場合に限って話を進めた．本章では最初からランクが等しい場合における ABJM 理論の分配関数

$$Z_k(N) = \int \frac{D_k^N \mu D_{-k}^N \nu}{(N!)^2} \frac{\prod_{m<m'}^N (2\sinh\frac{\mu_m - \mu_{m'}}{2})^2 \prod_{n<n'}^N (2\sinh\frac{\nu_n - \nu_{n'}}{2})^2}{\prod_{m=1}^N \prod_{n=1}^N (2\cosh\frac{\mu_m - \nu_n}{2})^2} \tag{7.1}$$

を考える．ここで，積分 $D_k\mu$ や $D_{-k}\nu$ はそれぞれ

$$D_k\mu = \frac{d\mu}{2\pi} e^{\frac{ik}{4\pi}\mu^2}, \quad D_{-k}\nu = \frac{d\nu}{2\pi} e^{-\frac{ik}{4\pi}\nu^2} \tag{7.2}$$

で与えられる．本節で解説する**フェルミガス形式**とは，ABJM 行列模型を始めとする一連の行列模型の分配関数などを，相互作用しないフェルミオンの分

配関数に書き換える有用な手法である．一般に行列模型がフェルミオンと対応するのは自然である．実際，第5章でみたように多くの行列模型の積分測度は群の不変測度の変形であり，不変測度は行列式表示を通じて置換の符号を持つためである．

ABJM 行列模型の場合に役立つ行列式は，コーシー行列式 (A.2)

$$\frac{\prod_{m<m'}^{N}(x_m - x_{m'})\prod_{n<n'}^{N}(y_n - y_{n'})}{\prod_{m=1}^{N}\prod_{n=1}^{N}(x_m + y_n)} = \det\left(\frac{1}{x_m + y_n}\right)_{\substack{1\le m\le N\\ 1\le n\le N}} \tag{7.3}$$

（付録 A.1 参照）である．コーシー行列式に対して $x_m = e^{\mu_m}$，$y_n = e^{\nu_n}$ を代入すると，左辺は (5.16) と同様に

$$\begin{aligned}&\frac{\prod_{m<m'}^{N}(x_m - x_{m'})\prod_{n<n'}^{N}(y_n - y_{n'})}{\prod_{m=1}^{N}\prod_{n=1}^{N}(x_m + y_n)}\\&= \frac{e^{\frac{N-1}{2}\sum_m \mu_m}\prod_{m<m'}^{N}\left(2\sinh\frac{\mu_m-\mu_{m'}}{2}\right)\cdot e^{\frac{N-1}{2}\sum_n \nu_n}\prod_{n<n'}^{N}\left(2\sinh\frac{\nu_n-\nu_{n'}}{2}\right)}{e^{\frac{N}{2}(\sum_m \mu_m + \sum_n \nu_n)}\prod_{m=1}^{N}\prod_{n=1}^{N}\left(2\cosh\frac{\mu_m-\nu_n}{2}\right)}\end{aligned} \tag{7.4}$$

となり，また右辺の行列式は

$$\det\left(\frac{1}{x_m + y_n}\right) = e^{-\frac{1}{2}\sum_m \mu_m}\det\left(\frac{1}{2\cosh\frac{\mu_m-\nu_n}{2}}\right)e^{-\frac{1}{2}\sum_n \nu_n} \tag{7.5}$$

となるので，

$$\frac{\prod_{m<m'}^{N} 2\sinh\frac{\mu_m-\mu_{m'}}{2}\prod_{n<n'}^{N} 2\sinh\frac{\nu_n-\nu_{n'}}{2}}{\prod_{m=1}^{N}\prod_{n=1}^{N} 2\cosh\frac{\mu_m-\nu_n}{2}} = \det\left(\frac{1}{2\cosh\frac{\mu_m-\nu_n}{2}}\right)_{\substack{1\le m\le N\\ 1\le n\le N}} \tag{7.6}$$

が得られる．この関係式を用いて，分配関数を

$$Z_k(N) = \int \frac{D_k^N\mu D_{-k}^N\nu}{(N!)^2}\det P(\mu_m,\nu_n)\det Q(\nu_n,\mu_m) \tag{7.7}$$

と書き換えることができる．ただし，

$$P(\mu,\nu) = \frac{1}{2\cosh\frac{\mu-\nu}{2}},\quad Q(\nu,\mu) = \frac{1}{2\cosh\frac{\nu-\mu}{2}} \tag{7.8}$$

は同じ関数であるが，後のために別の記号を導入した方が構造がわかりやすい．

分配関数の行列式表示 (7.7) は行列式を 2 つ含むが，コーシー–ビネ公式を連続変数に拡張した公式 (A.10)（付録 A.2 参照）を用いて行列式をまとめることができる．この連続版のコーシー–ビネ公式を (7.7) の連続変数 ν に適用すると，分配関数は

$$Z_k(N) = \int \frac{D_k^N\mu}{N!}\det\Big(\rho(\mu_m,\mu_{m'})\Big)_{\substack{1\le m\le N\\ 1\le m'\le N}} \tag{7.9}$$

となる．ただし，

$$\rho(\mu,\mu') = (P \circ Q)(\mu,\mu') \tag{7.10}$$

であり，$P \circ Q$ は，2 つの 2 変数関数 $P(\mu,\nu)$，$Q(\nu,\mu)$ に対して，

$$(P \circ Q)(\mu,\mu') = \int D_{-k}\nu P(\mu,\nu)Q(\nu,\mu') \tag{7.11}$$

により定義される．つまり，2 つの 2 変数関数 $P(\mu,\nu)$ と $Q(\nu,\mu')$ を行列 $(P)^{\mu}{}_{\nu}$ と $(Q)^{\nu}{}_{\mu'}$ と見なし，$D_{-k}\nu$ 積分を添え字の縮約 $\sum_\nu$ と見なせば，(7.11) は

$$(PQ)^{\mu}{}_{\mu'} = \sum_{\nu} (P)^{\mu}{}_{\nu}(Q)^{\nu}{}_{\mu'} \tag{7.12}$$

と書き換えられるので，行列の用語で $P \circ Q$ は単に行列積であることがわかる．以下，$P \circ Q$ を単に行列積だと考えて，$\circ$ を省略して PQ と記す．

分配関数 (7.9) においてさらに μ 積分を実行して，より簡潔な形を与えることができる．(7.9) の行列式を展開すれば，

$$Z_k(N) = \int \frac{D_k^N \mu}{N!} \sum_{\sigma \in S_N} (-1)^{\sigma} \prod_{m=1}^{N} \rho(\mu_m, \mu_{\sigma(m)}) \tag{7.13}$$

あるいは，よりあらわに

$$Z_k(N) = \frac{1}{N!} \sum_{\sigma \in S_N} (-1)^{\sigma} \int D_k\mu_1 \cdots D_k\mu_N \rho(\mu_1, \mu_{\sigma(1)}) \cdots \rho(\mu_N, \mu_{\sigma(N)}) \tag{7.14}$$

と表せる．この式において，置換 σ を 1 つ決めれば，ρ が 2 つの積分変数 μ を繋ぐ繋ぎ方が決まる．μ 積分をすべて実行した後には

$$(\mathrm{Tr}\,\rho)^{\ell_1}(\mathrm{Tr}\,\rho^2)^{\ell_2} \cdots (\mathrm{Tr}\,\rho^n)^{\ell_n} \tag{7.15}$$

のように ρ の冪のトレースの積になる．ここで $\mathrm{Tr}\,\rho^j$ もやはり，2 変数関数 $\rho(\mu,\mu')$ を行列と見なした記法である．つまり，$\rho(\mu,\mu')$ を連続変数 μ や μ' を添え字に持つ行列 $\rho^{\mu}{}_{\mu'}$ と見なし，積やトレースを取るときには添え字に関する縮約を $D_k\mu$ 積分で行う．具体的に $\mathrm{Tr}\,\rho^j$ は

$$\mathrm{Tr}\,\rho^j = \int D_k\mu_1 D_k\mu_2 \cdots D_k\mu_j \rho(\mu_1,\mu_2)\rho(\mu_2,\mu_3) \cdots \rho(\mu_j,\mu_1) \tag{7.16}$$

により定義される．ここでは，無限次元関数空間におけるトレースであることを強調するため，大文字の記号 Tr を用いる．

分配関数 (7.14) において μ 積分を実行すれば，一般に様々な組合せの $(\ell_1,\ell_2,\cdots,\ell_n)$ に対して (7.15) の形が数係数を持って現れる．その数係数を求めるためには，$N!$ 個の置換 $\sigma \in S_N$ の中で，$(\ell_1,\ell_2,\cdots,\ell_n)$ の組合せの積分結果 (7.15) を与える符号付き場合の数はいくつあるか，という問題に答える必要がある．幸いこの問題は共役類を用いてよく理解されており，場合の数と符号はそれぞれ (A.23) と (A.25) で与えられている（付録 A.3 参照）．

(7.15) の形は分配関数 (7.14) における積分を実行した結果なので，一般的に $\sum_{j=1}^{n} j\ell_j = N$ という制限が付く．しかしこの制限の中で計算を進めるのは難しいので，よく行われる手法に従って，ランク N を粒子数と見なして，正準集団から大正準集団に移行することにより制限を回避しよう．つまり，粒子数 N に双対なフガシティ z を導入して，大正準分配関数

$$\Xi_k(z) = \sum_{N=0}^{\infty} z^N Z_k(N) \tag{7.17}$$

を考える．すると，(A.23) と (A.25) で与えられた共役類の場合の数と符号から，大正準分配関数は

$$\begin{aligned}\Xi_k(z) &= \sum_{N=0}^{\infty} \frac{z^N}{N!} \sum_{\sum_{j=1}^{n} j\ell_j = N} (-1)^{\sum_{j=1}^{n}(j-1)\ell_j} \frac{N!}{\prod_{j=1}^{n}(j^{\ell_j}\ell_j!)} \prod_{j=1}^{n} (\operatorname{Tr}\rho^j)^{\ell_j} \\ &= \sum_{N=0}^{\infty} \sum_{\sum_{j=1}^{n} j\ell_j = N} \prod_{j=1}^{n} \frac{1}{\ell_j!}\left(\frac{(-1)^{(j-1)} z^j}{j} \operatorname{Tr}\rho^j\right)^{\ell_j}\end{aligned} \tag{7.18}$$

となる．ただし，ここで z^N の冪の N に対して，$N = \sum_{j=1}^{n} j\ell_j$ を代入し，z^N を共役類の場合の数と符号とともに積の中に含めた．和と積の順序の入れ換えに注意すると，$\sum_{j=1}^{n} j\ell_j = N$ の制限が取れて，

$$\Xi_k(z) = \prod_{j=1}^{\infty} \sum_{\ell_j=0}^{\infty} \frac{1}{\ell_j!}\left(\frac{-(-z)^j \operatorname{Tr}\rho^j}{j}\right)^{\ell_j} \tag{7.19}$$

となる．あとは，指数関数や対数関数を用いれば，

$$\Xi_k(z) = \exp\left(\sum_{j=1}^{\infty} \frac{-(-z)^j \operatorname{Tr}\rho^j}{j}\right) = \exp\operatorname{Tr}\log(1+z\rho) = \operatorname{Det}(1+z\rho) \tag{7.20}$$

が得られる．ここで，Det は無限次元関数空間の行列式であり，上の計算から明らかなように，明示的にはトレースによる展開

$$\Xi_k(z) = 1 + z\operatorname{Tr}\rho + z^2\left(\frac{1}{2}(\operatorname{Tr}\rho)^2 - \frac{1}{2}\operatorname{Tr}\rho^2\right) + \cdots \tag{7.21}$$

を通じて定義される．行列式 $\operatorname{Det}(1+z\rho)$ を**フレドホルム行列式**という．

まとめると，大正準分配関数はフレドホルム行列式を用いて非常に簡潔に

$$\Xi_k(z) = \operatorname{Det}(1+z\rho) \tag{7.22}$$

と表された．前章のトフーフト展開による ABJM 行列模型の解析において，摂動項の和からエアリー関数 (6.126) が求まり，この結果に対して続く第 6.8 節の考察で，正準集団よりも大正準集団のほうが単純であることを予想した．本節の計算においても，同様に大正準分配関数が簡潔な形になったのは偶然で

はないだろう．以下の議論でこの関連がもう少し明白になっていく．次節で正準演算子を導入してフレドホルム行列式 (7.22) に現れる ρ を演算子に書き換え，自由フェルミオンの密度行列演算子と解釈するので，ここでは ρ を先んじて密度行列とよぶ．

7.2 正準演算子

前節では，分配関数よりも大正準分配関数の方が簡潔で，大正準分配関数はフレドホルム行列式

$$\Xi_k(z) = \mathrm{Det}(1 + z\rho) \tag{7.23}$$

でまとめられることをみた．ここで，密度行列 ρ は (7.8) で定義される $P(\mu, \nu)$ や $Q(\nu, \mu)$ を用いて，行列積

$$\rho = PQ \tag{7.24}$$

で与えられる．ただし，(7.24) における行列積や，フレドホルム行列式 (7.23) の展開式 (7.21) におけるトレースは，$P(\mu, \nu)$ や $Q(\nu, \mu)$ を行列だと見なした上で，(7.2) の積分 $D_k\mu$ や $D_{-k}\nu$ を用いた添え字の縮約により定義される．次節では，この結果を用いて，（ランク N が大きい極限に対応して）フガシティ z が大きい極限での振舞いを評価したい．そのために，本節では座標や運動量の正準演算子を導入して準備する．

まずは μ や ν の積分で明示的に展開される (7.23) において，すべて積分変数 μ や ν を k だけスケール変換

$$\mu \to \mu/k, \quad \nu \to \nu/k \tag{7.25}$$

して，

$$\begin{aligned} P(\mu, \nu) &= \frac{1}{2k\cosh\frac{\mu-\nu}{2k}}, \quad Q(\mu, \nu) = \frac{1}{2k\cosh\frac{\mu-\nu}{2k}}, \\ D_k\mu &= \frac{d\mu}{2\pi}e^{\frac{i\mu^2}{4\pi k}}, \quad D_{-k}\nu = \frac{d\nu}{2\pi}e^{-\frac{i\nu^2}{4\pi k}} \end{aligned} \tag{7.26}$$

と定義し直す．このとき，(7.21) のそれぞれの ρ の冪のトレースにおいて，2 変数関数 $P(\mu, \nu)$ や $Q(\nu, \mu)$ の数は積分 $D\mu$ や $D\nu$ の数と同じなので，全体的に余分な因子を出さない．

次に，正準交換関係

$$[\widehat{q}, \widehat{p}] = i\hbar \tag{7.27}$$

を満たすように座標演算子 $\widehat{q}$ と運動量演算子 $\widehat{p}$ を定義した上で，座標の固有状態 $|q\rangle$ と運動量の固有状態 $|p\rangle\!\rangle$ を

$$\widehat{q}|q\rangle = |q\rangle q, \quad \langle q|\widehat{q} = q\langle q|, \quad \widehat{p}|p\rangle\!\rangle = |p\rangle\!\rangle p, \quad \langle\!\langle p|\widehat{p} = p\langle\!\langle p| \tag{7.28}$$

で定義して，これらの固有状態を

$$\begin{aligned}
\langle q|q'\rangle &= 2\pi\delta(q-q'), \quad \langle q|p\rangle\!\rangle = \frac{e^{\frac{iqp}{\hbar}}}{\sqrt{\hbar/2\pi}}, \quad \int\frac{dq}{2\pi}|q\rangle\langle q| = 1, \\
\langle\!\langle p|p'\rangle\!\rangle &= 2\pi\delta(p-p'), \quad \langle\!\langle p|q\rangle = \frac{e^{-\frac{iqp}{\hbar}}}{\sqrt{\hbar/2\pi}}, \quad \int\frac{dp}{2\pi}|p\rangle\!\rangle\langle\!\langle p| = 1
\end{aligned} \tag{7.29}$$

と規格化する*1).

すると，フーリエ変換

$$\int_{-\infty}^{\infty}\frac{e^{\frac{iqp}{\hbar}}}{\cosh\frac{p}{2}}\frac{dp}{2\pi} = \frac{1}{\cosh\frac{\pi q}{\hbar}} \tag{7.31}$$

を用いて，関数 $P(\mu,\nu)$ や $Q(\nu,\mu)$ は

$$P(\mu,\nu) = \langle\mu|\frac{1}{2\cosh\frac{\widehat{p}}{2}}|\nu\rangle, \quad Q(\nu,\mu) = \langle\nu|\frac{1}{2\cosh\frac{\widehat{p}}{2}}|\mu\rangle \tag{7.32}$$

と表せる．ただし，プランク定数は行列模型では

$$\hbar = 2\pi k \tag{7.33}$$

と同定する．前章のトフーフト展開において，プランク定数と同様の働きをする結合定数を (6.94) と同定したが，本章ではむしろその逆数に同定していることに注意しよう．ここで双曲線関数 $\operatorname{sech} x = (\cosh x)^{-1}$ の 2 変数関数 $P(\mu,\nu)$ や $Q(\nu,\mu)$ を，運動量演算子の同じ双曲線関数の座標表示 (7.32) で表すことができたのは，$\operatorname{sech} x$ がフーリエ変換で同じ関数に戻るからである．ガウス関数 e^{-x^2} のフーリエ変換がガウス関数に戻るのは有名な事実だが，双曲線関数 $\operatorname{sech} x$ も同様の性質を持つ．

また，関数 $\rho(\mu,\mu')$ は演算子 $\widehat{\rho}$

$$\widehat{\rho} = \frac{1}{2\cosh\frac{\widehat{p}}{2}}e^{-\frac{i}{2\hbar}\widehat{q}^2}\frac{1}{2\cosh\frac{\widehat{p}}{2}}e^{\frac{i}{2\hbar}\widehat{q}^2} \tag{7.34}$$

を用いて

$$\rho(\mu,\mu')\frac{e^{\frac{i}{4\pi k}\mu'^2}}{2\pi} = \langle\mu|\widehat{\rho}|\mu'\rangle\frac{1}{2\pi} \tag{7.35}$$

---

*1) 量子力学では通常

$$\begin{aligned}
\langle q|q'\rangle &= \delta(q-q'), \quad \langle q|p\rangle\!\rangle = \frac{e^{\frac{iqp}{\hbar}}}{\sqrt{2\pi\hbar}}, \quad \int dq|q\rangle\langle q| = 1, \\
\langle\!\langle p|p'\rangle\!\rangle &= \delta(p-p'), \quad \langle\!\langle p|q\rangle = \frac{e^{-\frac{iqp}{\hbar}}}{\sqrt{2\pi\hbar}}, \quad \int dp|p\rangle\!\rangle\langle\!\langle p| = 1
\end{aligned} \tag{7.30}$$

と規格化されている．ここでは $\hbar = 2\pi k$ と同定しているので，超対称性が拡大される $k=1$ において $\langle q|p\rangle\!\rangle$ が簡単になるように，量子力学でよく用いられる規格化と比べて 2π 異なる規格化を採用している．

と書ける．関数 $\rho(\mu,\mu')$ に右からかかっている因子 $e^{\frac{i}{4\pi k}\mu'^2}/(2\pi)$ はまさに (7.26) で定義された $D_k\mu$ 積分の因子に等しい．そのため，(7.35) の左辺で，関数 $\rho(\mu,\mu')$ を連続添え字を持つ行列だと見なして $D_k\mu$ 積分による縮約で積を考えることは，右辺において，通常の演算子の積を考えることに等しい．関係式 (7.35) により，これまで関数で議論してきた内容を，演算子に翻訳することが可能となる．この際，演算子の積やトレースは，通常の量子力学で使われてきたものを使えばよい．演算子に変更することにより，大正準分配関数は

$$\Xi_k(z) = \mathrm{Det}(1 + z\widehat{\rho}) \tag{7.36}$$

と表せる．やはり行列式 Det は (7.21) と同様にトレースによる展開

$$\Xi_k(z) = 1 + z\,\mathrm{Tr}\,\widehat{\rho} + z^2\left(\frac{1}{2}(\mathrm{Tr}\,\widehat{\rho})^2 - \frac{1}{2}\,\mathrm{Tr}\,\widehat{\rho}^2\right) + \cdots \tag{7.37}$$

で定義され，そのトレースは通常の量子力学における演算子のトレースである．

このとき，大正準分配関数 $\Xi_k(z)$ は，密度行列演算子 $\widehat{\rho}$ の積とトレースのみで表されるので，相似変換を用いて $\widehat{\rho}$ を改良することができる．実際，相似変換により

$$e^{-\frac{i}{2\hbar}\widehat{p}^2}\cdot\widehat{\rho}\cdot e^{\frac{i}{2\hbar}\widehat{p}^2} = \frac{1}{2\cosh\frac{\widehat{p}}{2}}\frac{1}{2\cosh\frac{\widehat{q}}{2}} \tag{7.38}$$

となる．ここで，公式

$$e^{-\frac{i}{2\hbar}\widehat{q}^2} f(\widehat{q},\widehat{p}) e^{\frac{i}{2\hbar}\widehat{q}^2} = f(\widehat{q},\widehat{p}+\widehat{q}), \quad e^{-\frac{i}{2\hbar}\widehat{p}^2} f(\widehat{q},\widehat{p}) e^{\frac{i}{2\hbar}\widehat{p}^2} = f(\widehat{q}-\widehat{p},\widehat{p}) \tag{7.39}$$

を用いて，

$$\begin{aligned} e^{-\frac{i}{2\hbar}\widehat{p}^2} e^{-\frac{i}{2\hbar}\widehat{q}^2} \frac{1}{2\cosh\frac{\widehat{p}}{2}} e^{\frac{i}{2\hbar}\widehat{q}^2} e^{\frac{i}{2\hbar}\widehat{p}^2} &= e^{-\frac{i}{2\hbar}\widehat{p}^2} \frac{1}{2\cosh\frac{\widehat{p}+\widehat{q}}{2}} e^{\frac{i}{2\hbar}\widehat{p}^2} \\ &= \frac{1}{2\cosh\frac{\widehat{q}}{2}} \end{aligned} \tag{7.40}$$

と変形した．結果として得られた (7.38) は，あたかも先ほどの関数 $P(\mu,\nu)$ や $Q(\mu,\nu)$ がそのまま演算子 $(2\cosh\frac{\widehat{p}}{2})^{-1}$ や $(2\cosh\frac{\widehat{q}}{2})^{-1}$ に姿を変えただけのようにみえるので，覚えやすい．以後，相似変換を施したものを用いて，改めて

$$\widehat{\rho} = \frac{1}{2\cosh\frac{\widehat{p}}{2}}\frac{1}{2\cosh\frac{\widehat{q}}{2}} \tag{7.41}$$

と定義する．

まとめると，ABJM 行列模型の大正準分配関数 $\Xi_k(z)$ は，(7.41) を密度行列演算子とする自由フェルミオンの大正準分配関数 (7.36) に書き換えられた．ここで，フレドホルム行列式においてフェルミオンの統計性が正しく取り込まれていることに注意しよう．また“自由”とは，密度行列演算子 $\widehat{\rho} = e^{-\widehat{H}}$ が純

粋に一粒子のハミルトニアン $\widehat{H}$ で表され，フレドホルム行列式の展開 (7.37) において粒子間の相互作用が現れない，という意味である．ただし，一粒子のハミルトニアン自体は非常に非自明で，正準演算子の双曲線関数 (7.41) で表されている．次節におけるフェルミ分布関数の解析を経て，$\widehat{\rho}$ を密度行列演算子と解釈する理由がより明らかになるだろう．

7.3 低温極限

前節の正準演算子に関する準備を受けて，本節では，ランク N が大きい極限に対応してフガシティ z が大きい極限における大正準分配関数の振舞いを調べる．そのため，化学ポテンシャル $\mu = \log z$ の関数として，大正準ポテンシャル $\log \Xi_k(e^\mu)$ を導入し，μ が大きい極限における振舞いを調べよう．ただし，後の解析のためには，大正準ポテンシャル $\log \Xi_k(e^\mu)$ そのものではなく，前章の (6.129) で定義した簡略化された大正準ポテンシャル $J_k(\mu)$ を考える方が都合がよい．しかし，次節の初めにみるように，本節の極限ではその違いが現れないので，大正準ポテンシャル $\log \Xi_k(e^\mu)$ の結果をそのまま簡略化された大正準ポテンシャル $J_k(\mu)$ の結果と見なすことができる．

ここで，ハミルトニアン演算子 $\widehat{H}$

$$e^{-\widehat{H}} = \widehat{\rho} = \frac{1}{2\cosh\frac{\widehat{p}}{2}} \frac{1}{2\cosh\frac{\widehat{q}}{2}} \tag{7.42}$$

を導入すると，(7.36) から大正準ポテンシャルは

$$\log \Xi_k(e^\mu) = \operatorname{Tr} \log(1 + e^{\mu - \widehat{H}}) \tag{7.43}$$

と表せることがわかる．すると，フェルミオンの統計力学の手法を用いて，化学ポテンシャル μ が大きい極限における大正準ポテンシャルの振舞いは，比較的簡単に導出できる．

そのため，大正準ポテンシャル $\log \Xi_k(e^\mu)$ を化学ポテンシャル μ で微分

$$\frac{\partial}{\partial \mu}\big[\log \Xi_k(e^\mu)\big] = \operatorname{Tr} \frac{e^{\mu - \widehat{H}}}{1 + e^{\mu - \widehat{H}}} \tag{7.44}$$

することを考える．化学ポテンシャル μ が大きい極限は，ハミルトニアン演算子 $\widehat{H}$ が大きい値を取る極限に対応するので，正準演算子も大きい値を取り，正準交換関係 (7.27) において相対的にプランク定数 $\hbar$ が小さい古典極限 $\hbar \to 0$ に対応する．またこれは統計力学の用語では低温極限に対応している．古典極限において，交換関係 (7.27) を無視できて，正準演算子が正準変数に帰着されるので，ハミルトニアン (7.42) は正準変数の関数と考えることができる．ここで，(7.44) のトレース内の関数は，フェルミ分布関数

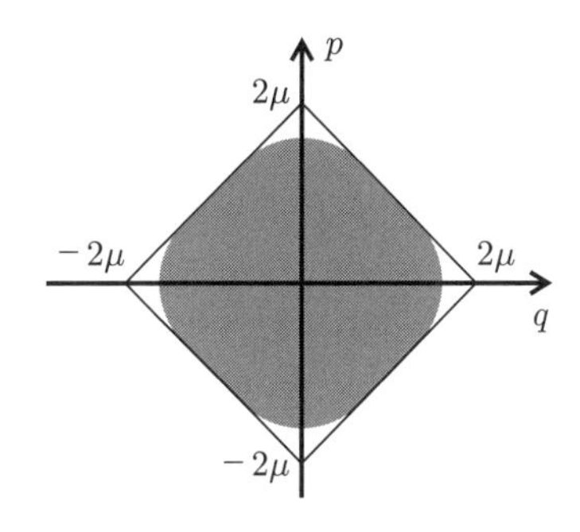

図 7.1　フェルミ面．$H < \mu$ は，古典極限 $\hbar \to 0$ において，$|p|/2 + |q|/2 < \mu$ により近似される．

$$\frac{e^{\mu - H}}{1 + e^{\mu - H}} = \begin{cases} 1, & \mu \gg H \\ 0, & \mu \ll H \end{cases} \tag{7.45}$$

であるので，大正準ポテンシャルの微分 (7.44) は，(7.42) から得られるハミルトニアン関数

$$H(q,p) = \log\left(2\cosh\frac{p}{2}\right) + \log\left(2\cosh\frac{q}{2}\right) \tag{7.46}$$

に対して，（プランク定数 $2\pi\hbar$ を単位とした）位相空間 (q,p) における $H < \mu$ の領域の面積

$$\frac{\partial}{\partial\mu}\big[\log\Xi_k(e^{\mu})\big] \simeq \frac{\mathrm{Area}(H < \mu)}{2\pi\hbar} \tag{7.47}$$

で近似される．このとき古典極限 $\hbar \to 0$ において正準変数は $\hbar$ と比べて相対的に大きいので，$|q| \gg 1$ のときに成り立つ公式

$$2\cosh\frac{q}{2} \simeq \exp\frac{|q|}{2}, \tag{7.48}$$

を用いて，条件 $H < \mu$ は

$$\frac{|p|}{2} + \frac{|q|}{2} < \mu \tag{7.49}$$

と近似できる（図 7.1 参照）．位相空間 (q,p) 内で条件を満たす面積は

$$\mathrm{Area}(H < \mu) \simeq 8\mu^2 \tag{7.50}$$

であるので，大正準ポテンシャルの微分 (7.44) は係数 $C = 2/(\pi^2 k)$ (6.125) を用いて

$$\frac{\partial}{\partial\mu}\big[\log\Xi_k(e^{\mu})\big] \simeq C\mu^2 \tag{7.51}$$

で与えられ，さらに積分を通じて

$$\log\Xi_k(e^{\mu}) \simeq \frac{C}{3}\mu^3 \tag{7.52}$$

となる．また，今の解析は $\hbar = 2\pi k$ 展開の最低次なので，この大正準ポテンシャルの結果は直ちに簡略化された大正準ポテンシャル (6.129) の結果

$$J_k(\mu) \simeq \frac{C}{3}\mu^3 \tag{7.53}$$

を与え，(6.138) の初項を再現する．

さてここでは，ランク N が大きい極限での分配関数の振舞いを調べるために，化学ポテンシャル μ が大きい極限での大正準ポテンシャルの振舞いを調べてきた．結果として (7.53) を得たので，確認のためもとの分配関数に書き直そう．大正準分配関数の定義 (7.17) の逆変換は (6.136)

$$Z_k(N) = \int_{-\infty i}^{\infty i} \frac{d\mu}{2\pi i} e^{J_k(\mu)-\mu N} \tag{7.54}$$

で与えられるので，これに簡略化された大正準ポテンシャルの解析結果 (7.53) を代入すると

$$Z_k(N) \simeq \int_{-\infty i}^{\infty i} \frac{d\mu}{2\pi i} e^{\frac{C}{3}\mu^3-\mu N} \tag{7.55}$$

となる．これとエアリー関数の積分表示

$$\mathrm{Ai}\big[N\big] = \int_{-\infty i}^{\infty i} \frac{d\mu}{2\pi i} e^{\frac{1}{3}\mu^3-\mu N} \tag{7.56}$$

を比べることにより，

$$Z_k(N) \simeq C^{-\frac{1}{3}}\,\mathrm{Ai}\big[C^{-\frac{1}{3}}N\big] \tag{7.57}$$

が得られる．さらにエアリー関数の漸近形

$$\mathrm{Ai}\big[N\big] \simeq \exp\left(-\frac{2}{3}N^{\frac{3}{2}}\right) \tag{7.58}$$

を代入すれば，自由エネルギーは

$$F = \log Z_k(N) \simeq \log \mathrm{Ai}\big[C^{-\frac{1}{3}}N\big] \simeq -\frac{2}{3}C^{-\frac{1}{2}}N^{\frac{3}{2}} = -\frac{\pi\sqrt{2}}{3}k^{\frac{1}{2}}N^{\frac{3}{2}} \tag{7.59}$$

となり，トフーフト展開の結果で得られた (6.118) を再現する．（符号の違いは文献 [11] との記法の違いによる．）

前章ではトフーフト展開の枠組みで，レゾルベントや正則アノマリー方程式の解析を経て，ABJM 行列模型の分配関数がエアリー関数 (6.126) で表せることをみた．具体的な計算は複雑で，第 6.6 節と第 6.7 節では計算の方針や流れを説明することしかできなかった．これに対して本章では，全く異なったフェルミガス形式の枠組みを導入した．すると驚くことに，これまで複雑な正則アノマリー方程式の解析を経て得られた結果 (6.126)（あるいは (6.138)）とほぼ同じもの (7.57)（あるいは (7.53)）が，本節のような統計力学的な手法により実に簡潔に再現できた．もちろん (6.126) と比べると，定数 B や A の効果を

再現できていない (7.57) は不十分であるが，この解析の簡潔さが ABJM 行列模型の本質に迫っていると考えるのは自然であろう．そこでもう一歩この方法を推し進め，次節においてより系統的な方法で ABJM 行列模型を解析できることを紹介したい．

7.4 WKB 展開

前節の大正準ポテンシャルの解析において，古典極限 $\hbar \to 0$ を低温極限と見なし，位相空間の面積計算から，正則アノマリー方程式で得られたエアリー関数の結果をほぼ再現できた．本節では大正準ポテンシャルのより系統的な $\hbar = 2\pi k$ 展開の方法を紹介したい．ただし，大正準ポテンシャル $\log \Xi_k(e^\mu)$ とその簡略化 $J_k(\mu)$ の違いは，関係式 (6.129) に主要項 (7.53) を代入した，

$$\log \Xi_k(e^\mu) = \log\Big[\cdots + e^{J_k(\mu+2\pi i)} + e^{J_k(\mu)} + e^{J_k(\mu-2\pi i)} + \cdots\Big]$$
$$= \log e^{\frac{C}{3}\mu^3}\Big[1 + \mathcal{O}(e^{\frac{C}{3}3\mu(2\pi i)^2})\Big] = \frac{C}{3}\mu^3 + \mathcal{O}(e^{-\frac{8\mu}{k}}) \tag{7.60}$$

からわかるように，必ず k に関する非摂動項になる．前節と同様に本章のこれ以後の $\hbar = 2\pi k$ 展開においても違いが現れないので，大正準ポテンシャル $\log \Xi_k(e^\mu)$ とその簡略化 $J_k(\mu)$ を区別しないことにする．

まずは大正準ポテンシャル (7.36)

$$\log \Xi_k(z) = \log \mathrm{Det}(1 + z\widehat{\rho}) = \mathrm{Tr}\log(1 + z\widehat{\rho}) = -\sum_{\ell=1}^{\infty} \frac{(-z)^\ell}{\ell}\,\mathrm{Tr}\,\widehat{\rho}^\ell \tag{7.61}$$

の $\hbar = 2\pi k$ 展開の最低次を厳密に求めよう．古典極限 $\hbar \to 0$ において正準演算子が交換可能になり，密度行列演算子 $\widehat{\rho}$ (7.41) は正準変数の関数と見なせるので，トレースは位相空間上での積分計算

$$\mathrm{Tr}\,\widehat{\rho}^\ell \simeq \int \frac{dqdp}{2\pi\hbar}\frac{1}{(2\cosh\frac{q}{2})^\ell(2\cosh\frac{p}{2})^\ell} \tag{7.62}$$

に帰着される．(7.62) に対して，積分公式

$$\int_{-\infty}^{\infty}\frac{d\xi}{(2\cosh\frac{\xi}{2})^\ell} = \frac{\Gamma(\ell/2)^2}{\Gamma(\ell)} \tag{7.63}$$

を用いれば，

$$\mathrm{Tr}\,\widehat{\rho}^\ell \simeq \frac{1}{2\pi\hbar}\frac{\Gamma(\ell/2)^4}{\Gamma(\ell)^2} \tag{7.64}$$

が得られ，これより大正準ポテンシャルは

$$\log \Xi_k(z) \simeq -\sum_{\ell=1}^{\infty}\frac{(-z)^\ell}{2\pi\hbar}\frac{\Gamma(\ell/2)^4}{\ell\Gamma(\ell)^2} \tag{7.65}$$

となる．さらに ℓ に関する和を ℓ の偶奇で分けて，一般化された超幾何関数 (6.111) を用いれば，

$$\log \Xi_k(z) \simeq \frac{z}{4k} {}_3F_2\left(\frac{1}{2},\frac{1}{2},\frac{1}{2};1,\frac{3}{2};\frac{z^2}{16}\right) - \frac{z^2}{8\pi^2 k} {}_4F_3\left(1,1,1,1;\frac{3}{2},\frac{3}{2},2;\frac{z^2}{16}\right) \tag{7.66}$$

が得られる．このように大正準ポテンシャル（やその簡略化 $J_k(\mu)$）の $\hbar = 2\pi k$ 展開における最低次は k^{-1} に比例し，ランク N が大きい極限に対応して化学ポテンシャル μ が大きい極限では，一般化された超幾何関数の展開形より

$$\begin{aligned} kJ_k(\mu) &\simeq \left[\frac{2}{3\pi^2}\mu^3 + \frac{1}{3}\mu + \frac{2\zeta(3)}{\pi^2}\right] \\ &+ \left[-\frac{4(\mu^2-\mu-1)}{\pi^2} - \frac{2}{3}\right]e^{-2\mu} + \left[-\frac{36\mu^2+66\mu-25}{2\pi^2} - 3\right]e^{-4\mu} + \cdots \end{aligned} \tag{7.67}$$

で与えられる．トフーフト展開の最低次の自由エネルギー (6.116) と似ていて，初めの μ の多項式部分のほかに，やはり指数関数 $e^{-2\mu}$ の補正項が現れる．この指数関数の補正項の解釈は次節で述べることにする．

プランク定数 $\hbar$ に依存する量子力学において物理量を $\hbar$ 展開により求める状況は頻出で，その方法はいわゆる **WKB 展開**として確立されている．どんどん複雑になっていくが，この展開を用いて任意の高い次数まで求めることができる．この WKB 展開を続けていけば，

$$J_k(\mu) = k^{-1}J_k^{(0)}(\mu) + kJ_k^{(1)}(\mu) + k^3J_k^{(2)}(\mu) + k^5J_k^{(3)}(\mu) + \cdots \tag{7.68}$$

という展開形が得られる．WKB 展開における最低次の $J_k^{(0)}(\mu)$ は (7.67) で与えられ，より高次に対しても (7.67) と同様に化学ポテンシャル μ が大きい極限で展開することができる．その結果，$\hbar = 2\pi k$ 展開の各次数において，μ が大きい極限での展開係数を集めると，k の級数 a_ℓ，b_ℓ，c_ℓ を用いて，大正準ポテンシャルは一般形

$$J_k(\mu) = \frac{C}{3}\mu^3 + B\mu + A + \sum_{\ell=1}^{\infty}(a_\ell\mu^2 + b_\ell\mu + c_\ell)e^{-2\ell\mu} \tag{7.69}$$

を持つことがわかる．このとき，それぞれの係数に対して，$\hbar = 2\pi k$ 展開の具体形が得られる．μ に関する摂動項やその係数はトフーフト展開の結果 (6.138) や (6.125) を与え，特に係数 C と B は

$$C = \frac{2}{\pi^2 k}, \quad B = \frac{1}{3k} + \frac{k}{24} \tag{7.70}$$

である．また非摂動項の最低次である $e^{-2\mu}$ の係数も非常に高次

$$a_1 = -\frac{4}{\pi^2 k} + \frac{k}{2} - \frac{\pi^2 k^3}{96} + \frac{\pi^4 k^5}{11520} - \frac{\pi^6 k^7}{2580480} + \frac{\pi^8 k^9}{928972800} + \mathcal{O}(k^{11}),$$

$$
\begin{aligned}
b_1 &= \frac{4}{\pi^2 k} - \frac{5k}{6} + \frac{67\pi^2 k^3}{1440} - \frac{19\pi^4 k^5}{48384} + \frac{247\pi^6 k^7}{38707200} + \frac{89\pi^8 k^9}{1226244096} + \mathcal{O}(k^{11}), \\
c_1 &= \frac{4}{\pi^2 k} - \frac{k}{12} - \frac{13\pi^2 k^3}{360} + \frac{55\pi^4 k^5}{96768} - \frac{671\pi^6 k^7}{38707200} - \frac{3659\pi^8 k^9}{12262440960} \\
&\quad - \frac{2}{3k} + \frac{\pi^2 k}{12} - \frac{\pi^4 k^3}{576} + \frac{\pi^6 k^5}{69120} - \frac{\pi^8 k^7}{15482880} + \frac{\pi^{10} k^9}{5573836800} + \mathcal{O}(k^{11})
\end{aligned}
\tag{7.71}
$$

まで計算されている．例えば k 展開の最低次である k^{-1} の係数は $J_k^{(0)}(\mu)$ (7.67) から読み取ることができる．特に摂動項の係数 C と B は，k 展開の初めの 2 項 $J_k^{(0)}(\mu)$ と $J_k^{(1)}(\mu)$ しか寄与しないので具体形 (7.70) が確定する．それに対して，非摂動項 $e^{-2\mu}$ の係数 a_1，b_1，c_1 は WKB 展開の解析から非常に高次まで計算されているが，これだけで具体形を決定するのは難しい．次章でまた別の解析からヒントを得て，その具体形を決定していくことになる．

7.5 膜インスタントン効果

前章のトフーフト展開の解析における指数関数の補正項 $e^{-2\pi\sqrt{2\hat{\lambda}}}$ は世界面インスタントン効果として解釈された．また前節では ABJM 行列模型のフェルミガス形式に対して WKB 展開の解析を行い，摂動項の他にやはり指数関数の補正項 $e^{-2\mu}$ が現れることをみた．WKB 展開の解析における指数関数の補正項 $e^{-2\mu}$ は世界面インスタントン効果と同じ寄与がみえているのか，またもし異なるとすれば，物理的な実体が背景時空に巻き付いたときのインスタントン効果として解釈できるのだろうか．本節ではこれについて説明したい．

大正準分配関数の定義の逆変換 (7.54) に対して，μ に関する停留条件

$$
\left.\frac{\partial}{\partial\mu}(J_k(\mu) - \mu N)\right|_{\mu=\mu_*} = 0 \tag{7.72}
$$

は，主要な寄与の振舞い (7.53) を代入すれば，N が大きい極限において

$$
C\mu_*^2 \simeq N \tag{7.73}
$$

となる．これから，(7.70) を代入すると，非摂動論的な効果の寄与は

$$
\left. e^{-2\mu}\right|_{\mu=\mu_*} \simeq e^{-\pi\sqrt{2kN}} \tag{7.74}
$$

となり，第 6.9 節でみた世界面インスタントン $e^{-2\pi\sqrt{2\hat{\lambda}}}$ と明らかに異なる効果であることがわかる．物理的には，トフーフト極限において M 理論が弦理論に帰着されたとき，前章のトフーフト展開で得られた世界面インスタントン効果は，弦の世界面が $\mathbb{CP}^3$ 中の $\mathbb{CP}^1$ に巻き付いたインスタントン効果として解釈された．ここでの非摂動論的な効果 (7.74) を詳しく調べると，弦理論の極限で D2 ブレーンが $\mathbb{CP}^3$ 中の $\mathbb{RP}^3$ に巻き付いたインスタントン効果として解

釈できることがわかる．実際，世界面インスタントンの場合と同様に，$\mathbb{CP}^3$ 中の $\mathbb{RP}^3$ に巻き付く D2 ブレーンの質量が計算され，指数関数 $e^{-\pi\sqrt{2kN}}$ の指数を再現している．このインスタントン効果を**膜インスタントン効果**とよぶ．

本章では ABJM 行列模型に対して，フェルミガス形式を導入し，それとうまく整合する大正準集団で解析を進めてきた．これからも大正準集団で解析を進めるために，前章のトフーフト展開で検知した世界面インスタントン $e^{-2\pi\sqrt{2\hat{\lambda}}}$ も，大正準集団の用語の化学ポテンシャル μ を用いて書き直しておく．(6.107) と (7.73) より世界面インスタントンは

$$e^{-2\pi\sqrt{2\hat{\lambda}}} \simeq e^{-\frac{4\mu}{k}}\Big|_{\mu=\mu_*} \tag{7.75}$$

と表される．もともとトフーフト展開の解析において，指数関数 $e^{-2\pi\sqrt{2\hat{\lambda}}}$ の効果を非摂動論的な効果とよんだ．それはトフーフト展開の最低次（種数 $\mathrm{g}=0$）の自由エネルギーの結果を，（M 理論領域で議論するために）トフーフト結合定数 $\hat{\lambda}$ が大きい極限でさらに展開したときの非摂動論的な効果 (6.116) だった（図 6.4 参照）．これから非摂動論的な効果を議論する際にはむしろ，M 理論の立場から背景時空を特徴づけるチャーン–サイモンズレベル k を固定したままランク N が大きい極限を考えたい．つまり大正準集団の用語では，化学ポテンシャル μ が大きい極限で展開したときの非摂動論的な効果を考える．これからはこの意味で非摂動論的な効果という言葉を使うことにする．

7.6 カイラル射影

本章ではこれまで，フェルミガス形式を導入した後に，具体的に WKB 展開の解析を実行した．その結果，ABJM 行列模型の分配関数に対して，前章のトフーフト展開の解析で得られたエアリー関数の振舞いを再現するのみならず，新しいインスタントン効果を検知することができた．その解析の中で密度行列演算子 (7.41) を多用したが，本節ではこの密度行列演算子のブロック対角性についてコメントしたい．

密度行列演算子の行列要素

$$\rho(\mu,\mu') = \langle\mu|\widehat{\rho}|\mu'\rangle = \frac{1}{2k\cosh\frac{\mu-\mu'}{2k}}\frac{1}{2\cosh\frac{\mu}{2}} \tag{7.76}$$

は，

$$\rho(-\mu,-\mu') = \rho(\mu,\mu') \tag{7.77}$$

という性質を持つので，密度行列演算子による作用

$$(\rho E)(\mu) = \int_{-\infty}^{\infty}\frac{d\mu}{2\pi}\rho(\mu,\mu')E(\mu') \tag{7.78}$$

は，偶関数または奇関数 $E(\mu')$ をそれぞれ偶関数と奇関数 $(\rho E)(\mu)$ に移す．つまり，偶関数や奇関数への**カイラル射影** $\widehat{\Pi}_{\pm}$ を

$$\langle q|\widehat{\Pi}_{\pm}|q'\rangle = \pi\big(\delta(q-q') \pm \delta(q+q')\big) \tag{7.79}$$

により定義すると，密度行列演算子 $\widehat{\rho}$ はカイラル射影演算子 $\widehat{\Pi}_{\pm}$ と可換

$$\widehat{\rho}\,\widehat{\Pi}_{\pm} = \widehat{\Pi}_{\pm}\widehat{\rho} \tag{7.80}$$

である．この性質は技術的に計算を簡単にするが，もっと興味深いことに，第13.2 節で紹介するように，実はこのカイラル射影は，第 5.5 節で導入したオリエンティフォルド射影と等価である．

7.7 非摂動論的な効果の解明へ

本節の最後に，前章のトフーフト展開と本章の WKB 展開に関してわかったことをまとめておく．技術的に解析の進め方も難しさも異なるが，いずれの展開方法でも，大正準集団で解析するのが自然であることを示唆し，化学ポテンシャル μ が大きい極限で，簡略化された大正準ポテンシャル $J_k(\mu)$ は摂動部分が μ の 3 次式になることをみた．非摂動部分に関して，トフーフト展開は世界面インスタントン $e^{-\frac{4\mu}{k}}$ の効果を検知し，WKB 展開は膜インスタントン $e^{-2\mu}$ の効果を検知した．ではより一般的に簡略化された大正準ポテンシャル $J_k(\mu)$ の非摂動論的な効果はどのような構造になっているのか．具体的には，

- 世界面インスタントン $e^{-\frac{4\mu}{k}}$ や膜インスタントン $e^{-2\mu}$ は互いに独立で無関係なのか，
- 世界面インスタントン $e^{-\frac{4\mu}{k}}$ や膜インスタントン $e^{-2\mu}$ がわかれば非摂動論的な効果をすべて理解したことになるのか，
- また，それらの係数に関してわかりやすい理解ができるのか，

などの疑問が湧く．次章の厳密値の解析でこれらの疑問に答えていく．

非摂動論的な効果は摂動展開から決して行き届かない効果である．場の量子論における摂動展開の技術が確立された現在では，非摂動論的な効果の存在は，摂動論による理解を強く期待する研究者にとっては邪魔であり，摂動論を超えた解析に場の量子論の本質があると期待する研究者にとっては憧れでさえある．いずれの立場でも，著者の知る限り，場の量子論の解析において，非自明な形で非摂動論的な効果が最後まで完全に理解された例はない．その中で，素粒子の統一の最終理論を目指した M 理論の M2 ブレーンを記述する ABJM 行列模型において，その非摂動論的な効果が実に調和が取れた形で解き明かされていくことを次章で説明したい．

第 8 章
行列模型の解析 III –厳密値–

第 5 章で ABJM 行列模型を定義した後に，第 6 章では，行列模型のトフーフト展開について説明した上で，それを ABJM 行列模型に適用した．その結果，行列模型の分配関数は，摂動項がエアリー関数にまとまり，非摂動項として世界面インスタントン効果を検知できた．また第 7 章では，行列模型の分配関数をフェルミガスの分配関数に書き換えることにより，量子力学の WKB 展開を ABJM 行列模型に適用した．その結果，摂動項のエアリー関数を簡潔に再現できただけでなく，世界面インスタントン効果と異なる，膜インスタントン効果を検知することもできた．

前章で説明したこのフェルミガス形式は非常に強力である．本章では，フェルミガス形式が厳密値の計算（第 8.1 節）に適し，厳密値から“誤差のない数値解析”（第 8.2 節）を実行でき，インスタントン効果の全体像がわかることを説明したい．つまり，第 6 章のトフーフト展開から世界面インスタントンが検知され，前章の WKB 展開から膜インスタントンが検知されたが，さらに本章の厳密値から，世界面インスタントンと膜インスタントンの結合状態（第 8.5 節）が検知され，全体的にインスタントン効果が非常に豊かな構造（第 8.7 節）をなすことがわかる．場の量子論の摂動論を超えた非摂動論的な効果の研究は場の量子論に新たな知見を与えると考えられているが，本章の ABJM 行列模型の解析結果は，非自明な非摂動論的な効果の例としても興味深い．

8.1 厳密値の計算

本章では，前章で説明したフェルミガス形式を用いて，チャーン–サイモンズレベル k を特定の値に固定した上で，分配関数の厳密値を計算し，その厳密値を用いて非摂動論的な効果を解析したい．これによりこれまでみた 2 種類のインスタントン効果の間の関係がみえてくると期待される．まず本節では，$k=1,2,3,4,\cdots$ などに固定したときの厳密値の計算方法について説明する．

前章のフェルミガス形式により，分配関数

$$Z_k(N)=\int\frac{D_k^N\mu D_{-k}^N\nu}{(N!)^2}\frac{\prod_{m<m'}^N(2\sinh\frac{\mu_m-\mu_{m'}}{2})^2\prod_{n<n'}^N(2\sinh\frac{\nu_n-\nu_{n'}}{2})^2}{\prod_{m=1}^N\prod_{n=1}^N(2\cosh\frac{\mu_m-\nu_n}{2})^2} \tag{8.1}$$

の母関数となる大正準分配関数

$$\Xi_k(z)=\sum_{N=0}^{\infty}z^N Z_k(N) \tag{8.2}$$

は，フレドホルム行列式

$$\Xi_k(z)=\mathrm{Det}(1+z\widehat{\rho}) \tag{8.3}$$

により表され，密度行列演算子 $\widehat{\rho}$ は

$$\widehat{\rho}=\frac{1}{\sqrt{2\cosh\widehat{\frac{q}{2}}}}\frac{1}{2\cosh\widehat{\frac{p}{2}}}\frac{1}{\sqrt{2\cosh\widehat{\frac{q}{2}}}} \tag{8.4}$$

で与えられていた．ここでは，密度行列演算子 (7.41) に対してさらに相似変換を施して，密度行列演算子の行列要素が対称行列となるようにした．

フレドホルム行列式は，展開を通じて

$$\Xi_k(z)=\exp\mathrm{Tr}\log(1+z\widehat{\rho})=\exp\left(-\sum_{\ell=1}^{\infty}\frac{(-z)^\ell}{\ell}\mathrm{Tr}\,\widehat{\rho}^\ell\right) \tag{8.5}$$

のように密度行列演算子の冪のトレースで与えられるので，k を固定して，分配関数をランクの小さい場合から順番に計算するには，密度行列演算子の冪 $\widehat{\rho}^2$，$\widehat{\rho}^3$，$\cdots$ を順番に計算し，トレースを取ればよい．ところが，戦略を持たずにそのまま計算機で計算しようとすると，すぐに手に負えない状況になる．

状況を改善させるためには，密度行列演算子の行列要素

$$\rho(q_1,q_2)=\langle q_1|\widehat{\rho}|q_2\rangle=\frac{1}{\sqrt{2\cosh\frac{q_1}{2}}}\frac{1}{2k\cosh\frac{q_1-q_2}{2k}}\frac{1}{\sqrt{2\cosh\frac{q_2}{2}}} \tag{8.6}$$

の代数構造の特殊性をうまく用いる必要がある．そのため，

$$E(q)=\frac{e^{\frac{q}{2k}}}{\sqrt{2k\cosh\frac{q}{2}}},\quad M(q)=e^{\frac{q}{k}} \tag{8.7}$$

と定義し，密度行列

$$\rho(q_1,q_2)=\frac{1}{\sqrt{2\cosh\frac{q_1}{2}}}\frac{e^{\frac{q_1+q_2}{2k}}}{k(e^{\frac{q_1}{k}}+e^{\frac{q_2}{k}})}\frac{1}{\sqrt{2\cosh\frac{q_2}{2}}}=\frac{E(q_1)E(q_2)}{M(q_1)+M(q_2)} \tag{8.8}$$

に対して，(7.11) や (7.16) と同様に，関数の代わりに行列の見方をしよう．つまり，2 変数関数である密度行列 $\rho(q_1,q_2)$ を行列 ρ の (q_1,q_2) 成分，関数 $M(q)$ を対角行列 M の (q,q) 成分，関数 $E(q)$ を縦ベクトル E の q 成分だと

考える．すると，(8.8) は行列関係式

$$\rho_{12}M_{22}+M_{11}\rho_{12}=E_1(E_2)^{\mathrm{T}} \tag{8.9}$$

あるいは，より形式的に

$$\{\rho,M\}=EE^{\mathrm{T}} \tag{8.10}$$

と書き直せる．ただし，$\{\cdot,\cdot\}$ は反交換関係

$$\{A,B\}=AB+BA \tag{8.11}$$

である．(8.10) の反交換関係の左辺の行列の積において，密度行列 ρ の行と列に対応する対角行列 M の対角成分が選び出され，右辺に移項することで (8.8) が得られる．この代数構造は非常に特別で，数理科学において頻出である．例えば，光円錐型弦の場の理論のノイマン係数でも同じ代数構造を持ち，弦の相関関数の計算において重要な役割を果たしていた．また，可解模型の文脈でも同じ代数構造がうまく利用されている．以下では，この代数構造を使えば，密度行列の冪 ρ^n が比較的簡単に計算されることをみたい．

代数 (8.10) を用いて，密度行列の冪と対角行列の交換関係や反交換関係を計算すると，

$$\begin{aligned}
[\rho^2,M]&=\rho\{\rho,M\}-\{\rho,M\}\rho=\rho EE^{\mathrm{T}}-EE^{\mathrm{T}}\rho,\\
\{\rho^3,M\}&=\rho^2\{\rho,M\}-\rho\{\rho,M\}\rho+\{\rho,M\}\rho^2\\
&=\rho^2EE^{\mathrm{T}}-\rho EE^{\mathrm{T}}\rho+EE^{\mathrm{T}}\rho^2
\end{aligned} \tag{8.12}$$

などが得られる．まとめると，n が奇数であるときには

$$\{\rho^n,M\}=\sum_{m=0}^{n-1}(-1)^m(\rho^{n-1-m}E)(\rho^mE)^{\mathrm{T}} \tag{8.13}$$

が成り立ち，n が偶数であるときには，

$$[\rho^n,M]=\sum_{m=0}^{n-1}(-1)^m(\rho^{n-1-m}E)(\rho^mE)^{\mathrm{T}} \tag{8.14}$$

が成り立つ．これから密度行列の冪 ρ^n は n の偶奇により場合分けされて，

$$\rho^n(q_1,q_2)=\begin{cases}\dfrac{E(q_1)E(q_2)}{M(q_1)+M(q_2)}\displaystyle\sum_{m=0}^{n-1}(-1)^m\phi^{n-1-m}(q_1)\phi^m(q_2), & n:\text{奇数}\\ \dfrac{E(q_1)E(q_2)}{M(q_2)-M(q_1)}\displaystyle\sum_{m=0}^{n-1}(-1)^m\phi^{n-1-m}(q_1)\phi^m(q_2), & n:\text{偶数}\end{cases} \tag{8.15}$$

で与えられることがわかる．ただし，ここで関数 $\phi^n(q)$ は

$$\phi^n(q) = \frac{(\rho^n E)(q)}{E(q)} \tag{8.16}$$

と定義した．これらの公式 (8.15) を用いると，計算機による密度行列の冪の計算が非常に速くなる．このとき，密度行列の冪をそのまま計算する代わりに，まず $\phi^n(q)$ (8.16) を計算することが重要である．行列の類似でこの戦略を説明すると，次のようになる．有限次元の行列計算において，$N \times N$ 次元の行列の積を計算するときには，一般に N^2 個の成分を計算する必要がある．しかし，ある N 次元ベクトルに $N \times N$ 行列を作用させるときには，単に N 個の成分だけを計算すればよい．これと同様に，2 変数関数である密度行列 $\rho(q, q')$ そのものの冪計算には膨大な計算コストがかかるが，1 変数関数 $E(q')$ に順番に密度行列 $\rho(q, q')$ をかけることで計算が大幅に簡略化される．

では，次に $\phi^n(q)$ の計算に移ろう．まず定義式 (8.16) から得られる関係式

$$E(q)\phi^n(q) = (\rho^n E)(q) = \rho(q, q') \cdot \big(\rho^{n-1} E(q')\big) = \rho(q, q') \cdot \big(E(q')\phi^{n-1}(q')\big) \tag{8.17}$$

($\cdot$ は q' 積分を示す）より，漸化式

$$\phi^n(q) = \int \frac{dq'}{2\pi} \frac{1}{E(q)} \rho(q, q') E(q') \phi^{n-1}(q') \tag{8.18}$$

つまり，

$$\phi^n(q) = \int \frac{dq'}{2\pi} \frac{1}{e^{\frac{q}{k}} + e^{\frac{q'}{k}}} \frac{e^{\frac{q'}{k}}}{k(e^{\frac{q'}{2}} + e^{-\frac{q'}{2}})} \phi^{n-1}(q') \tag{8.19}$$

が成り立つ．さらに k が偶数のときは，変数変換

$$u = e^{\frac{q}{k}}, \quad u' = e^{\frac{q'}{k}} \tag{8.20}$$

をすれば，

$$\phi^n(u) = \int \frac{du'}{2\pi} \frac{u'^{\frac{k}{2}}}{(u + u')(u'^k + 1)} \phi^{n-1}(u') \tag{8.21}$$

が得られる．ここで変数 q の関数 $\phi^n(q)$ を変数 u の関数に変数変換して得られた関数を同じ記号 $\phi^n(u)$ で記した．右辺の積分において，多項式 $F_j^n(u)$ を用いて $\phi^n(u)$ を

$$\phi^n(u) = \sum_j (\log u)^j F_j^n(u) \tag{8.22}$$

と表し，次の公式を適用する．つまり，積分路 γ を正の実軸に沿って実軸の下を $+\infty$ から 0 に進み，さらに実軸の上を 0 から $+\infty$ に進む経路とし，$C(v)$ を有理式，$B_{j+1}(x)$ をベルヌーイ多項式とすると，公式

$$\int_0^\infty dv C(v) (\log v)^j = -\frac{(2\pi\sqrt{-1})^j}{j+1} \oint_\gamma dv C(v) B_{j+1}\left(\frac{\log v}{2\pi\sqrt{-1}}\right) \tag{8.23}$$

```
k = 6;
nmax = 10;
Clear[ϕ];
ϕ = {1};
n = 1;
While[n < nmax + 1, Clear[F];
 F = (CoefficientList[ϕ[[n]], Log[u]] /. {u → v});
 AppendTo[ϕ, Sum[(-(2 π ⅈ)^(j+1))/(j + 1) (Residue[1/(2 π) F[[j + 1]] BernoulliB[j + 1, Log[v]/(2 π ⅈ)]
         v^(k/2)/((u + v) (v^k + 1)) /. {v → -u + x}, {x, 0}] + Sum[Residue[1/(2 π) F[[j + 1]]
         BernoulliB[j + 1, If[Arg[ⅇ^((i) π ⅈ/k)] > 0, Log[v], Log[v] + 2 π ⅈ]/(2 π ⅈ)]
         v^(k/2)/((u + v) (v^k + 1)) /. {v → ⅇ^((i) π ⅈ/k) + x}, {x, 0}], {i, 1, 2 k, 2}]),
    {j, 0, Length[F] - 1}] /. {Log[-u] → Log[u] + π ⅈ} // Simplify];
 Print[DateString[]];
 Print[n];
 n++];
```

図 8.1　$k=6$ のときの $\phi^n(u)$ を生成する Mathematica プログラムの例．プログラムにおいて注意すべきことは，公式 (8.23) において対数関数 $\log v$ のカットは正の実軸に沿って定義されているが，Mathematica ではカットは負の実軸に沿って定義されている．

（プログラムの変数で i を使うためここだけ虚数単位を $\sqrt{-1}$ と表した）が成り立つ．これを用いると，

$$\phi^n(u) = -\sum_j \frac{(2\pi\sqrt{-1})^j}{j+1} \oint_\gamma \frac{du'}{2\pi} \frac{u'^{\frac{k}{2}} F_j^{n-1}(u')}{(u'+u)(u'^k+1)} B_{j+1}\left(\frac{\log u'}{2\pi\sqrt{-1}}\right) \tag{8.24}$$

が得られる．これにより，それぞれの k に対して順番に留数積分を実行すれば，次々と $\phi^n(u)$ が得られる．ただしここで，$\phi^n(u)$ に対して (8.22) の形を仮定したのは，帰納的に示すことができる，つまり，積分を実行しても同じ形に帰着されるためである．留数積分を実行する際，$u'=-u$ と $u'=e^{\sqrt{-1}\frac{\pi i}{k}}$（$i$ が奇数のときのみ寄与）における留数を拾う必要があることに注意すれば，Mathematica によるプログラムを構築することができる．参考のため図 8.1 にプログラムの例を挙げた．同様に k が奇数のとき，(8.19) において変数変換

$$u = e^{\frac{q}{2k}}, \quad u' = e^{\frac{q'}{2k}} \tag{8.25}$$

をしなければならないが，これも同様に Mathematica のプログラムを構築することができる．

一旦，関数列 $\phi^n(u)$ が構成されれば，これに基づいて，密度行列の冪のトレースを計算することができる．(8.15) より

```
Clear[ρ];
n = 1;
ρ = {};
While[n < nmax + 1, Clear[R];
 R = CoefficientList[
   If[EvenQ[n], Sum[(-1)^m ϕ[[n - m]] D[ϕ[[m + 1]], u], {m, 0, n - 1}]/(2 π) u^(k/2)/(u^k + 1),
    Sum[(-1)^m ϕ[[n - m]] ϕ[[m + 1]], {m, 0, n - 1}]/(4 π u) u^(k/2)/(u^k + 1)], Log[u]];
 AppendTo[ρ, Sum[(-(2 π ⅈ)^(j+1))/(j + 1) (Sum[Residue[R[[j + 1]] BernoulliB[j + 1,
          If[Arg[ⅇ^((i) π ⅈ/k)] > 0, Log[u], Log[u] + 2 π ⅈ]/(2 π ⅈ)] /. {u → ⅇ^((i) π ⅈ/k) + x},
         {x, 0}], {i, 1, 2 k, 2}]), {j, 0, Length[R] - 1}] // Simplify];
 Print[ρ];
 Print[DateString[]];
 n++];
```

図 8.2　k が偶数であるとき $\phi^n(u)$ から $\mathrm{Tr}\,\widehat{\rho}^n$ を生成する Mathematica プログラムの例．図 8.1 を実行して $\phi^n(u)$ が得られた後に実行せよ．

$$\mathrm{Tr}\,\widehat{\rho}^n=\begin{cases}\displaystyle\int\frac{dq}{2\pi}\frac{E^2(q)}{2M(q)}\sum_{m=0}^{n-1}(-1)^m\phi^{n-1-m}(q)\phi^m(q), & n:\text{奇数}\\ \displaystyle\int\frac{dq}{2\pi}\frac{E^2(q)}{dM(q)/dq}\sum_{m=0}^{n-1}(-1)^m\phi^{n-1-m}(q)\frac{d\phi^m(q)}{dq}, & n:\text{偶数}\end{cases}\tag{8.26}$$

が得られるので，k が偶数のときには変数変換 (8.20) を経て，

$$\mathrm{Tr}\,\widehat{\rho}^n=\begin{cases}\displaystyle\int\frac{du}{4\pi u}\frac{u^{\frac{k}{2}}}{u^k+1}\sum_{m=0}^{n-1}(-1)^m\phi^{n-1-m}(u)\phi^m(u), & n:\text{奇数}\\ \displaystyle\int\frac{du}{2\pi}\frac{u^{\frac{k}{2}}}{u^k+1}\sum_{m=0}^{n-1}(-1)^m\phi^{n-1-m}(u)\frac{d\phi^m(u)}{du}, & n:\text{偶数}\end{cases}\tag{8.27}$$

となる．すると，これまでと同様に公式 (8.23) を用いて Mathematica のプログラムを組むことができる（図 8.2 参照）．k が奇数の場合も同様である．

これより，最終的に様々な k に対して，密度行列の冪のトレース $\mathrm{Tr}\,\widehat{\rho}^n$ の厳密値が得られる．さらに，(8.5) より得られる展開

$$\Xi_k(z)=1+z\,\mathrm{Tr}\,\widehat{\rho}+\frac{z^2}{2}\left((\mathrm{Tr}\,\widehat{\rho})^2-\mathrm{Tr}\,\widehat{\rho}^2\right)+\cdots\tag{8.28}$$

を用いて，分配関数の最初の数個の厳密値が得られる．プログラムと分配関数の厳密値をそれぞれ図 8.3 と表 8.1 に掲載しておく．例えば文献 [44] により多くの厳密値が計算されている．多くの厳密値を計算することにより，より精密に M 理論の非摂動論的な効果を探求できると思われた時期があったが，一定

```
Series[Exp[Sum[(-1)^(m-1) ρ[[m]] / m z^m, {m, 1, Length[ρ]}]], {z, 0, Length[ρ]}];
Z6 = Drop[CoefficientList[%, z] // Simplify, 1] // Together
```

図 8.3 密度行列の冪のトレース $\mathrm{Tr}\,\widehat{\rho}^n$ から分配関数 $Z_k(N)$ を求める Mathematica プログラムの例．図 8.2 を実行した後に実行せよ．

表 8.1 それぞれの k に対する ABJM 行列模型の分配関数の厳密値 $Z_k(N)$.

$$Z_1(1)=\frac{1}{4},\quad Z_1(2)=\frac{1}{16\pi},\quad Z_1(3)=\frac{-3+\pi}{64\pi},\quad Z_1(4)=\frac{10-\pi^2}{1024\pi^2},$$
$$Z_2(1)=\frac{1}{8},\quad Z_2(2)=\frac{1}{32\pi^2},\quad Z_2(3)=\frac{10-\pi^2}{512\pi^2},\quad Z_2(4)=\frac{24-32\pi^2+3\pi^4}{49152\pi^4},$$
$$Z_3(1)=\frac{1}{12},\quad Z_3(2)=\frac{-3+\pi}{48\pi},\quad Z_3(3)=\frac{9+108\pi-64\sqrt{3}\pi}{5184\pi},$$
$$Z_4(1)=\frac{1}{16},\quad Z_4(2)=\frac{-8+\pi^2}{512\pi^2},\quad Z_4(3)=\frac{-8-32\pi+11\pi^2}{8192\pi^2},$$
$$Z_5(1)=\frac{1}{20},\quad Z_5(2)=\frac{25+(10-8\sqrt{5})\pi}{400\pi},$$
$$Z_5(3)=\frac{25+(357-200\sqrt{5}+32\sqrt{250-110\sqrt{5}})\pi}{40000\pi},$$
$$Z_6(1)=\frac{1}{24},\quad Z_6(2)=\frac{54-5\pi^2}{5184\pi^2},\quad Z_6(3)=\frac{189+192\sqrt{3}\pi-125\pi^2}{186624\pi^2},$$
$$Z_8(1)=\frac{1}{32},\quad Z_8(2)=\frac{-16+(13-8\sqrt{2})\pi^2}{2048\pi^2},$$
$$Z_8(3)=\frac{-16-64\sqrt{2}\pi+(87-40\sqrt{2})\pi^2}{65536\pi^2},$$
$$Z_{12}(1)=\frac{1}{48},\quad Z_{12}(2)=\frac{27-(64-36\sqrt{3})\pi^2}{2592\pi^2},\quad Z_{12}(3)=\frac{-45+(63-28\sqrt{3})\pi}{20736\pi}$$

の誤差を許容すれば，次節以降にみるように，ある程度少数の厳密値でも十分に非摂動論的な効果を解析できる．留数計算からわかるように，分配関数の厳密値は $\tan\frac{\pi}{k}$ と関係しており，特に $\tan\frac{\pi}{k}$ が簡単になる $k=1,2,3,4,6$ の場合には，1 時間程度あれば，標準的な性能のノートパソコンで次節以降の解析に十分な個数の厳密値を得ることができる．

8.2 大正準ポテンシャルの数値

前節で分配関数の厳密値を最初からいくつか求めた．本節では，これらの厳密値を用いて非摂動項を読み取ることを説明したい．

まずはその前に摂動項との一致を確認すべきである．つまり，第 6 章のトフーフト展開や第 7 章の WKB 展開において，N が大きい極限で，摂動補正がすべて足し上げられ，エアリー関数になることをみた．これらの厳密値がエアリー関数と一致することを確かめよう．

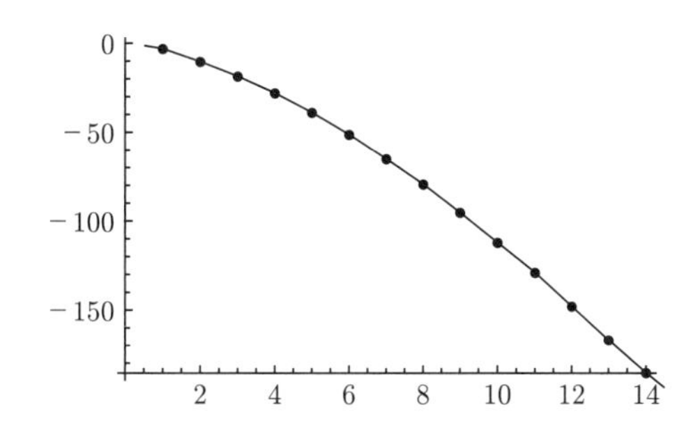

図 8.4　$k=6$ における ABJM 行列模型の厳密値と摂動和のエアリー関数の比較．横軸はランク N で，縦軸は両者の対数関数である．

図 8.4 において，チャーン–サイモンズレベルが $k=6$ の場合の分配関数の厳密値 $Z_{k=6}(N)$ と摂動和のエアリー関数

$$Z_k^{\mathrm{pert}}(N)=e^{A}C^{-\frac{1}{3}}\,\mathrm{Ai}\big[C^{-\frac{1}{3}}(N-B)\big] \tag{8.29}$$

の対数関数のグラフをプロットした．非常によく一致しているといえよう．簡略化された大正準ポテンシャル (6.129) の摂動部分 $J_k^{\mathrm{pert}}(\mu)$ が

$$J_k^{\mathrm{pert}}(\mu)=\frac{C}{3}\mu^3+B\mu+A \tag{8.30}$$

であるとすれば，逆変換 (6.136)

$$Z_k(N)=\int_{-\infty i}^{\infty i}\frac{d\mu}{2\pi i}e^{J_k(\mu)-N\mu} \tag{8.31}$$

を用いて，摂動和のエアリー関数 (8.29) が再現できることは既に (6.139) でみた．以下この変形を多用するため，大正準ポテンシャルにはすべて簡略化されたもの (6.129) を用い，大正準ポテンシャルといえばこの簡略化された大正準ポテンシャルを指す．

第 6 章のトフーフト展開から大正準ポテンシャル $J_k(\mu)$ には世界面インスタントンの効果があり，(7.75) より化学ポテンシャル μ を用いれば $e^{-\frac{4\mu}{k}}$ と表されることをみた．また，第 7 章の WKB 展開から大正準ポテンシャル $J_k(\mu)$ には，膜インスタントンの効果 $e^{-2\mu}$ があることもみた．合わせて，大正準ポテンシャル $J_k(\mu)$ は，摂動部分 $J_k^{\mathrm{pert}}(\mu)$ のほかに，

$$J_k(\mu)=J_k^{\mathrm{pert}}(\mu)+J_k^{\mathrm{np}}(\mu) \tag{8.32}$$

のように非摂動部分 $J_k^{\mathrm{np}}(\mu)$ を持ち，その非摂動部分の一般形は，(7.69) を考慮に入れて，

$$J_k^{\mathrm{np}}(\mu)\overset{?}{=}\sum_{m=1}^{\infty}d_m\big(e^{-\frac{4\mu}{k}}\big)^m+\sum_{\ell=1}^{\infty}(a_\ell\mu^2+b_\ell\mu+c_\ell)\big(e^{-2\mu}\big)^\ell \tag{8.33}$$

と表されると期待される（後に第 8.5 節で修正される）．例えば，$k=6$ の場合

には 2 種類のインスタントン効果が合わせられ，係数 α，β，γ を用いて

$$J^{\mathrm{np}}_{k=6}(\mu)=\gamma_1 e^{-\frac{2}{3}\mu}+\gamma_2 e^{-\frac{4}{3}\mu}+(\alpha_3\mu^2+\beta_3\mu+\gamma_3)e^{-2\mu}+\mathcal{O}(e^{-\frac{8}{3}\mu}) \tag{8.34}$$

と表されるだろう．ここで，γ_1 と γ_2 は d_1 と d_2 のことであるが，次節以降で説明するように，極の相殺が関係するため，α_3，β_3，γ_3 には a_1，b_1，c_1 と d_3 の効果が複雑に混ざっている．前節で得られた厳密値と比較するために，大正準ポテンシャルの非摂動部分 (8.34) の指数関数の展開形

$$\begin{aligned}e^{J^{\mathrm{np}}_{k=6}(\mu)}&=1+\gamma_1 e^{-\frac{2\mu}{3}}+\left(\gamma_2+\frac{\gamma_1^2}{2}\right)e^{-\frac{4\mu}{3}}\\&\quad+\left(\alpha_3\mu^2+\beta_3\mu+\gamma_3+\gamma_2\gamma_1+\frac{\gamma_1^3}{6}\right)e^{-2\mu}+\mathcal{O}(e^{-\frac{8}{3}\mu})\end{aligned} \tag{8.35}$$

を逆変換 (8.31)

$$Z_{k=6}(N)=\int_{-\infty i}^{\infty i}\frac{d\mu}{2\pi i}e^{\frac{C}{3}\mu^3+B\mu+A-N\mu}e^{J^{\mathrm{np}}_{k=6}(\mu)} \tag{8.36}$$

に代入すれば，エアリー関数の積分表示 (7.56) より

$$\begin{aligned}Z_{k=6}(N)&=e^A C^{-\frac{1}{3}}\,\mathrm{Ai}\big[C^{-\frac{1}{3}}(N-B)\big]\\&\quad+\gamma_1 e^A C^{-\frac{1}{3}}\,\mathrm{Ai}\Big[C^{-\frac{1}{3}}\Big(N+\frac{2}{3}-B\Big)\Big]\\&\quad+\left(\gamma_2+\frac{\gamma_1^2}{2}\right)e^A C^{-\frac{1}{3}}\,\mathrm{Ai}\Big[C^{-\frac{1}{3}}\Big(N+\frac{4}{3}-B\Big)\Big]\\&\quad+\left(\alpha_3\partial_N^2-\beta_3\partial_N+\gamma_3+\gamma_2\gamma_1+\frac{\gamma_1^3}{6}\right)e^A C^{-\frac{1}{3}}\,\mathrm{Ai}\big[C^{-\frac{1}{3}}(N+2-B)\big]\\&\quad+\mathcal{O}(e^{-\frac{8}{3}\pi\sqrt{\frac{Nk}{2}}})\end{aligned} \tag{8.37}$$

が得られる．

このように展開の各次数における関数形を準備したので，前節で計算した厳密値とベストフィットする係数を数値的に決定できる．つまり，図 8.5 において関数形の準備をしておくと，次のような数値比較によりその係数を求めることができる．例えば，図 8.1，図 8.2，図 8.3 のように，$k=6$，$N_{\max}=10$ として，10 個の厳密値のデータ $Z_{k=6}(N=1),\cdots,Z_{k=6}(N=10)$ を用意した上で，計算の都合上 100 桁で数値的に切断して，Mathematica に

```
FindFit[N[Log[Abs[Z6]],100],a[6]+Log[Abs[J60+J61]],{γ1}, n]
```

と問えば，直ちに

$$\gamma_1=1.325001160008483036842113536633\cdots \tag{8.38}$$

と回答される．もしもここで準備した数値データに誤差があれば，このフィットにも誤差が伝搬するので，誤差の主原因がわからなくなる．しかし，今の数

```
$MaxExtraPrecision = 300;
Clear[n];
c[k_] := 2/(π^2 k);
b[k_] := 1/(3 k) + k/24;
a[k_] := (If[EvenQ[k],
   -Zeta[3]/(π^2 k) - 2/k Sum[m (k/2 - m) Log[2 Sin[2 π m/k]], {m, 1, k/2 - 1}], -Zeta[3]/(8 π^2 k) + k/4 Log[2] -
   1/k Sum[(k + (-1)^m (2 m - k))/4 (3 k - (-1)^m (2 m - k))/4 Log[2 Sin[π m/k]], {m, 1, k - 1}]]);
coeff[l_] := CoefficientList[SeriesCoefficient[
    Exp[(γ1) w + (γ2) w^2 + (α3 μ^2 + β3 μ + γ3) w^3 + (γ4) w^4 + (γ5) w^5 +
      (α6 μ^2 + β6 μ + γ6) w^6 + (γ7) w^7 + (γ8) w^8 + (α9 μ^2 + β9 μ + γ9) w^9], {w, 0, l}], μ];
func[l_, d_] := Table[(-1)^m D[c[6]^(-1/3) AiryAi[c[6]^(-1/3) (n + 4 l/6 - b[6])], {n, m}],
   {m, 0, d}];
J60 = c[6]^(-1/3) AiryAi[c[6]^(-1/3) (n - b[6])];
J61 = coeff[1].func[1, 0] // Simplify;
J62 = coeff[2].func[2, 0] // Simplify;
J63 = coeff[3].func[3, 2] // Simplify;
J64 = coeff[4].func[4, 2] // Simplify;
J65 = coeff[5].func[5, 2] // Simplify;
J66 = coeff[6].func[6, 4] // Simplify;
J67 = coeff[7].func[7, 4] // Simplify;
```

図 8.5　数値的なフィットのための準備．簡略化された大正準ポテンシャルの非摂動論的な効果の係数を数値的なフィットにより求めるために，関数形を準備しておく．

値データは厳密値なので，誤差はインスタントン効果の高次補正によるものか，100 桁の切断によるものかしか考えられない．そのため，高次補正も取り入れて

```
FindFit[N[Log[Abs[Z6]],100],a[6]+Log[Abs[J60+J61+J62+J63]],
    {γ1,γ2,α3,β3,γ3},n]
```

と問えば，より精度が上がると期待される．実際，この場合は

$$\gamma_1 = 1.333333333336129398386520694 7893\cdots \tag{8.39}$$

と回答される．さらに高次補正まで取り入れた関数形

```
FindFit[N[Log[Abs[Z6]],100],
    a[6]+Log[Abs[J60+J61+J62+J63+J64+J65+J66]],
    {γ1,γ2,α3,β3,γ3,γ4,γ5,α6,β6,γ6},n]
```

に対しては

$$\gamma_1 = 1.33333333333333333333333346915\cdots \tag{8.40}$$

と回答されるので，ほぼ

$$\gamma_1 = \frac{4}{3} \tag{8.41}$$

と決定されたと言えよう．ここで，10 個の厳密値のデータ $Z_6(1), \cdots, Z_6(10)$ は 10 個の未知変数 $\{\gamma_1, \gamma_2, \cdots, \alpha_6, \beta_6, \gamma_6\}$ を決定するのにすべて使い切ったので，(8.40) の約 25 桁の精度が限界である．より高い精度を望むならば，より多くの厳密値を準備しなければならないが，ここではこの精度で満足しよう．

γ_1 の厳密値を決定できたので，これを代入して，より高次の値の決定に進むことができる．今度は

```
FindFit[N[Log[Abs[Z6]],100],
    a[6]+Log[Abs[J60+J61+J62+J63+J64+J65+J66+J67]]/.γ1->4/3,
    {γ2,α3,β3,γ3,γ4,γ5,α6,β6,γ6,γ7},n]
```

とすれば，

$$\gamma_2 = -2.000000000000000000000000056720\cdots \tag{8.42}$$

と回答されるので，γ_2 の厳密値は

$$\gamma_2 = -2 \tag{8.43}$$

であると予想できる．

同様に進めていくことができるが，$\alpha_3, \beta_3, \gamma_3$ の精度の高い値はわかっても，厳密値を予想するのは難しい．$k = 6$ における値を予想するのに，$k = 0$ のまわりの WKB 展開の結果 (7.67) がヒントになると考えて，π^{-2} と 1 の有理数係数で探せば，

$$\alpha_3 = \frac{4}{3\pi^2}, \quad \beta_3 = \frac{2}{3\pi^2}, \quad \gamma_3 = \frac{1}{3\pi^2} + \frac{20}{9} \tag{8.44}$$

が見つかる．

この解析を継続していくと，かなり高次まで続けられ，最終的には表 8.2 の J_6^{np} の結果が得られた．高々 10 個程度の厳密値から非常に高次までの非摂動論的な効果が決定されるのは，一見不思議に思われる．その理由はおそらく (8.42) の数値的なフィットのように，各次数において低次の結果 (8.40) を厳密値 (8.41) に置き換えることで，少しずつ誤差を吸収していくからであろう．

本節においてこれまで $k = 6$ に限って，分配関数の厳密値から，数値的なフィットを経て，大正準ポテンシャルの非摂動論的な効果を読み取ることを説明してきた．もちろんこの解析は $k = 6$ に限らず，一般の k でも可能である．前節で得られていた分配関数の厳密値（例えば表 8.1）に対して，本節で説明してきた方法を適用させると，様々な k の値に対して，J_k^{np} を求めることができる．表 8.2 にその結果をまとめた．

表 8.2　それぞれの k に対する簡略化された大正準ポテンシャル $J_k(\mu)$ の非摂動項．分配関数の厳密値 $Z_k(N)$（表 8.1）から数値的なフィットを経て得られる．

$$
\begin{aligned}
J_1^{\rm np} &= \left[\frac{4\mu^2+\mu+1/4}{\pi^2}\right]e^{-4\mu} + \left[-\frac{52\mu^2+\mu/2+9/16}{2\pi^2}+2\right]e^{-8\mu} + \mathcal{O}(e^{-12\mu}),\\
J_2^{\rm np} &= \left[\frac{4\mu^2+2\mu+1}{\pi^2}\right]e^{-2\mu} + \left[-\frac{52\mu^2+\mu+9/4}{2\pi^2}+2\right]e^{-4\mu}\\
&+ \left[\frac{736\mu^2-304\mu/3+154/9}{3\pi^2}-32\right]e^{-6\mu}\\
&+ \left[-\frac{2701\mu^2-13949\mu/24+11291/192}{\pi^2}+466\right]e^{-8\mu} + \mathcal{O}(e^{-10\mu}),\\
J_3^{\rm np} &= \frac{4}{3}e^{-\frac{4}{3}\mu} - 2e^{-\frac{8}{3}\mu} + \left[\frac{4\mu^2+\mu+1/4}{3\pi^2}+\frac{20}{9}\right]e^{-4\mu} - \frac{88}{9}e^{-\frac{16}{3}\mu} + \frac{108}{5}e^{-\frac{20}{3}\mu}\\
&+ \left[-\frac{52\mu^2+\mu/2+9/16}{6\pi^2}-\frac{298}{9}\right]e^{-8\mu} + \mathcal{O}(e^{-\frac{28}{3}\mu}),\\
J_4^{\rm np} &= e^{-\mu} + \left[-\frac{4\mu^2+2\mu+1}{2\pi^2}\right]e^{-2\mu} + \frac{16}{3}e^{-3\mu} + \left[-\frac{52\mu^2+\mu+9/4}{4\pi^2}+2\right]e^{-4\mu}\\
&+ \frac{256}{5}e^{-5\mu} + \left[-\frac{368\mu^2-152\mu/3+77/9}{3\pi^2}+32\right]e^{-6\mu} + \frac{4096}{7}e^{-7\mu} + \mathcal{O}(e^{-8\mu}),\\
J_5^{\rm np} &= \frac{10-2\sqrt{5}}{5}e^{-\frac{4}{5}\mu} + \frac{-15+\sqrt{5}}{5}e^{-\frac{8}{5}\mu} + \frac{100-16\sqrt{5}}{15}e^{-\frac{12}{5}\mu}\\
&+ \frac{-165+47\sqrt{5}}{10}e^{-\frac{16}{5}\mu} + \left[\frac{4\mu^2+\mu+1/4}{5\pi^2}+\frac{204}{5}-12\sqrt{5}\right]e^{-4\mu} + \mathcal{O}(e^{-\frac{24}{5}\mu}),\\
J_6^{\rm np} &= \frac{4}{3}e^{-\frac{2}{3}\mu} - 2e^{-\frac{4}{3}\mu} + \left[\frac{4\mu^2+2\mu+1}{3\pi^2}+\frac{20}{9}\right]e^{-2\mu} - \frac{88}{9}e^{-\frac{8}{3}\mu} + \frac{108}{5}e^{-\frac{10}{3}\mu}\\
&+ \left[-\frac{52\mu^2+\mu+9/4}{6\pi^2}-\frac{298}{9}\right]e^{-4\mu} + \frac{25208}{189}e^{-\frac{14}{3}\mu} + \mathcal{O}(e^{-\frac{16}{3}\mu}),\\
J_8^{\rm np} &= 2e^{-\frac{1}{2}\mu} - \frac{5}{2}e^{-\mu} + \frac{20}{3}e^{-\frac{3}{2}\mu} + \left[-\frac{4\mu^2+2\mu+1}{4\pi^2}-13\right]e^{-2\mu} + \frac{172}{5}e^{-\frac{5}{2}\mu}\\
&- \frac{232}{3}e^{-3\mu} + \frac{1416}{7}e^{-\frac{7}{2}\mu} + \mathcal{O}(e^{-4\mu}),\\
J_{12}^{\rm np} &= 4e^{-\frac{1}{3}\mu} - \frac{14}{3}e^{-\frac{2}{3}\mu} + \frac{37}{3}e^{-\mu} - 40e^{-\frac{4}{3}\mu} + \frac{644}{5}e^{-\frac{5}{3}\mu}\\
&+ \left[-\frac{4\mu^2+2\mu+1}{6\pi^2}-\frac{3424}{9}\right]e^{-2\mu} + \frac{24008}{21}e^{-\frac{7}{3}\mu} + \mathcal{O}(e^{-\frac{8}{3}\mu}).
\end{aligned}
$$

8.3　インスタントン効果による解釈

前節において，得られていた分配関数の厳密値を用いて，大正準ポテンシャルの非摂動論的な効果を求め，表 8.2 にまとめた．これらの非摂動論的な効果を第 6 章や第 7 章でみた世界面インスタントンや膜インスタントンとして解釈し，その係数の一般形を求めたい．

そのためにまずは表 8.2 から読み取れる内容をまとめよう．

- 世界面インスタントン効果は

$$\sum_{m=1}^{\infty} d_m \left(e^{-\frac{4\mu}{k}}\right)^m \tag{8.45}$$

で，膜インスタントン効果は

$$\sum_{\ell=1}^{\infty} (a_\ell \mu^2 + b_\ell \mu + c_\ell)\left(e^{-2\mu}\right)^\ell \tag{8.46}$$

で表せることを予想したが，表の結果はこの予想を支持する内容である．
- 表の結果によれば，k が奇数のとき，第 1，第 3，第 5 などの奇数番目の膜インスタントン効果（(8.46) の $\ell = 1, 3, 5, \cdots$ における $(e^{-2\mu})^\ell$ の項）は寄与しない．つまり，奇数番目の膜インスタントン効果の係数は k に関して周期的に零点を持つ．

まずは第 1 世界面インスタントン（(8.45) の $m = 1$ の項）について考えよう．$k = 1$ や $k = 2$ の場合は膜のインスタントン効果が入るため取りあえず除外しておく．それ以外の $k = 3, 4, 5, 6, 8, 12$ の結果のみに注目して表 8.2 から対応する第 1 世界面インスタントン $e^{-\frac{4\mu}{k}}$ の係数を抜き出すと，

$$d_1\Big|_{k=\{3,4,5,6,8,12\}} = \left\{\frac{4}{3}, 1, \frac{10-2\sqrt{5}}{5}, \frac{4}{3}, 2, 4\right\} \tag{8.47}$$

となる．このままではわかりにくいが，逆数でプロットすると周期性らしい性質がみえて，最終的には

$$d_1 = \frac{1}{\sin^2 \frac{2\pi}{k}} \tag{8.48}$$

とまとめられることがわかる．この関数は $k = 1, 2$ において発散するが，その場合は膜のインスタントンなど他の効果があるので，取りあえず気にしないことにする．

表 8.2 の結果から，奇数番目の膜インスタントン効果の係数は k に関して周期的に零点を持つ．1 次元的に周期性を持つ関数の自然な候補として，三角関数があるので，三角関数を用いて WKB 展開の結果 (7.71) をまとめることを考えよう．k の偶奇の周期性から自然に思い浮かぶ三角関数 $\sin \frac{\pi k}{2}$ や $\cos \frac{\pi k}{2}$ を素材に使い，k 展開が (7.71) になるように，様々な組合せを試しながら試行錯誤を繰り返すと，最終的に

$$\begin{aligned}
a_1 &= -\frac{4}{\pi^2 k} \cos \frac{\pi k}{2}, \\
b_1 &= \frac{2}{\pi} \frac{\cos^2 \frac{\pi k}{2}}{\sin \frac{\pi k}{2}}, \\
c_1 &= \left(-\frac{2}{3k} + \frac{5k}{12}\right) \cos \frac{\pi k}{2} + \frac{k}{2} \frac{\cos \frac{\pi k}{2}}{\sin^2 \frac{\pi k}{2}} + \frac{1}{\pi} \frac{\cos^2 \frac{\pi k}{2}}{\sin \frac{\pi k}{2}}
\end{aligned} \tag{8.49}$$

が発見される．WKB 展開の結果 (7.71) は十分に高い次数まで求められてい

るので，この予想は精密に確認できる．

$k=2$ において，第 1 世界面インスタントン $e^{-\frac{4\mu}{k}}$ と第 1 膜インスタントン $e^{-2\mu}$ は同じインスタントン指数となり，しかも d_1，b_1，c_1 はすべて $k=2$ において発散するが，世界面インスタントンと膜インスタントンの両方の効果を足し上げると

$$\lim_{k\to 2}\left(d_1 e^{-\frac{4\mu}{k}}+(a_1\mu^2+b_1\mu+c_1)e^{-2\mu}\right)=\frac{4\mu^2+2\mu+1}{\pi^2}e^{-2\mu} \tag{8.50}$$

となり，発散が完全に相殺され，$k=2$ の非摂動項が正しく再現される（表 8.2 の J_2^{np} の $e^{-2\mu}$ の係数を参照）．この発散の相殺はかなり非自明に起きているので，これに勇気づけられて，より高次のインスタントン効果の解析を進もう．

第 2 世界面インスタントン $e^{-\frac{8\mu}{k}}$ は $k=3,5,6,8,12$ で発散しなさそうだが，b_1 と c_1 は $k=4$ においても発散するので，$k=4$ においてこの発散を相殺しなければならない．第 1 世界面インスタントンが $\sin^{-2}\frac{2\pi}{k}$ だったので，さらに $\sin^{-2}\frac{4\pi}{k}$ の寄与があると考えることは自然である．表 8.2 から $k=3,5,6,8,12$ における $e^{-\frac{8\mu}{k}}$ の係数を取り出した

$$d_2\Big|_{k=\{3,5,6,8,12\}}=\left\{-2,\frac{-15+\sqrt{5}}{5},-2,-\frac{5}{2},-\frac{14}{3}\right\} \tag{8.51}$$

に対しても，いくつか試行錯誤を繰り返せば

$$d_2=-\frac{1}{2\sin^2\frac{4\pi}{k}}-\frac{1}{\sin^2\frac{2\pi}{k}} \tag{8.52}$$

を読み取ることができる．さらに $k=4$ において，第 1 膜インスタントンと相殺させた結果，

$$\lim_{k\to 4}\left(d_2 e^{-\frac{8\mu}{k}}+(a_1\mu^2+b_1\mu+c_1)e^{-2\mu}\right)=-\frac{4\mu^2+2\mu+1}{2\pi^2}e^{-2\mu} \tag{8.53}$$

と数値的に求めた大正準ポテンシャルを正しく再現することになる．

また，第 2 膜インスタントンはあらゆる整数点 k で発散を持つので，引き数 πk を持つ三角関数を用いて表せると考えよう．(7.71) と同様に WKB 展開が知られており，その結果から

$$\begin{aligned}
a_2&=-\frac{2}{\pi^2 k}(4+5\cos\pi k),\\
b_2&=\frac{4}{\pi^2 k}(1+\cos\pi k)+\frac{(2+3\cos\pi k)^2}{\pi\sin\pi k},\\
c_2&=\left(-\frac{1}{3k}+\frac{\cos\pi k}{4\pi\sin\pi k}\right)(4+5\cos\pi k)\\
&\quad+\frac{k(20+21\cos\pi k)}{4\sin^2\pi k}-\frac{7k}{24}(4-7\cos\pi k)
\end{aligned} \tag{8.54}$$

が得られる．また同様の解析から，第 3 膜インスタントンでは

$$a_3=-\frac{8}{3\pi^2 k}\cos\frac{\pi k}{2}(19+28\cos\pi k+3\cos 2\pi k),$$

$$
\begin{aligned}
b_3 &= \frac{8}{\pi^2 k}\cos\frac{\pi k}{2}(4+5\cos\pi k) \\
&\quad + \frac{1}{3\pi}\frac{1}{\sin\frac{3\pi k}{2}}(241+405\cos\pi k+222\cos 2\pi k+79\cos 3\pi k+9\cos 4\pi k), \\
c_3 &= \frac{\pi^2(8+k^2)}{48}a_3 + \frac{\pi^4 k^2}{12}a_1^3 \\
&\quad + \frac{\cos\frac{\pi k}{2}}{6\sin^2\frac{3\pi k}{2}}(341+458\cos\pi k+228\cos 2\pi k) \\
&\quad + \frac{1}{18\pi\sin\frac{3\pi k}{2}}(-98-144\cos\pi k-45\cos 2\pi k+10\cos 3\pi k+9\cos 4\pi k) \\
&\quad + \frac{k}{36\cos\frac{\pi k}{2}}(36+212\cos\pi k+203\cos 2\pi k+45\cos 3\pi k) \qquad (8.55)
\end{aligned}
$$

となり，第 4 膜インスタントンの μ^2 の係数は

$$
a_4 = -\frac{1}{\pi^2 k}(364+560\cos\pi k+245\cos 2\pi k+48\cos 3\pi k+8\cos 4\pi k) \qquad (8.56)
$$

となる．

第 2 膜インスタントンがわかったので，$k=1$ の極限において，第 1 世界面インスタントンと発散を相殺させて，

$$
\lim_{k\to 1}\left(d_1 e^{-\frac{4\mu}{k}} + (a_2\mu^2+b_2\mu+c_2)e^{-4\mu}\right) = \frac{4\mu^2+\mu+1/4}{\pi^2}e^{-4\mu} \qquad (8.57)
$$

と正しい値を与えることを確認することができる．しかし，$k=2$ の極限において，第 2 世界面インスタントンと発散を完全には相殺できない．一旦この問題を先延ばしにして，より多くの対応をみる準備のため，次節で世界面インスタントンの多重被覆構造について説明しよう．

8.4 世界面インスタントンの多重被覆構造

前節で表 8.2 の非摂動項をインスタントン効果として同定し，予想を組み合わせながら初めの数項の関数形を決定した．より多くの関数形を同定して一般的な構造を理解するために，本節では表 8.2 における非摂動項の解析を一旦中断して，世界面インスタントンの多重被覆構造について説明したい．ここまでわかった世界面インスタントンをまとめると，

$$
d_1 = \frac{1}{\sin^2\frac{2\pi}{k}}, \quad d_2 = -\frac{1}{2\sin^2\frac{4\pi}{k}} - \frac{1}{\sin^2\frac{2\pi}{k}} \qquad (8.58)
$$

となる．三角関数の引き数に注目すると，あたかも d_2 の中に d_1 の寄与があるようにみえる．第 6.9 節で説明したように，インスタントン効果は場の配位が背景時空に巻き付く効果であることを思い出すと，d_2 の中に d_1 の寄与があることは，背景時空に世界面インスタントンが 2 回巻き付く効果には，純粋に 2

回巻き付く世界面インスタントンの効果のほかに，1 回巻き付いた世界面インスタントンが 2 重に寄与する効果が含まれていることを示唆する．ABJM 行列模型は位相的弦理論と対応することが提唱されており，この構造は位相的弦理論の文脈で比較的よく知られていたことである．この構造を**世界面インスタントンの多重被覆構造**という．つまり，各次数においてこれ以上分離できない世界面インスタントンの成分

$$\delta_1(k) = \frac{-4}{(2\sin\frac{2\pi}{k})^2}, \quad \delta_2(k) = \frac{-4}{(2\sin\frac{2\pi}{k})^2} \tag{8.59}$$

を定義すれば，それぞれの次数の世界面インスタントンの係数は

$$-d_1 = \delta_1(k), \quad d_2 = \delta_2(k) + \frac{1}{2}\delta_1\Big(\frac{k}{2}\Big) \tag{8.60}$$

と表される．(8.59) において $\delta_1(k)$ と $\delta_2(k)$ の分子に現れる整数は，**ゴパクマール–ヴァッファ不変量**として知られ，対応する位相的弦理論の背景幾何への弦の世界面の（超対称性を保つ）巻き付き方を数えている整数であり，詳しく調べられている．

つまり一般に，各次数 m の世界面インスタントンの係数 d_m は，その次数 m の約数 $\frac{m}{n}$ の成分 $\delta_{\frac{m}{n}}(k)$ を用いて，

$$d_m = (-1)^m \sum_{n|m} \frac{\delta_{\frac{m}{n}}(k/n)}{n} \tag{8.61}$$

と表せ，より具体的には，

$$\begin{aligned}
&-d_3 = \delta_3(k) + \frac{1}{3}\delta_1\Big(\frac{k}{3}\Big), \quad d_4 = \delta_4(k) + \frac{1}{2}\delta_2\Big(\frac{k}{2}\Big) + \frac{1}{4}\delta_1\Big(\frac{k}{4}\Big),\\
&-d_5 = \delta_5(k) + \frac{1}{5}\delta_1\Big(\frac{k}{5}\Big), \quad d_6 = \delta_6(k) + \frac{1}{2}\delta_3\Big(\frac{k}{2}\Big) + \frac{1}{3}\delta_2\Big(\frac{k}{3}\Big) + \frac{1}{6}\delta_1\Big(\frac{k}{6}\Big),\\
&-d_7 = \delta_7(k) + \frac{1}{7}\delta_1\Big(\frac{k}{7}\Big)
\end{aligned} \tag{8.62}$$

のように展開される．さらに，各成分 $\delta_d(k)$ は，

$$\delta_d(k) = \sum_{\mathrm{g}=0}^{\infty} n_d^{\mathrm{g}} \Big(2\sin\frac{2\pi}{k}\Big)^{2\mathrm{g}-2} \tag{8.63}$$

のように，ゴパクマール–ヴァッファ不変量 n_d^{g} を用いて弦の世界面の種数 g で展開される．

文献 [50] で与えられた数表を用いれば，

$$\begin{aligned}
&\delta_3(k) = \frac{-12}{(2\sin\frac{2\pi}{k})^2}, \quad \delta_4(k) = \frac{-48}{(2\sin\frac{2\pi}{k})^2} + 9,\\
&\delta_5(k) = \frac{-240}{(2\sin\frac{2\pi}{k})^2} + 136 - 24(2\sin\tfrac{2\pi}{k})^2,\\
&\delta_6(k) = \frac{-1356}{(2\sin\frac{2\pi}{k})^2} + 1616 - 812(2\sin\tfrac{2\pi}{k})^2 + 186(2\sin\tfrac{2\pi}{k})^4
\end{aligned}$$

$$
\begin{aligned}
&\quad - 16(2\sin\tfrac{2\pi}{k})^6,\\
\delta_7(k) &= \frac{-8428}{(2\sin\frac{2\pi}{k})^2} + 17560 - 17340(2\sin\tfrac{2\pi}{k})^2 + 9712(2\sin\tfrac{2\pi}{k})^4\\
&\quad - 3156(2\sin\tfrac{2\pi}{k})^6 + 552(2\sin\tfrac{2\pi}{k})^8 - 40(2\sin\tfrac{2\pi}{k})^{10}
\end{aligned}
\tag{8.64}
$$

となる．

8.5 インスタントンの結合状態

前節では，位相的弦理論の文脈で，世界面インスタントンに関して得られている知見についてまとめた．これを用いて，第 8.3 節で進めていた大正準ポテンシャルの非摂動論的な効果の解析に戻ろう．

第 8.3 節では，$k=2$ の第 2 非摂動項を第 2 世界面インスタントンと第 2 膜インスタントンの寄与から説明すること以外，非摂動項を正確に説明することができた．ところが，第 2 世界面インスタントン $d_2 e^{-\frac{8\mu}{k}}$ と第 2 膜インスタントン $(a_2\mu^2+b_2\mu+c_2)e^{-4\mu}$ の和だけでは $k=2$ における発散を完全に相殺させることすらできない．

前節の多重被覆構造 (8.62) とゴパクマール–ヴァッファ不変量 (8.64) から，第 3 世界面インスタントンは

$$
d_3 = \frac{1}{3\sin^2\frac{6\pi}{k}} + \frac{3}{\sin^2\frac{2\pi}{k}}
\tag{8.65}
$$

であるので，表 8.2 の $k=5,8,12$ における世界面インスタントンの値

$$
d_3\Big|_{k=\{5,8,12\}} = \left\{\frac{100-16\sqrt{5}}{15}, \frac{20}{3}, \frac{37}{3}\right\}
\tag{8.66}
$$

を正しく再現する．それだけでなく，$k=3$ と $k=6$ においても，

$$
\begin{aligned}
\lim_{k\to 3}\left(d_3 e^{-\frac{12}{k}\mu} + (a_2\mu^2+b_2\mu+c_2)e^{-4\mu}\right) &= \left[\frac{4\mu^2+\mu+1/4}{3\pi^2} + \frac{20}{9}\right]e^{-4\mu},\\
\lim_{k\to 6}\left(d_3 e^{-\frac{12}{k}\mu} + (a_1\mu^2+b_1\mu+c_1)e^{-2\mu}\right) &= \left[\frac{4\mu^2+2\mu+1}{3\pi^2} + \frac{20}{9}\right]e^{-2\mu}
\end{aligned}
\tag{8.67}
$$

により正しく再現している．ところが，また $k=4$ において数値的に求めた大正準ポテンシャルの結果 16/3 と異なる $d_3\big|_{k=4} = 10/3$ になる．

これまでの予想と異なる箇所について少しまとめると，両方とも，第 1 膜インスタントンよりも高い箇所で，しかも，k が偶数の箇所で起きている．これから，(8.33) の予想には変更が必要で，膜インスタントンと世界面インスタントンのある種の**結合状態**

$$
\sum_{(\ell,m)} f_{\ell,m} e^{-\ell\times 2\mu - m\times\frac{4\mu}{k}}
\tag{8.68}
$$

のインスタントン効果があるのではないか，と想像できる．実際，結合状態なので，第1膜インスタントンよりも高い次数で起きることは自然だし，k が奇数だと第1膜インスタントンは消えているので，結合状態も寄与しないはずである．このような立場に立ち，これまで使われた関数で自然な組合せを探すと，膜インスタントンと世界面インスタントンの次数が $(\ell, m) = (1, 1)$ のときは，

$$f_{1,1} = -2\pi^2 a_1 d_1 \tag{8.69}$$

なる関数を用いれば，$k = 2$ における第2非摂動項

$$\begin{aligned} &\lim_{k\to 2}\bigl(d_2 e^{-\frac{8\mu}{k}} + f_{1,1} e^{-\frac{4\mu}{k}-2\mu} + (a_2\mu^2 + b_2\mu + c_2)e^{-4\mu}\bigr) \\ &\quad = \left[-\frac{52\mu^2 + \mu + 9/4}{2\pi^2} + 2\right]e^{-4\mu} \end{aligned} \tag{8.70}$$

と $k = 4$ における第3非摂動項

$$\bigl(d_3 + f_{1,1}\bigr)\Big|_{k=4} = \frac{16}{3} \tag{8.71}$$

が得られ，表 8.2 の結果を正しく再現できる．

さらに，(8.62) と (8.64) から得られた第4世界面インスタントンの関数形 d_4 を用いれば，

$$\begin{aligned} &d_4\Big|_{k=\{5,12\}} = \left\{\frac{-165 + 47\sqrt{5}}{10}, -40\right\}, \\ &\lim_{k\to 8}\bigl(d_4 e^{-\frac{16\mu}{k}} + (a_1\mu^2 + b_1\mu + c_1)e^{-2\mu}\bigr) = \left[-\frac{4\mu^2 + 2\mu + 1}{4\pi^2} - 13\right]e^{-2\mu} \end{aligned} \tag{8.72}$$

を再現するだけでなく，結合状態 (8.69) を用いて

$$\bigl(d_4 + f_{1,1}\bigr)\Big|_{k=6} = -\frac{88}{9} \tag{8.73}$$

も正しく求まる．また，前節で得られていたより高い世界面インスタントン d_5, d_6, d_7 を用いても，それぞれ対応する項

$$\begin{aligned} &(d_5 + f_{1,1})\Big|_{k=8} = \frac{172}{5}, \quad d_5\Big|_{k=12} = \frac{644}{5}, \quad (d_7 + f_{1,1})\Big|_{k=12} = \frac{24008}{21}, \\ &\lim_{k\to 5}\bigl(d_5 e^{-\frac{20\mu}{k}} + (a_2\mu^2 + b_2\mu + c_2)e^{-4\mu}\bigr) \\ &\quad = \left[\frac{4\mu^2 + \mu + 1/4}{5\pi^2} + \frac{204}{5} - 12\sqrt{5}\right]e^{-4\mu}, \\ &\lim_{k\to 12}\bigl(d_6 e^{-\frac{24\mu}{k}} + (a_1\mu^2 + b_1\mu + c_1)e^{-2\mu}\bigr) \\ &\quad = \left[-\frac{4\mu^2 + 2\mu + 1}{6\pi^2} - \frac{3424}{9}\right]e^{-2\mu} \end{aligned} \tag{8.74}$$

を正しく再現できることがわかる．

膜インスタントンと世界面インスタントンの結合状態の存在を認めれば，高次の結合状態の解析に進むことができる．では，より一般的に，膜インスタントンと世界面インスタントンの次数が (ℓ, m) のとき，インスタントン係数 $f_{\ell,m}$ がどのような形を取るのだろうか．世界面インスタントンの次数が一般的になった $(1, m)$ は多くの例から

$$f_{1,m} = -2\pi^2 m a_1 d_m \tag{8.75}$$

となることが予想できる．実際，(8.75) より，$k = 4$ では，

$$\begin{aligned}&\lim_{k\to 4}\left(d_4 e^{-\frac{16\mu}{k}} + f_{1,2} e^{-\frac{8\mu}{k}-2\mu} + (a_2\mu^2 + b_2\mu + c_2)e^{-4\mu}\right)\\&\quad = \left[-\frac{52\mu^2 + \mu + 9/4}{4\pi^2} + 2\right]e^{-4\mu}\end{aligned} \tag{8.76}$$

が得られ，$k = 6$ では，

$$\left.\left(d_5 + f_{1,2}\right)\right|_{k=6} = \frac{108}{5}, \tag{8.77}$$

$$\begin{aligned}&\lim_{k\to 6}\left(d_6 e^{-\frac{24\mu}{k}} + f_{1,3} e^{-\frac{12\mu}{k}-2\mu} + (a_2\mu^2 + b_2\mu + c_2)e^{-4\mu}\right)\\&\quad = \left[-\frac{52\mu^2 + \mu + 9/4}{6\pi^2} - \frac{298}{9}\right]e^{-4\mu}\end{aligned} \tag{8.78}$$

が得られ，さらに，$k = 8$ では，

$$\left.\left(d_6 + f_{1,2}\right)\right|_{k=8} = -\frac{232}{3}, \quad \left.\left(d_7 + f_{1,3}\right)\right|_{k=8} = \frac{1416}{7} \tag{8.79}$$

が得られ，すべて正しく表 8.2 の結果を再現する．

膜インスタントンの高い次数における結合状態の係数にも目を向けよう．結合状態 $(2, m)$ の係数を

$$f_{2,m} = \left(-2\pi^2 m a_2 + \frac{1}{2}(-2\pi^2 m a_1)^2\right)d_m \tag{8.80}$$

とすると，$k = 3$ では，

$$\left.\left(d_4 + f_{2,1}\right)\right|_{k=3} = -\frac{88}{9}, \quad \left.\left(d_5 + f_{2,2}\right)\right|_{k=3} = \frac{108}{5} \tag{8.81}$$

が得られ，$k = 4$ では，

$$\left.\left(d_5 + f_{3,1} + f_{1,2}\right)\right|_{k=4} = \frac{256}{5} \tag{8.82}$$

が得られ，$k = 6$ では，

$$\left.\left(d_7 + f_{4,1} + f_{1,2}\right)\right|_{k=6} = \frac{25208}{189} \tag{8.83}$$

が得られ，表 8.2 の結果を再現する．

ここまで来れば，結合状態 $(3, m)$ の係数は

$$-2\pi^2 ma_3, \quad (-2\pi^2 ma_2)(-2\pi^2 ma_1), \quad (-2\pi^2 ma_1)^3 \tag{8.84}$$

の線形結合で表されると容易に想像できる．初項以外の係数を決めなければならないが，使える大正準ポテンシャルの値も減ってきている．$k=2$ における第 4 非摂動項の μ^2 の係数

$$\lim_{k\to 2}\bigl(d_4 e^{-\frac{16}{k}\mu} + f_{1,3}e^{-\frac{12}{k}\mu-2\mu} + f_{2,2}e^{-\frac{8}{k}\mu-4\mu} + f_{3,1}e^{-\frac{4}{k}\mu-6\mu} + (a_4\mu^2+\cdots)e^{-8\mu}\bigr) = -\frac{2701\mu^2+\cdots}{\pi^2}e^{-8\mu} \tag{8.85}$$

と $k=4$ における第 7 非摂動項の係数

$$\bigl(d_7 + f_{1,5} + f_{2,3} + f_{3,1}\bigr)\Big|_{k=4} = \frac{4096}{7} \tag{8.86}$$

を用いて，

$$f_{3,m} = \left(-2\pi^2 ma_3 + (-2\pi^2 ma_2)(-2\pi^2 ma_1) + \frac{1}{6}(-2\pi^2 ma_1)^3\right)d_m \tag{8.87}$$

と決められる．

まとめると，

$$F_{\ell,m} = -2\pi^2 ma_\ell \tag{8.88}$$

とおけば，世界面インスタントンと膜インスタントンの結合状態のインスタントン係数は，第 3 膜インスタントンまで，

$$f_{1,m} = F_{1,m}d_m, \quad f_{2,m} = \bigl(F_{2,m} + \tfrac{1}{2}F_{1,m}^2\bigr)d_m,$$
$$f_{3,m} = \bigl(F_{3,m} + F_{2,m}F_{1,m} + \tfrac{1}{6}F_{1,m}^3\bigr)d_m \tag{8.89}$$

で与えられることがわかった．ここに現れた係数は非常に特徴的で，例えば，数値的にフィットするときに準備した (8.35) の γ_m にも同じ係数が現れており，指数関数の展開から得られたものだと予想される．つまり，世界面インスタントンと，世界面インスタントンと膜インスタントンの結合状態を合わせた非摂動論的な効果は，(8.89) を代入すれば，

$$\begin{aligned}
&\sum_{m=1}^{\infty} d_m e^{-\frac{4m}{k}\mu} + \sum_{m=1}^{\infty}\sum_{\ell=1}^{\infty} f_{\ell,m}e^{-\frac{4m}{k}\mu-2\ell\mu} \\
&= \sum_{m=1}^{\infty}\Bigl(1 + F_{1,m}e^{-2\mu} + \bigl(F_{2,m}+\tfrac{1}{2}F_{1,m}^2\bigr)e^{-4\mu} \\
&\qquad + \bigl(F_{3,m}+F_{2,m}F_{1,m}+\tfrac{1}{6}F_{1,m}^3\bigr)e^{-6\mu}+\cdots\Bigr)d_m e^{-\frac{4m}{k}\mu} \\
&= \sum_{m=1}^{\infty} d_m e^{-\frac{4m}{k}\mu + \sum_{\ell=1}^{\infty} F_{\ell,m}e^{-2m\mu}}
\end{aligned}$$

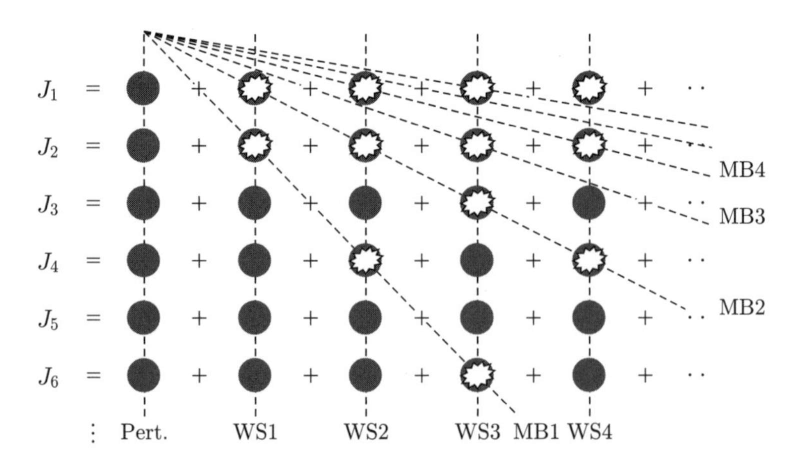

図 8.6　大正準ポテンシャルにおける発散相殺の概念図（[13] より改変）.「WSm」とは第 m 世界面インスタントン $(e^{-\frac{4}{k}\mu})^m$ の非摂動論的な効果を指し,「MBℓ」とは第 ℓ 膜インスタントン $(e^{-2\mu})^\ell$ の効果を指す. 爆発の記号は発散の相殺を示す. それぞれの係数は発散を持つが, 合わせると完全に発散が相殺される.

$$= \sum_{m=1}^{\infty} d_m e^{-\frac{4m}{k}\left(\mu+\frac{\pi^2 k}{2}\sum_{\ell=1}^{\infty} a_\ell e^{-2\ell\mu}\right)} \tag{8.90}$$

とまとめられることが予想される. 言い換えれば, これまでランク N に双対な化学ポテンシャル μ を用いてきたが, さらに化学ポテンシャル μ を再定義した**有効的な化学ポテンシャル**

$$\mu_{\text{eff}} = \mu + \frac{\pi^2 k}{2}\sum_{\ell=1}^{\infty} a_\ell e^{-2\ell\mu} \tag{8.91}$$

を使えば, 世界面インスタントンと膜インスタントンの結合状態は, 完全に世界面インスタントンそのものに吸収されることがわかる.

これまで非摂動項の解析の際に, 世界面インスタントン, 膜インスタントン, それらの結合状態がそれぞれ発散し, その間に非常に複雑な相殺が起きていることをみた. それに対して, (8.91) のように化学ポテンシャルを再定義すると, 世界面インスタントンと膜インスタントンの結合状態は, 世界面インスタントンに吸収されてしまう. そのため, 複雑だった発散の相殺は, 純粋に世界面インスタントンと膜インスタントンの間で起きている, と考えられるようになった. 図 8.6 に, 化学ポテンシャルの再定義 (8.91) で表したときの, 大正準ポテンシャルにおける発散相殺の概念図を示す.

また, これまで膜インスタントンそのものは,

$$\sum_{\ell=1}^{\infty}(a_\ell\mu^2 + b_\ell\mu + c_\ell)e^{-2\ell\mu} \tag{8.92}$$

のように化学ポテンシャル μ の 2 次式の係数を持つことをみてきたが, 驚くこ

とに，(8.91) のように化学ポテンシャルを再定義した結果，

$$\begin{aligned}
&\frac{C}{3}\mu^3 + B\mu + A + \sum_{\ell=1}^{\infty}(a_\ell\mu^2 + b_\ell\mu + c_\ell)e^{-2\ell\mu} \\
&= \frac{C}{3}\mu_{\text{eff}}^3 + B\mu_{\text{eff}} + A + \sum_{\ell=1}^{\infty}(\widetilde{b}_\ell\mu_{\text{eff}} + \widetilde{c}_\ell)e^{-2\ell\mu_{\text{eff}}}
\end{aligned} \tag{8.93}$$

により，膜インスタントンの 2 次項は摂動項に完全に吸収されてしまう．この意味で化学ポテンシャル μ の再定義 (8.91) は，実は

$$\mu_{\text{eff}} = \mu + \frac{1}{C}\sum_{\ell=1}^{\infty}a_\ell e^{-2\ell\mu} \tag{8.94}$$

と表すのが適切だったのである．

さらに驚くことに，(8.93) のように化学ポテンシャルを μ_{eff} に再定義したときの膜インスタントンの係数 $\widetilde{b}_\ell$ と $\widetilde{c}_\ell$ は，ある微分関係式

$$\widetilde{c}_\ell = -k^2\frac{\partial}{\partial k}\frac{\widetilde{b}_\ell}{2\ell k} \tag{8.95}$$

を満たす．つまり，膜インスタントン効果の情報は a_ℓ と $\widetilde{b}_\ell$ だけで表せてしまうことがわかった．もともとは結合状態の効果が複雑に絡んでいたが，このように再定義した後に現れる係数 $\widetilde{b}_\ell$ なども以下では単に膜インスタントンの係数とよぶことにする．

第 8.3 節と本節では，大正準ポテンシャルの非摂動論的な効果に対して，低次から順番に世界面インスタントンや膜インスタントンにより解釈を与えていった．その結果，両者の結合状態を発見することができ，さらに結合状態のインスタントンの係数から，化学ポテンシャルが (8.94) のように再定義されることを発見した．この再定義によって，結合状態を詳しく調べることなく，摂動項，世界面インスタントン項，膜インスタントン項だけに分けてしまえばよいことがわかった．また，結果がどんどん単純化され，当初は予想できなかった微分関係式 (8.95) が発見された．これは背後に新しい構造があることを示唆していると考えられる．

超対称性が高い理論において分配関数が有限で相転移は起きないと期待されるので，発散があればもちろんそれが相殺されているはずで，特に強調すべきことではないだろう．しかし技術的に，発散が相殺することを要請することにより，大正準ポテンシャルの非摂動論的な効果の構造が解明されていったし，また次節以降の解析でも重要な役割を果たし続ける．さらに，発散の相殺はこのような技術的な重要性だけでなく，以下のように弦理論の理解の根幹にも関わると考えられている．

第 1 章において弦理論の非摂動論的な効果が議論され，M 理論が発見された時期に，

弦理論は弦のみの理論ではなく,
様々なブレーンを含めて初めて無矛盾な理論になる

という教義が盛んに唱えられたことを説明した．本章で議論した発散の相殺は，ある意味でこの教義を実現していることになる．弦の世界面によるインスタントン効果だけをみる限り，発散を持ち，数値計算で得られた有限の大正準ポテンシャルの非摂動項の係数を正しく再現できない．また，膜のインスタントン効果だけをみても，発散を持ち，係数を正しく再現できない．弦と膜の両者を合わせて初めて発散が相殺され，正しく大正準ポテンシャルの非摂動項の係数を再現できる．このように発散の相殺は弦理論の非摂動論的な効果が調和していることを示唆し，弦理論を深く理解する上で避けて通れない性質と見なすことができる．これらの重要性から，この性質は特に**発散相殺機構**とよばれている．

8.6 膜インスタントンの多重被覆構造

世界面インスタントンの多重被覆構造は既に第 8.4 節で説明した．これに対応して本節では，膜インスタントンにも多重被覆構造があることを説明したい．

そのために，(8.94) を逆に解いて得られる関係

$$\mu = \mu_{\mathrm{eff}} + \frac{1}{C}\sum_{\ell=1}^{\infty} e_\ell e^{-2\ell\mu_{\mathrm{eff}}} \tag{8.96}$$

を (8.93) に代入して，$\widetilde{b}_\ell$ の具体形を求めよう．ここで，逆解きの結果は

$$e_1 = \frac{4}{\pi^2 k}\cos\frac{\pi k}{2}, \quad e_2 = \frac{2}{\pi^2 k}\cos\pi k, \quad e_3 = \frac{8}{3\pi^2 k}\cos\frac{3\pi k}{2}(2+3\cos\pi k) \tag{8.97}$$

で与えられるので，

$$\begin{aligned}
&\widetilde{b}_1 = \frac{2}{\pi}\cot\frac{\pi k}{2}\cos\frac{\pi k}{2}, \quad \widetilde{b}_2 = \frac{1}{\pi}\cot\pi k(4+5\cos\pi k), \\
&\widetilde{b}_3 = \frac{4}{3\pi}\cot\frac{3\pi k}{2}\cos\frac{\pi k}{2}(13+19\cos\pi k+9\cos 2\pi k)
\end{aligned} \tag{8.98}$$

となり，(8.49)，(8.54)，(8.55) などもともとの膜インスタントンの係数よりもはるかに簡単な関数形に帰着された．

さらに世界面インスタントンの $\delta_m(k)$ と同様に，これらの膜インスタントンの係数も，各次数においてこれ以上分離できない成分

$$\begin{aligned}
&\beta_1(k) = \frac{\sin\frac{\pi k}{2}+\sin\frac{3\pi k}{2}}{2\pi\sin^2\frac{\pi k}{2}}, \quad \beta_2(k) = \frac{\sin 2\pi k}{\pi\sin^2\frac{\pi k}{2}}, \\
&\beta_3(k) = \frac{3(\sin\frac{5\pi k}{2}+\sin\frac{7\pi k}{2})}{2\pi\sin^2\frac{\pi k}{2}}
\end{aligned} \tag{8.99}$$

というより簡単な関数形を定義すれば，

$$\widetilde{b}_1 = \beta_1(k), \quad \widetilde{b}_2 = \beta_2(k) + \frac{1}{2}\beta_1(2k), \quad \widetilde{b}_3 = \beta_3(k) + \frac{1}{3}\beta_1(3k) \tag{8.100}$$

と表され，一般的には

$$\widetilde{b}_\ell = \sum_{n|\ell} \frac{\beta_{\frac{\ell}{n}}(nk)}{n} \tag{8.101}$$

で与えられる．世界面インスタントンと同様に，高次の膜インスタントンは，その次数で初めて現れる効果のほかに，約数となるより次数が低い膜インスタントンによる効果がある．これを**膜インスタントンの多重被覆構造**という．

非摂動項の解析の際に，世界面インスタントン，膜インスタントン，それらの結合状態の間で発散の相殺が複雑に起きていた．しかし，化学ポテンシャルの再定義により，純粋に世界面インスタントンと膜インスタントンの間で発散の相殺が起きていると解釈できた．さらに，世界面インスタントンと同様に，本節のように膜インスタントンに対しても多重被覆構造を正しく同定すると，発散相殺が多重被覆構造のそれぞれの成分の間で起きることがわかる．つまり，世界面インスタントン d_m も膜インスタントン $\widetilde{b}_\ell$ も様々な成分 $\delta_d(k)$ や $\beta_d(k)$ からできているが，ほかの成分を零とおいて特定の成分だけを抜き出しても，その間で発散の相殺が起きていることがわかる．

8.7 位相的弦理論との関係

前節まで数値的なフィットから得られた大正準ポテンシャルの非摂動項に対して，インスタントン効果としての解釈を与えた．ランク N の双対である化学ポテンシャル μ を μ_{eff} に再定義すると，結合状態の寄与が世界面インスタントン項に取り込まれ，膜インスタントンの 2 次項の寄与が摂動項に取り込まれた．その結果，有効的な化学ポテンシャル μ_{eff} を用いれば，大正準ポテンシャルは，摂動部分，世界面インスタントン部分 (worldsheet)，膜インスタントン部分 (membrane) の和

$$J_k(\mu) = J_k^{\text{pert}}(\mu_{\text{eff}}) + J_k^{\text{WS}}(\mu_{\text{eff}}) + J_k^{\text{MB}}(\mu_{\text{eff}}) \tag{8.102}$$

として表せ，それぞれ k の関数である $C, B, A, d_m, \widetilde{b}_\ell$ を係数として

$$\begin{aligned} J_k(\mu_{\text{eff}}) &= \frac{C}{3}\mu_{\text{eff}}^3 + B\mu_{\text{eff}} + A, \\ J_k^{\text{WS}}(\mu_{\text{eff}}) &= \sum_{m=1}^{\infty} d_m e^{-\frac{4m}{k}\mu_{\text{eff}}}, \\ J_k^{\text{MB}}(\mu_{\text{eff}}) &= \sum_{\ell=1}^{\infty}\left(\widetilde{b}_\ell \mu_{\text{eff}} - k^2 \frac{\partial}{\partial k}\frac{\widetilde{b}_\ell}{2\ell k}\right) e^{-2\ell\mu_{\text{eff}}} \end{aligned} \tag{8.103}$$

で与えられることがわかった．本節ではこれらの結果が位相的弦理論の用語を用いて書き換えられることを紹介したい．

大正準ポテンシャルにおける世界面インスタントンの多重被覆構造は (8.61)

$$d_m = (-1)^m \sum_{n|m} \frac{\delta_{\frac{m}{n}}(k/n)}{n} \tag{8.104}$$

で与えられ，各成分 $\delta_d(k)$ は，ゴパクマール–バッファ不変量という整数 n_d^{g} を用いて，一般形

$$\delta_d(k) = \sum_{\mathrm{g}=0}^{\infty} n_d^{\mathrm{g}} \left(2\sin\frac{2\pi}{k} \right)^{2\mathrm{g}-2} \tag{8.105}$$

で与えられる．少し書き換えて，異なる整数 N_{g}^d を用いれば，世界面インスタントンは，

$$J_k^{\mathrm{WS}}(\mu_{\mathrm{eff}}) = \sum_{n=1}^{\infty}\sum_{d=1}^{\infty}\sum_{\mathrm{g}=0}^{\infty} N_{\mathrm{g}}^d \frac{\sin\frac{4\pi n}{k}\mathrm{g}}{n(2\sin\frac{2\pi n}{k})^2 \sin\frac{4\pi n}{k}} \left(-e^{-\frac{4\mu_{\mathrm{eff}}}{k}}\right)^{nd} \tag{8.106}$$

と表せることがわかる．

さらに，この結果は**位相的弦理論の自由エネルギー**

$$J_k^{\mathrm{WS}}(\boldsymbol{T}, g_{\mathrm{s}}) = \sum_{n=1}^{\infty}\sum_{j_{\mathrm{L}},j_{\mathrm{R}}}\sum_{\boldsymbol{d}} N_{j_{\mathrm{L}},j_{\mathrm{R}}}^{\boldsymbol{d}} \frac{(-1)^{(s_{\mathrm{L}}+s_{\mathrm{R}}-1)n} s_{\mathrm{R}} \sin 2\pi g_{\mathrm{s}} n s_{\mathrm{L}}}{n(2\sin\pi g_{\mathrm{s}} n)^2 \sin 2\pi g_{\mathrm{s}} n} e^{-n\boldsymbol{d}\cdot\boldsymbol{T}} \tag{8.107}$$

$(s_{\mathrm{L/R}} = 2j_{\mathrm{L/R}} + 1)$ を用いて表されることが提唱された．ここで位相的弦理論の自由エネルギーは，背景幾何を特徴づけるケーラー変数 $\boldsymbol{T}$ や弦の結合定数 g_{s} の関数である．また $N_{j_{\mathrm{L}},j_{\mathrm{R}}}^{\boldsymbol{d}}$ とは，時空の対称性 $\mathrm{SO}(4) = \mathrm{SU}(2)_{\mathrm{L}} \times \mathrm{SU}(2)_{\mathrm{R}}$ のスピン $j_{\mathrm{L/R}}$ や（ケーラー変数 $\boldsymbol{T}$ に対応する）次数 $\boldsymbol{d}$ における **BPS 指数**という整数であり，背景幾何に巻き付く超対称性を保つ配位を数えたものである．これに対して，

$$\boldsymbol{T} = (T^+, T^-), \quad T^{\pm} = \frac{4\mu_{\mathrm{eff}}}{k} \pm \pi i, \quad g_{\mathrm{s}} = \frac{2}{k} \tag{8.108}$$

と同定すれば，世界面インスタントン (8.106) が再現される．特に世界面インスタントンの各成分 (8.105) に現れるゴパクマール–バッファ不変量は BPS 指数を用いて表せる．

また，大正準ポテンシャルにおける膜インスタントン (8.103) は，(8.108) で同定されたケーラー変数 $\boldsymbol{T}$ と弦の結合定数 g_{s} を使えば，

$$J_k^{\mathrm{MB}}(\mu_{\mathrm{eff}}) = \sum_{\ell=1}^{\infty} \frac{\partial}{\partial g_{\mathrm{s}}} \left(\frac{g_{\mathrm{s}}\widetilde{b}_\ell}{2\ell} e^{-\ell\frac{T_+ + T_-}{2g_{\mathrm{s}}}} \right) \tag{8.109}$$

とまとまる．膜インスタントンの多重被覆構造は (8.101)

$$\widetilde{b}_\ell = \sum_{n|\ell} \frac{\beta_{\frac{\ell}{n}}(nk)}{n} \tag{8.110}$$

で与えられ，その各成分は具体形 (8.99) から，またある整数係数 M_s^d を用いて

$$\beta_d(k) = \frac{\sum_s M_s^d \sin\frac{\pi ks}{2}}{2\pi(\sin\frac{\pi k}{2})^2} \tag{8.111}$$

の一般形を持つと予想される．さらに前節の最後にみたように，膜インスタントンの多重被覆構造を正しく同定すれば，世界面インスタントンと膜インスタントンの係数の発散相殺は成分ごとに起きていることがわかる．このような特徴から，膜インスタントンも BPS 指数 $N^{\boldsymbol{d}}_{j_{\mathrm{L}},j_{\mathrm{R}}}$ で記述されるとして，発散相殺の構造から世界面インスタントン (8.107) に対応する膜インスタントンの一般形を決定することができる．つまり，BPS 指数 $N^{\boldsymbol{d}}_{j_{\mathrm{L}},j_{\mathrm{R}}}$ で記述される世界面インスタントン (8.107) に対して，BPS 指数 $N^{\boldsymbol{d}}_{j_{\mathrm{L}},j_{\mathrm{R}}}$ によらずに，発散が相殺される膜インスタントンの一般形は何かと問うことができる．もちろん任意の正則関数を加えても発散の構造は変わらないので，結果は一意的ではないが，既知の構造 (8.111) を再現するように探すと，最終的に

$$J_k^{\mathrm{MB}}(\boldsymbol{T}, g_{\mathrm{s}}) = \sum_{n=1}^{\infty} \sum_{j_{\mathrm{L}},j_{\mathrm{R}}} \sum_{\boldsymbol{d}} N^{\boldsymbol{d}}_{j_{\mathrm{L}},j_{\mathrm{R}}} \frac{\partial}{\partial g_{\mathrm{s}}} \left(g_{\mathrm{s}} \frac{-\sin\frac{\pi n}{g_{\mathrm{s}}} s_{\mathrm{L}} \sin\frac{\pi n}{g_{\mathrm{s}}} s_{\mathrm{R}}}{4\pi n^2 (\sin\frac{\pi n}{g_{\mathrm{s}}})^3} e^{-\frac{n}{g_{\mathrm{s}}} \boldsymbol{d}\cdot\boldsymbol{T}} \right) \tag{8.112}$$

という関数形が発見された．結合定数 g_{s} で微分されるこの関数形は位相的弦理論の拡張の文脈で，Nekrasov–Shatashivili 極限における精密化された位相的弦理論の自由エネルギーとして知られているものである．

本章の最後で第 II 部でみたことをまとめておこう．第 II 部の解析から，ABJM 行列模型の簡略化された大正準ポテンシャルは次の展開形を持つことがわかった．化学ポテンシャル μ を μ_{eff} に再定義して，簡略化された大正準ポテンシャルを摂動部分と非摂動部分

$$J_k(\mu) = J_k^{\mathrm{pert}}(\mu_{\mathrm{eff}}) + J_k^{\mathrm{np}}(\mu_{\mathrm{eff}}) \tag{8.113}$$

に分けると，位相的弦理論の用語を用いて，(8.103) から摂動部分はケーラー変数 $\boldsymbol{T}$ の 3 次式で，(8.107) と (8.112) から非摂動部分は

$$\begin{aligned} J_k^{\mathrm{np}}(\boldsymbol{T}, g_{\mathrm{s}}) = \sum_{n=1}^{\infty} \sum_{j_{\mathrm{L}},j_{\mathrm{R}}} \sum_{\boldsymbol{d}} & N^{\boldsymbol{d}}_{j_{\mathrm{L}},j_{\mathrm{R}}} \\ & \times \Bigg[\frac{(-1)^{(s_{\mathrm{L}}+s_{\mathrm{R}}-1)n} s_{\mathrm{R}} \sin 2\pi g_{\mathrm{s}} n s_{\mathrm{L}}}{n(2\sin\pi g_{\mathrm{s}} n)^2 \sin 2\pi g_{\mathrm{s}} n} e^{-n\boldsymbol{d}\cdot\boldsymbol{T}} \\ & \quad + \frac{\partial}{\partial g_{\mathrm{s}}} \left(g_{\mathrm{s}} \frac{-\sin\frac{\pi n}{g_{\mathrm{s}}} s_{\mathrm{L}} \sin\frac{\pi n}{g_{\mathrm{s}}} s_{\mathrm{R}}}{4\pi n^2 (\sin\frac{\pi n}{g_{\mathrm{s}}})^3} e^{-\frac{n}{g_{\mathrm{s}}} \boldsymbol{d}\cdot\boldsymbol{T}} \right) \Bigg] \end{aligned} \tag{8.114}$$

となることがわかった．ここで，2 つのケーラー変数 $\boldsymbol{T} = (T^+, T^-)$ と結合定

数 g_s は (8.108) で与えられる．非摂動部分 (8.114) において，第 1 項は弦の世界面インスタントン効果 $e^{-\frac{4m}{k}\mu_{\text{eff}}}$ を表し，その係数は一見 $k \in 2m/\mathbb{N}$ のとき発散する．また，第 2 項は膜のインスタントン効果 $e^{-2\ell\mu_{\text{eff}}}$ を表し，その係数は一見 $k \in 2\mathbb{N}/\ell$ のとき発散する．しかし，それぞれのインスタントンの係数が発散するとき，常に逆のインスタントンの係数も同時に発散して，全体としては 2 次元格子状にうまく発散が相殺されていることがわかる（図 8.6 参照）.

ABJM 行列模型の大正準ポテンシャルにおいて，2 種類のインスタントン効果の係数がともに発散するが，その間に非自明に相殺が起きている．これは様々なブレーンがすべて調和した形で寄与していることを意味している．これだけ調和が取れた関数形であるので深い物理が潜んでいるはずであり，これからの発展で M2 ブレーンの物理が詳しく解明されていくと期待される．

また，位相的弦理論の立場から，世界面インスタントン $J_k^{\text{WS}}(\boldsymbol{T}, g_s)$ (8.107) の寄与は位相的弦理論の自由エネルギーであり，g_s に関して摂動的である．しかし，種数 $\text{g} = 0$ の寄与 $(\sin \pi g_s)^{-2}$ は特定の結合定数 g_s で発散する．これは摂動論の不備によるものだと考えると，一般に摂動展開された（超対称性を持つ）物理量が非摂動論的に完全な物理量になるために，このような発散が相殺されていることを要請したくなる．このような見方をすれば，膜インスタントン $J_k^{\text{MB}}(\boldsymbol{T}, g_s)$ (8.112) は位相的弦理論の自由エネルギーの**非摂動的な完全化** (non-perturbative completion) のために必要なものだった，と解釈できる．ABJM 行列模型は非摂動論的な効果が非自明であるにもかかわらず，完全に理解された重要な模型である．これを指針に弦理論の非摂動論的な効果がより明白に理解されることを期待したい．

これまでは，フラクショナルブレーンのない場合 $(N_1 = N_2)$ について議論してきたが，第 III 部で述べる方法を用いれば，フラクショナルブレーンのある場合 $(M = N_2 - N_1 \neq 0)$ も同様に解析を進めることができる．その結果，この一般形 (8.114) はフラクショナルブレーンがある場合にも適用でき，ケーラー変数を

$$T^{\pm} = \frac{4\mu_{\text{eff}}}{k} \pm \pi i\left(1 - \frac{2M}{k}\right), \quad g_s = \frac{2}{k} \tag{8.115}$$

に置き換えればよいことがわかった．この調和した非摂動論的な効果の関数形は魅力的であり，様々な背景時空における M2 ブレーンの行列模型に対して拡張されている．

第 III 部

行列模型の数理的な構造

第 II 部では ABJM 理論から得られた ABJM 行列模型の分配関数の解析を詳しく述べた．その結果，分配関数から構築した簡略化された大正準ポテンシャルは，無限個の発散が相殺されるなど非常に調和した形を持ち，最終的に位相的弦理論の自由エネルギーを用いて記述されることをみた．しかし，その解析に用いた行列模型は，演算子が全く挿入されていない分配関数だった．

第 4.3 節でみたように，ABJM 理論には $\mathcal{N}=6$ の超対称性を保ったまま 2 つのゲージ群の因子のランクを相対的に変え，これまでのゲージ群 $\mathrm{U}(N)\times\mathrm{U}(N)$ の代わりにゲージ群 $\mathrm{U}(N_1)\times\mathrm{U}(N_2)$ を用いる変形が考えられる．この相対的なランクの変形はフラクショナル M2 ブレーンとして解釈された．また，第 5.4 節で言及したように，ABJM 理論に超対称性を半分保つウィルソンループ演算子の挿入を考えることもできる．第 III 部ではフラクショナル M2 ブレーンや超対称ウィルソンループ演算子が挿入された真空期待値の解析に進む．フラクショナルブレーンやウィルソンループの挿入は本来物理的に無関係にみえるが，これらの解析を通じて，両者は非常に相性がよいことがわかる．

そのため第 III 部ではまず第 9 章で，超対称ウィルソンループ演算子が局所化技術を通じて帰着する超シュア多項式の説明をした後に，これらの演算子が挿入された真空期待値の解析に進む．解析方法には主に 2 種類あり，それぞれ開弦形式と閉弦形式と名付けられ，第 10 章と第 12 章で詳しく説明する．両形式とも非常に特徴的な形をしており，背後に興味深い数理的な構造があることを示唆している．開弦形式からは可積分ソリトン方程式と似た代数構造を読み取ることができ，第 11 章で説明する．また，閉弦形式からは開いた弦と閉じた弦の間の双対性を読み取ることができ，第 13 章で解説する．

第 9 章
超シュア多項式

第 III 部ではフラクショナル M2 ブレーンと超対称ウィルソンループ演算子を挿入した ABJM 行列模型の解析について説明したい．第 5 章でみたように，これらの演算子を挿入した真空期待値も，分配関数と同様に，高い超対称性を持つため超対称理論の局所化技術を用いて計算され，無限次元経路積分が有限次元行列積分に帰着される．第 5 章と同様にここでも，局所化技術を説明する代わりに，得られた結果を対称性の視点から説明するに留める．

もともと場の量子論において，ウィルソンループ演算子はゲージ不変性を保つ非局所的な演算子であり，ゲージ群の表現により特徴づけられる．これに対して超対称理論の局所化技術を経て，行列模型では，ウィルソンループ演算子はゲージ群の指標であるシュア多項式となって現れる．このとき，ウィルソンループ演算子を特徴づけるゲージ群の表現は，シュア多項式の表現になる．

第 5.4 節でみたように，ABJM 行列模型において，あたかも ABJM 理論のゲージ対称性がユニタリ超群 $\mathrm{U}(N_1|N_2)$ に持ち上がったように，その積分測度は超群の不変測度に対してチャーン–サイモンズ変形を施すことで得られた．そのため，特に ABJM 理論で超対称性を半分保つウィルソンループ演算子の真空期待値に現れるシュア多項式は，もとの ABJM 行列模型が背後に超群のゲージ対称性を持つことに対応して，いわゆる超シュア多項式になる．

このため次章以降の解析を述べる準備として，本章ではまず行列模型に挿入する超シュア多項式について説明する．第 9.1 節で対称多項式の教科書でよく知られている行列式を用いたシュア多項式の定義について復習し，第 9.2 節でユニタリ群の表現における意味を説明して，第 9.3 節でシュア多項式が持つ美しい恒等式を紹介する．その後に第 9.4 節でユニタリ超群に拡張して得られる超シュア多項式について説明し，最後に第 9.5 節でシュア多項式の定義に使われる行列式公式に対応した超シュア多項式の行列式公式を紹介したい．

著名な対称多項式の教科書 [15] では，行列式公式によりシュア多項式が定義され，超シュア多項式はシュア多項式に分解した形で定義されている．しかし，超シュア多項式の行列式公式を用いて行列模型を解析する本書の立場では，むしろこの行列式公式を超シュア多項式の定義と考えるのが自然であろう．シュア多項式は表現論や対称多項式論に基づく数学的な対象であるが，ここでは厳密な議論を展開するよりも，次章の準備として具体例を通じて対称多項式に親しむことを目的としたい．

9.1 シュア多項式

第 1.2 節で説明したように，n の分割

$$n = \sum_i \lambda_i = \lambda_1 + \lambda_2 + \cdots + \lambda_L, \quad \lambda_1 \geq \lambda_2 \geq \cdots \geq \lambda_L > 0 \tag{9.1}$$

はよく $\lambda = [\lambda_1, \lambda_2, \cdots, \lambda_L]$ と表され，また分割に現れる数の箱を横一列に並べ，左端を揃えて上から下まで順番に縦に並べたものを**ヤング図**という．分割 λ あるいはヤング図 λ に対する**シュア多項式**は

$$s_\lambda(x) = \frac{\sigma_\lambda}{\sigma_\bullet}, \quad \sigma_\lambda = \det\Big(x_j^{N+\lambda_i-i}\Big)_{\substack{1\leq i\leq N\\ 1\leq j\leq N}} \tag{9.2}$$

$(L \leq N)$ によって定義される対称多項式である．シュア多項式 $s_\lambda(x)$ の引き数 x は，$(x_1, x_2, \cdots, x_N)$ を包括的に表し，混乱がない限り適宜省略する．分子の行列式 σ_λ は分割 $\lambda = [\lambda_1, \lambda_2, \cdots, \lambda_L]$ に対して定義され，分母の行列式 $\sigma_\bullet$ はそれを（箱を持たない）自明な分割に適用したものである．行列式の展開から分子も分母も多項式になることは明らかであるが，その比が多項式になることはすぐにはわからないので，詳しくみていくことにする．

(9.2) の分母の行列式 $\sigma_\bullet$ はファンデルモンド行列式とよばれ，差積

$$\sigma_\bullet = \det\Big(x_j^{N-i}\Big)_{\substack{1\leq i\leq N\\ 1\leq j\leq N}} = \prod_{i<j}^{N}(x_i - x_j) \tag{9.3}$$

で与えられる．付録 A.1 にあるように，左辺の行列式は $N(N-1)/2$ 次の斉次多項式であり，異なる i, j に対して $x_i = x_j$ のとき零となることから，右辺の差積の形が決まる．(9.2) の分子 σ_λ に目を向けると，同様の議論が当てはまり，行列式が $N(N-1)/2 + \sum_i \lambda_i$ 次の斉次多項式であり，やはり異なる i, j に対して $x_i = x_j$ のとき零となる．つまり，分子の多項式は必ず分母を因子に持ち，割り算を実行した後は $\sum_i \lambda_i$ 次の斉次多項式が残ることがわかる．また，この斉次多項式は，変数の交換 $x_i \leftrightarrow x_j$ に対して，分子と分母で同じ符号を寄与し不変である．

ここでは，例として $N = 3$ の場合に，いくつかの分割に対して計算してみよう．自明な分割 $\bullet$ に対して分母と分子が完全に相殺し，

$$s_\bullet(x) = 1 \tag{9.4}$$

となるのは明らかである．分割 $[1] = \square$（次節で説明するように分割はユニタリ群の表現と対応し，$[1]$ は基本表現に対応する）に対しては分子は

$$\sigma_\square = \det \begin{pmatrix} x_1^3 & x_2^3 & x_3^3 \\ x_1 & x_2 & x_3 \\ 1 & 1 & 1 \end{pmatrix} = (x_1 - x_2)(x_1 - x_3)(x_2 - x_3)(x_1 + x_2 + x_3) \tag{9.5}$$

となり，

$$s_\square(x) = x_1 + x_2 + x_3 \tag{9.6}$$

を得る．実はこれは計算するまでもなく，互換における不変性の要請からみても 1 次の対称多項式は一意的に決まる．分割 $[2] = \square\square$（2 次の対称表現に対応）や分割 $[1,1] = \begin{smallmatrix}\square\\\square\end{smallmatrix}$（2 次の反対称表現に対応）に対しても同様に

$$\begin{aligned} s_{\square\square}(x) &= x_1^2 + x_1x_2 + x_1x_3 + x_2^2 + x_2x_3 + x_3^2, \\ s_{\begin{smallmatrix}\square\\\square\end{smallmatrix}}(x) &= x_1x_2 + x_1x_3 + x_2x_3 \end{aligned} \tag{9.7}$$

と計算される．

ヤング図の n 個の箱に，1 から N までの自然数を，

- 各行の自然数は，左から右へ向かって単調非減少
- 各列の自然数は，上から下へ向かって単調増大

というルールに従って，書き込む操作がよく物理学科で教えられる．このとき，書き込んだ数 i を x_i と解釈してヤング図に現れるすべての x_i について積を取り，さらに，あらゆる書き込み方に関して和を取ったものは，シュア多項式と一致する．例えば，$N = 3$ としたとき，$[2] = \square\square$ には

$$(1,1), (1,2), (1,3), (2,2), (2,3), (3,3) \tag{9.8}$$

の 6 通りの書き込み方があり，(9.7) の $s_{\square\square}(x)$ における 6 項と対応する．

ここでは $N = 3$ として計算を進めたが，任意の N に対して

$$s_{\square\square}(x) = \sum_{1\le i\le j\le N} x_ix_j, \quad s_{\begin{smallmatrix}\square\\\square\end{smallmatrix}}(x) = \sum_{1\le i<j\le N} x_ix_j \tag{9.9}$$

となる．冪和多項式

$$p_n = \sum_{i=1}^{N} x_i^n \tag{9.10}$$

を用意すれば，$[2] = \square\square$ や $[1,1] = \begin{smallmatrix}\square\\\square\end{smallmatrix}$ のシュア多項式は

$$s_{\square\square} = \frac{p_1^2}{2} + \frac{p_2}{2}, \quad s_{\begin{smallmatrix}\square\\\square\end{smallmatrix}} = \frac{p_1^2}{2} - \frac{p_2}{2} \tag{9.11}$$

となる．シュア多項式も冪和多項式も変数の数 N に依存する概念であるが，このように表示しておけば N が現れなくなる．N 依存性を無視した，あるいは，N が無限大となる極限を取ったときのシュア多項式に対して，**シュア関数**という名前が使われることがある．

9.2 ユニタリ群の表現

前節において，行列式を用いてシュア多項式の定義を述べ，いくつかの具体例をみた．シュア多項式の重要性はその背後の表現論との関係にある．本節では表現論の側面から再考し，シュア多項式がユニタリ群 $\mathrm{U}(N)$ の指標であることを説明する．

抽象的な代数構造を理解する上で，具体的な行列計算に置き換えることは有用である．群の元を行列だと考えて，線形空間における作用から群の元を捉えることを表現論といい，このとき，作用する行列を表現行列，作用を受ける線形空間を表現空間という．ユニタリ群においても，群の元を N 次元ユニタリ行列 $U^{a'}{}_a$ と見なして，N 次元ベクトル ξ^a を N 次元ベクトル $\xi'^{a'}$ に変換

$$\xi'^{a'} = U^{a'}{}_a \xi^a \tag{9.12}$$

することを考える．これをユニタリ群の基本表現という．ユニタリ群の既約表現は，前節で述べた分割やヤング図により分類されることが知られ，基本表現は $[1] = \square$ と対応する．表現どうしのテンソル積は，やはり表現をなすが，既約とは限らない．しかし，既約表現にするためには，対称部分と反対称部分に分解すればよいことが知られている．例えば，基本表現 $\square$ どうしのテンソル積

$$\xi_1'^{a'} \xi_2'^{b'} = U^{a'}{}_a U^{b'}{}_b \xi_1^a \xi_2^b \tag{9.13}$$

は，2 次の対称表現（$[2] = \square\square$ に対応）

$$\xi^{(ab)} = \frac{1}{2}(\xi_1^a \xi_2^b + \xi_1^b \xi_2^a) \tag{9.14}$$

と 2 次の反対称表現（$[1,1] = \begin{smallmatrix}\square\\\square\end{smallmatrix}$ に対応）

$$\xi^{[ab]} = \frac{1}{2}(\xi_1^a \xi_2^b - \xi_1^b \xi_2^a) \tag{9.15}$$

に分解される．実際，2 次の対称表現や反対称表現は

$$\begin{aligned}\frac{1}{2}(\xi_1'^a \xi_2'^b \pm \xi_1'^b \xi_2'^a) &= \frac{1}{2}(U^{a'}{}_a U^{b'}{}_b \pm U^{b'}{}_a U^{a'}{}_b)\xi_1^a \xi_2^b \\ &= \frac{1}{2}(U^{a'}{}_a U^{b'}{}_b \pm U^{b'}{}_a U^{a'}{}_b)\frac{1}{2}(\xi_1^a \xi_2^b \pm \xi_1^b \xi_2^a)\end{aligned} \tag{9.16}$$

となり，

$$U^{(a'b')}{}_{(ab)} = \frac{1}{2}(U^{a'}{}_a U^{b'}{}_b + U^{b'}{}_a U^{a'}{}_b),$$

$$U^{[a'b']}{}_{[ab]} = \frac{1}{2}(U^{a'}{}_a U^{b'}{}_b - U^{b'}{}_a U^{a'}{}_b) \tag{9.17}$$

を導入すると,

$$\xi'^{(a'b')} = U^{(a'b')}{}_{(ab)}\xi^{(ab)}, \quad \xi'^{[a'b']} = U^{[a'b']}{}_{[ab]}\xi^{[ab]} \tag{9.18}$$

が得られる．この分解を

$$\square \otimes \square = \square\square \oplus \begin{smallmatrix}\square\\ \square\end{smallmatrix} \tag{9.19}$$

と表す．

前節においてシュア多項式は行列式の商 (9.2) により定義された対称多項式であった．それに対して，表現論の枠組みでは，シュア多項式はユニタリ群 $\mathrm{U}(N)$ の表現の指標として定義され，行列式の商はワイル指標公式から得られた帰結である．**指標**とは表現行列を表現空間内でトレースしたものなので，上の既約表現に対応する指標を計算することができる．自明表現や基本表現はもちろん

$$s_{\bullet} = 1, \quad s_{\square} = U^{a'}{}_a \delta^a_{a'} = \operatorname{tr} U \tag{9.20}$$

であるが，上で調べた 2 次の対称表現や反対称表現に対しても，対応する部分空間に射影

$$(\Pi_+)^{(ab)}_{(a'b')} = \frac{1}{2}(\delta^a_{a'}\delta^b_{b'} + \delta^b_{a'}\delta^a_{b'}), \quad (\Pi_-)^{[ab]}_{[a'b']} = \frac{1}{2}(\delta^a_{a'}\delta^b_{b'} - \delta^b_{a'}\delta^a_{b'}) \tag{9.21}$$

した後に，トレースを取ると，

$$\begin{aligned} s_{\square\square} &= U^{(a'b')}{}_{(ab)}(\Pi_+)^{(ab)}_{(a'b')} = \frac{1}{2}\big((\operatorname{tr} U)^2 + \operatorname{tr} U^2\big), \\ s_{\begin{smallmatrix}\square\\ \square\end{smallmatrix}} &= U^{[a'b']}{}_{[ab]}(\Pi_-)^{[ab]}_{[a'b']} = \frac{1}{2}\big((\operatorname{tr} U)^2 - \operatorname{tr} U^2\big) \end{aligned} \tag{9.22}$$

となる．ここでさらに，

$$U = \operatorname{diag}(x_1, x_2, \cdots, x_N) \tag{9.23}$$

とすれば，冪和多項式 (9.10) が

$$p_n = \operatorname{tr} U^n \tag{9.24}$$

と表され，(9.22) はシュア多項式の冪和表示 (9.11) と一致する．

9.3 ジャンベリ恒等式とヤコビ–トゥルディ恒等式

これまでシュア多項式の行列式による定義と表現論における解釈について説明してきたが，シュア多項式には興味深い恒等式が発見されている．本節でそれを紹介したい．

そのために，まずは第 1.2 節で紹介した**フロベニウス記法**を思い出そう．第

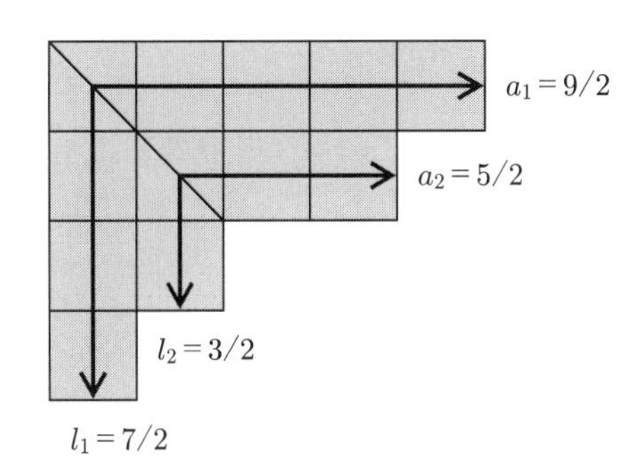

図 9.1　フロベニウス記法（図 1.3 の再掲）．ヤング図に対して左上の頂点から右下 45° に対角線を引き，対角線上の正方形の中心からヤング図の輪郭（端）までの長さを測る．横の長さ a_i を腕長といい，縦の長さ l_j を脚長という．ヤング図のフロベニウス記法では，これらを並べて $(a_1, a_2|l_1, l_2) = (\frac{9}{2}, \frac{5}{2}|\frac{7}{2}, \frac{3}{2})$ と表す．

1.2 節で定義したように，フロベニウス記法とは，ヤング図に対して，左上の頂点から右下 45° に対角線を引き，その対角線上の正方形の中心からヤング図の輪郭（端）までの長さを**腕長**や**脚長**として定義し，腕長と脚長を並べた記法である（図 9.1 参照）．フロベニウス記法を用いて，次のジャンベリ恒等式が成り立つ．

定理 1（ジャンベリ恒等式）

$$s_{(a_1,a_2,\cdots,a_R|l_1,l_2,\cdots,l_R)} = \det\Big(s_{(a_i|l_j)}\Big)_{\substack{1\le i\le R\\ 1\le j\le R}}. \tag{9.25}$$

つまり，任意の表現のシュア多項式はシュア多項式の行列式の形で表され，各成分のシュア多項式の表現は，もとの表現の腕長 a_i や脚長 l_j を組み合わせて作ったフック表現 $(a_i|l_j)$ である．このジャンベリ恒等式に関する深い洞察はさておき，対称表現と反対称表現がフック表現として組み合わせられ，このような形で整合するのは驚きである．簡単な例として，

$$s_{\yng(2,2)} = \det\begin{pmatrix} s_{\yng(2,1)} & s_{\yng(2)} \\ s_{\yng(1,1)} & s_{\yng(1)} \end{pmatrix} \tag{9.26}$$

を確かめることができる．つまり，右辺に

$$s_{\yng(2,1)} = \frac{p_1^3}{3} - \frac{p_3}{3}, \quad s_{\yng(1)} = p_1 \tag{9.27}$$

と (9.7) を代入すると，正しく左辺

$$s_{\yng(2,2)} = \frac{p_1^4}{12} - \frac{p_1 p_3}{3} + \frac{p_2^2}{4} \tag{9.28}$$

が再現される．

また，フック表現ではなく，対称表現のみを用いた次のヤコビ–トゥルディ

恒等式も成り立つ．

定理 2（ヤコビ–トゥルディ恒等式）

$$s_{[\lambda_1,\lambda_2,\cdots,\lambda_L]}=\det\Bigl(s_{[\lambda_i-i+j]}\Bigr)_{\substack{1\le i\le L\\1\le j\le L}}. \tag{9.29}$$

つまり，任意の表現のシュア多項式はシュア多項式の行列式の形で表され，その行列式の対角成分はもとのヤング図の各行からできる対称表現のシュア多項式であり，非対角成分は左から右に行くにつれて箱の個数を 1 つずつ増やした対称表現のシュア多項式である．

教科書 [15] にあるように，これらの恒等式を証明するには，まず行列式による定義式 (9.2) からヤコビ–トゥルディ恒等式 (9.29) を証明した後に，定義式 (9.2) まで戻らずに，ヤコビ–トゥルディ恒等式 (9.29) から直接ジャンベリ恒等式 (9.25) を証明するのが一般的である．

この証明を精査したマクドナルドはシュア関数を拡張する文脈で，ヤコビ–トゥルディ恒等式を用いれば，より一般的にヤング図 λ と整数 M に依存した“シュア関数” S_λ^M を定義することができることを指摘した．つまり，ヤング図 λ と整数 M に依存した S_λ^M が

$$S^M_{[\lambda_1,\lambda_2,\cdots,\lambda_L]}=\det\Bigl(S^{M-j+1}_{[\lambda_i-i+j]}\Bigr)_{\substack{1\le i\le L\\1\le j\le L}},\quad S^M_\bullet=1 \tag{9.30}$$

を満たせば，これをシュア関数の拡張と考えることを提唱した．これはシュア関数の拡張に関する講義録 [14] の中で，最後の 9 番目に登場したので，しばしば**シュア関数の第 9 変形**とよばれる．このように第 9 変形 (9.30) によりシュア関数を定義すると，M を固定したジャンベリ恒等式

$$S^M_{(a_1,a_2,\cdots,a_R|l_1,l_2,\cdots,l_R)}=\det\Bigl(S^M_{(a_i|l_j)}\Bigr)_{\substack{1\le i\le R\\1\le j\le R}} \tag{9.31}$$

を示すことができるので，この定義はシュア関数の自然な拡張だと考えられている．しかしこの定義は非常に抽象的で，この定義を満たすよい例があるのか疑問に思われる．この疑問に対して，実は物性の非線形波動や可解格子模型で似た拡張があり，この関係式は**量子ヤコビ–トゥルディ関係式**ともよばれている．また，第 11 章で説明するように，ABJM 行列模型のウィルソンループの真空期待値も同じ関係式を満たす．

9.4 超シュア多項式

第 9.2 節で紹介したように，シュア多項式はユニタリ群 $\mathrm{U}(N)$ の指標である．しかし，第 5 章の ABJM 行列模型には，ユニタリ群 $\mathrm{U}(N)$ の不変測度の代わりにユニタリ超群 $\mathrm{U}(N_1|N_2)$ の不変測度が現れた．それに対応して ABJM 理論の超対称性を半分保つウィルソンループ演算子はユニタリ超群を尊重し，

真空期待値の行列模型にはユニタリ超群の指標が現れる．このユニタリ超群 $\mathrm{U}(N_1|N_2)$ の指標を**超シュア多項式**といい，本節で説明したい．

(9.12) において行列 $U^{a'}{}_a$ を超行列に拡張させることにより，ユニタリ超群 $\mathrm{U}(N_1|N_2)$ の基本表現が定義され，そのテンソル積に対して第 9.2 節と同様の対称化や反対称化の議論を繰り返すことができる．その結果ユニタリ群の表現と同様にユニタリ超群の表現もヤング図で分類され，超シュア多項式がシュア多項式から大きく拡張されることなく，シュア多項式を用いて表せる．ここでは，第 9.2 節の議論を繰り返すところまで戻らずに，その議論から示唆される簡単な導出方法を紹介したい．この導出方法によれば，超シュア多項式 $s_\lambda(x|y)$ は，シュア多項式 $s_\lambda(x)$ の冪和表示に対して，(9.24) を用いて $\mathrm{tr}\,U^n$ に書き換えた上で，対角行列 U (9.23) を対角的な超行列

$$W = \mathrm{diag}(x_1, x_2, \cdots, x_{N_1}|-y_1, -y_2, \cdots, -y_{N_2}) \tag{9.32}$$

に，トレース tr を超トレース str に置き換えることで得られる．ただし (5.12) でみたように，超行列は 2×2 のブロックからなり，対角的なブロックはボソン的で，非対角ブロックはフェルミオン的である．(9.32) において，縦棒 $|$ の前後に表したのは，超行列 W の 2 つのボソン的な対角ブロックの対角成分である．また，通常のトレース tr と異なり，超トレース str は 2 つの対角ブロックのトレースの差として定義される．

第 9.1 節のシュア多項式の場合と同様に，具体的にいくつか求めて理解を深めよう．自明表現に対して超シュア多項式はもちろん $s_\bullet(x|y) = 1$ である．さらに，対角行列

$$U = \mathrm{diag}(x_1, x_2, \cdots, x_{N_1}), \quad V = \mathrm{diag}(y_1, y_2, \cdots, y_{N_2}) \tag{9.33}$$

を定義すれば，基本表現は上記の置き換えを経て，

$$s_{\square}(x|y) = \mathrm{str}\,W = \sum_{i=1}^{N_1} x_i - \sum_{j=1}^{N_2}(-y_j) = \mathrm{tr}\,U + \mathrm{tr}\,V = s_{\square}(x) + s_{\square}(y) \tag{9.34}$$

となり，もとのシュア多項式で分解した形が得られる．また 2 次の対称表現や反対称表現は

$$\begin{aligned}
&\frac{1}{2}\Big((\mathrm{str}\,W)^2 \pm \mathrm{str}\,W^2\Big) = \frac{1}{2}\Big((\mathrm{tr}\,U + \mathrm{tr}\,V)^2 \pm (\mathrm{tr}\,U^2 - \mathrm{tr}\,V^2)\Big) \\
&= \frac{1}{2}\Big((\mathrm{tr}\,U)^2 \pm \mathrm{tr}\,U^2\Big) + \mathrm{tr}\,U\,\mathrm{tr}\,V + \frac{1}{2}\Big((\mathrm{tr}\,V)^2 \mp \mathrm{tr}\,V^2\Big)
\end{aligned} \tag{9.35}$$

なので，

$$\begin{aligned}
s_{\square\square}(x|y) &= s_{\square\square}(x) + s_{\square}(x)s_{\square}(y) + s_{\substack{\square\\\square}}(y), \\
s_{\substack{\square\\\square}}(x|y) &= s_{\substack{\square\\\square}}(x) + s_{\square}(x)s_{\square}(y) + s_{\square\square}(y)
\end{aligned} \tag{9.36}$$

となる．このように一般に超シュア多項式はシュア多項式に分解される．このとき，初項は第 1 部分群 $\mathrm{U}(N_1)$ におけるもとの表現のシュア多項式であるが，その後は第 1 部分群 $\mathrm{U}(N_1)$ から第 2 部分群 $\mathrm{U}(N_2)$ へヤング図の箱を 1 つずつ渡していき，最終項に第 2 部分群 $\mathrm{U}(N_2)$ におけるもとの表現の転置表現のシュア多項式が現れる．

前節で紹介したように，シュア多項式がジャンベリ恒等式やヤコビ–トゥルディ恒等式を満たすのと同様に，超シュア多項式もこれらの恒等式を満たすことが知られている．

9.5 Moens–Van der Jeugt 行列式

ここまで説明したように，シュア多項式はユニタリ群の指標であり，表現論に由来する行列式の商による定義式 (9.2) を持つ．超シュア多項式はユニタリ超群の指標であるが，(9.2) に対応して，超シュア多項式にも行列式の商による定義式がないだろうか．これに関して近年 Moens と Van der Jeugt によるわかりやすい行列式公式が提示されたので，本節ではそれを紹介したい．その行列式公式によれば，ユニタリ超群 $\mathrm{U}(N_1|N_2)$ における表現 λ の指標となる超シュア多項式 $s_\lambda(x|y)$ は，

$$s_\lambda(x|y) = (-1)^R \frac{\Sigma_\lambda(x,y)}{\Sigma_\bullet(x,y)} \tag{9.37}$$

で表される．以下ここに現れる行列式 $\Sigma_\lambda(x,y)$ や整数 R について説明する．

(9.37) の分子に現れる行列式 $\Sigma_\lambda(x,y)$ は

$$\Sigma_\lambda(x,y) = \det \begin{pmatrix} \left[\dfrac{1}{x_m + y_n}\right]_{\substack{1\le m\le N_1\\ 1\le n\le N_2}} & \left[x_m^{a_i-\frac{1}{2}}\right]_{\substack{1\le m\le N_1\\ 1\le i\le A}} \\ \left[y_n^{l_j-\frac{1}{2}}\right]_{\substack{1\le j\le L\\ 1\le n\le N_2}} & \left[0\right]_{L\times A} \end{pmatrix} \tag{9.38}$$

である．行列式 (9.38) の各成分のラベルについて説明すると，行列式の前半の N_1 行と N_2 列は

$$m = 1, 2, \cdots, N_1, \quad n = 1, 2, \cdots, N_2 \tag{9.39}$$

によりラベル付けされ，後半の A 列と L 行に現れるラベル a_i と l_j は

$$a_i = \lambda_i - i + \frac{1}{2} - M, \quad l_j = \lambda_j^{\mathrm{T}} - j + \frac{1}{2} + M \tag{9.40}$$

で与えられる．これはフロベニウス記法（図 9.1）の腕長と脚長の変形と見なすことができ，具体的には，対角線を $M = N_2 - N_1$ だけ右上にシフトさせたときに現れる腕長と脚長である（図 9.2 参照）．このとき，シフトにより対角線が通過する箱の個数 R も変化する．(9.37) の分母に現れる行列式 $\Sigma_\bullet(x,y)$ は，分子に現れる行列式 $\Sigma_\lambda(x,y)$ を（箱を持たない）自明なヤング図に適用し

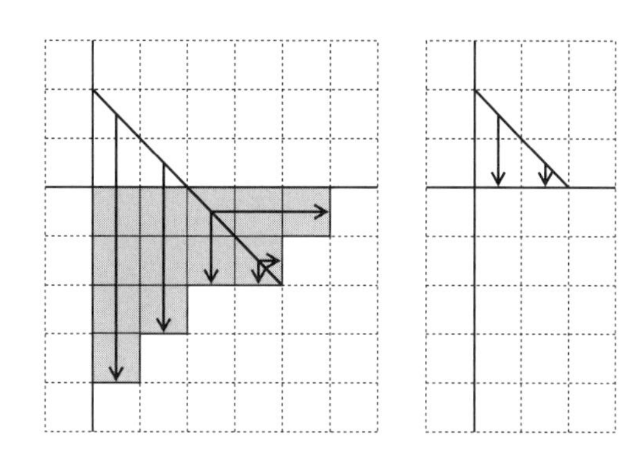

図 9.2　シフトフロベニウス記法．左：図 9.1 と同じヤング図 $(\frac{9}{2},\frac{5}{2}|\frac{7}{2},\frac{3}{2})$ に対して，対角線を $M=2$ だけ右上にシフトさせると，シフトフロベニウス記法では $(a_1,a_2,\cdots,a_R|l_1,l_2,\cdots,l_{M+R})=(\frac{5}{2},\frac{1}{2}|\frac{11}{2},\frac{7}{2},\frac{3}{2},\frac{1}{2})$ となる．右：対角線を右上にシフトさせると，自明なヤング図に対しても，シフトフロベニウス記法 $(|l^\bullet_1,l^\bullet_2,\cdots,l^\bullet_M)=(|\frac{3}{2},\frac{1}{2})$ に脚長が現れる．

たものである．

$M\ge 0$ のとき，対角線を M だけ右上にシフトしたため，現れる脚長の個数は腕長の個数よりも M 個多く，正の半整数である腕長 a_i の個数を $A=R$ とすると，正の半整数である脚長 l_j の個数は $L=M+R$ となる．このようにシフトした対角線から構成した腕長と脚長を並べたフロベニウス記法

$$(a_1,a_2,\cdots,a_R|l_1,l_2,\cdots,l_{M+R}) \tag{9.41}$$

を，ここでは**シフトフロベニウス記法**とよぶことにしよう．シフトフロベニウス記法に現れる腕長と脚長がそれぞれ後半の列と行のラベルになり，前半の $(N_1,N_2)=(N,N+M)$ と合わせられて $(N+M+R)\times(N+M+R)$ 正方行列となるため，行列式 $\Sigma_\lambda(x,y)$ (9.38) が定義される．(9.37) の分母の行列式 $\Sigma_\bullet(x,y)$ は，同じ行列式を自明なヤング図に適用したものなので，自明なヤング図のシフトフロベニウス記法 $(R=0)$

$$(|l^\bullet_1,l^\bullet_2,\cdots,l^\bullet_M)=(|M-\tfrac{1}{2},M-\tfrac{3}{2},\cdots,\tfrac{1}{2}) \tag{9.42}$$

を用いて，

$$\Sigma_\bullet(x,y)=\det\begin{pmatrix}\left[\dfrac{1}{x_m+y_n}\right]_{N\times(N+M)}\\ \left[y_n^{l^\bullet_j-\frac{1}{2}}\right]_{M\times(N+M)}\end{pmatrix} \tag{9.43}$$

と表される．ここで，行と列の添え字は $\Sigma_\lambda(x,y)$ の定義 (9.38) で述べた順番を引き継ぐとする．また以後言及しない限り，この添え字の順番を使い続ける．

逆に $M\le 0$ のとき，上の説明はそのまま成り立つが，負の整数は直感に反するので，$\overline{M}=-M$ など非負の整数を定義して説明し直そう．対角線を $\overline{M}$ だけ左下にシフトしたので，現れる腕長の個数は脚長の個数より $\overline{M}$ 個多く，

正の半整数である脚長 l_j の個数を $L=\overline{R}$ とすると，正の半整数である腕長 a_i の個数は $A=\overline{M}+\overline{R}$ となり，シフトフロベニウス記法は

$$(a_1,a_2,\cdots,a_{\overline{M}+\overline{R}}|l_1,l_2,\cdots,l_{\overline{R}}) \tag{9.44}$$

となる．同様に，これらの行と列は，$(N_1,N_2)=(\overline{N}+\overline{M},\overline{N})$ と合わせられて，$(\overline{N}+\overline{M}+\overline{R})\times(\overline{N}+\overline{M}+\overline{R})$ 正方行列となり，分子の行列式が定義される．また，分母の行列式は自明なヤング図のシフトフロベニウス記法 $(\overline{R}=0)$

$$(a_1^\bullet,a_2^\bullet,\cdots,a_{\overline{M}}^\bullet|)=(\overline{M}-\tfrac{1}{2},\overline{M}-\tfrac{3}{2},\cdots,\tfrac{1}{2}|) \tag{9.45}$$

を用いて

$$\Sigma_\bullet(x,y)=\det\left(\left[\frac{1}{x_m+y_n}\right]_{(\overline{N}+\overline{M})\times\overline{N}}\quad\left[x_m^{a_i^\bullet-\frac{1}{2}}\right]_{(\overline{N}+\overline{M})\times\overline{M}}\right) \tag{9.46}$$

となる．

例えば，$(N_1,N_2)=(1,3)$ の場合に，図 9.1 と同じヤング図 $(\frac{9}{2},\frac{5}{2}|\frac{7}{2},\frac{3}{2})$ を考えてみよう（図 9.2 参照）．$N_2-N_1=2$ なので，対角線は右上に 2 だけシフトされる．腕長と脚長はそれぞれ $(a_1,a_2)=(\frac{5}{2},\frac{1}{2})$，$(l_1,l_2,l_3,l_4)=(\frac{11}{2},\frac{7}{2},\frac{3}{2},\frac{1}{2})$ となるので，シフトフロベニウス記法では $(\frac{5}{2},\frac{1}{2}|\frac{11}{2},\frac{7}{2},\frac{3}{2},\frac{1}{2})$ となる．このとき，現れる脚長の個数は腕長の個数より 2 個多く，$(N_1,N_2)=(1,3)$ と合わせると，分子に現れる行列式

$$\Sigma_\lambda(x,y)=\det\begin{pmatrix}\frac{1}{x_1+y_1}&\frac{1}{x_1+y_2}&\frac{1}{x_1+y_3}&x_1^2&1\\ y_1^5&y_2^5&y_3^5&0&0\\ y_1^3&y_2^3&y_3^3&0&0\\ y_1&y_2&y_3&0&0\\ 1&1&1&0&0\end{pmatrix} \tag{9.47}$$

が定義される．また，分母の行列式は，これを自明なヤング図に適用したもの

$$\Sigma_\bullet(x,y)=\det\begin{pmatrix}\frac{1}{x_1+y_1}&\frac{1}{x_1+y_2}&\frac{1}{x_1+y_3}\\ y_1&y_2&y_3\\ 1&1&1\end{pmatrix} \tag{9.48}$$

である．

第 10 章
行列模型の方法 I –開弦形式–

第 I 部で紹介したように，最終理論の最も有力な候補となる M 理論は謎に包まれているが，近年 M2 ブレーンを記述する ABJM 理論が提唱された．第 II 部では，まず ABJM 理論の分配関数は超対称理論の局所化技術により計算され，見かけ上ユニタリ超群の構造を持つことを紹介し，ABJM 行列模型の詳しい解析に進んだ.

第 II 部においてフラクショナル M2 ブレーンも超対称ウィルソンループ演算子も挿入されていない ABJM 行列模型の分配関数の解析について説明してきたが，第 III 部では，これらが挿入された真空期待値について考えたい．超対称理論の局所化技術を経て，ABJM 理論の超対称性を半分保つウィルソンループ演算子は行列模型では超シュア多項式に帰着されるので，前章で超シュア多項式について説明し，特にその行列式公式を紹介した．フラクショナルブレーンやウィルソンループが挿入された真空期待値には主に 2 種類の解析方法がある．本章では開弦形式という解析方法について説明し，第 12 章では閉弦形式という解析方法について説明する．いずれの解析方法においてもフラクショナルブレーンとウィルソンループは同じ枠組みで統一的に理解され，両者に深い関連性があることを示唆している．本章の解析方法を開弦形式と名付ける理由は第 10.2 節で詳しく述べたいが，簡単に言えば，解析の結果，フラクショナルブレーンやウィルソンループはあたかも開いた弦の励起にみえるからである．それに対して，第 12 章の閉弦形式において，励起のため閉じた弦が作る背景幾何そのものが変形されてしまったようにみえる．2 種類の解析方法を通じて，フラクショナルブレーンとウィルソンループは詳しく解析され，第 II 部でみたような位相的弦理論との対応のほかに，開弦形式からは次章で紹介するようにソリトン方程式が持つ可積分階層性との関係が発見され，また，閉弦形式からは，第 13 章で紹介する開弦と閉弦の双対性やカイラル射影による OSp 行列模型の解釈が発見されている.

10.1 導出

本章ではフラクショナル M2 ブレーンや超対称性を半分保つウィルソンループ演算子が挿入された真空期待値の解析方法について説明したい．特にこれらの挿入は高い超対称性を保つため，同様に局所化技術を適用することができ，その結果，真空期待値は行列模型 (5.21)

$$\langle s_\lambda \rangle_k(N_1|N_2) = i^{-\frac{1}{2}(N_1^2-N_2^2)} \int \frac{D_k^{N_1}\mu}{N_1!} \frac{D_{-k}^{N_2}\nu}{N_2!} \\ \times \frac{\prod_{m<m'}^{N_1}(2\sinh\frac{\mu_m-\mu_{m'}}{2})^2 \prod_{n<n'}^{N_2}(2\sinh\frac{\nu_n-\nu_{n'}}{2})^2}{\prod_{m=1}^{N_1}\prod_{n=1}^{N_2}(2\cosh\frac{\mu_m-\nu_n}{2})^2} s_\lambda(e^\mu|e^\nu) \tag{10.1}$$

に帰着される．ただし，ここで積分 $D_k\mu$ や $D_{-k}\nu$ はこれまで述べてきた通り

$$D_k\mu = \frac{d\mu}{2\pi}e^{\frac{ik}{4\pi}\mu^2}, \quad D_{-k}\nu = \frac{d\nu}{2\pi}e^{-\frac{ik}{4\pi}\nu^2} \tag{10.2}$$

であり，$s_\lambda(x|y) = s_\lambda(x_1, x_2, \cdots, x_{N_1}|y_1, y_2, \cdots, y_{N_2})$ は前章で説明した超シュア多項式である．第 5 章で言及したように，ABJM 理論が持つ超対称性とユニタリ超群 $\mathrm{U}(N_1|N_2)$ はもともと無関係だが，局所化技術を経て結び付いて，あたかも ABJM 行列模型がユニタリ超群をゲージ群に持つようにみえる．同様にウィルソンループが保つ超対称性もユニタリ超群と結び付き，超対称ウィルソンループ演算子がユニタリ超群 $\mathrm{U}(N_1|N_2)$ の指標である超シュア多項式に帰着したところが興味深い．簡単のため，本節では

$$N_1 = N, \quad N_2 = N + M \tag{10.3}$$

とおいて，$M = N_2 - N_1 \geq 0$ の場合を考える．

第 7 章でフラクショナルブレーンやウィルソンループの挿入のない場合にコーシー行列式 (7.3) を用いたが，本章の場合には，ファンデルモンド行列式とコーシー行列式を組み合わせたコーシー–ファンデルモンド行列式 (A.3)

$$\frac{\prod_{m<m'}^{N}(x_m - x_{m'})\prod_{n<n'}^{N+M}(y_n - y_{n'})}{\prod_{m=1}^{N}\prod_{n=1}^{N+M}(x_m + y_n)} \\ = (-1)^{NM}\det\begin{pmatrix} \left[\dfrac{1}{x_m + y_n}\right]_{N\times(N+M)} \\ \left[y_n^{l_j^\bullet - \frac{1}{2}}\right]_{M\times(N+M)} \end{pmatrix} \tag{10.4}$$

（付録 A.1 参照）を考える．右辺の行列式は 2 つのブロックに分かれており，上下の両ブロックとも列は $n = 1, \cdots, N+M$ によってラベル付けされているが，上ブロックにおいて行は $m = 1, \cdots, N$ によって，また，下ブロックにおいて行は $\{l_j^\bullet\}_{j=1}^M = \{M - \frac{1}{2}, \cdots, \frac{1}{2}\}$ によってラベル付けされている．下ブロックの行のラベル $l_j^\bullet$ は，自明な表現に対するシフトフロベニウス記法における脚長 (9.42) であり，この行列式は添え字の順番まで含めて，第 9.5 節で紹

介した Moens–Van der Jeugt 行列式の分母に現れる $\Sigma_\bullet(x,y)$ (9.43) に他ならない．行列式 (10.4) は $(N+M)\times(N+M)$ のコーシー行列式から極限を取ることにより得られる（付録 A.1 参照）．また，(10.4) に対して x や y に逆数 x^{-1} や y^{-1} を代入し，行列式を転置したもの

$$(-1)^{MN+\frac{1}{2}M(M-1)}\frac{\prod_{m<m'}^{N}(x_{m'}^{-1}-x_m^{-1})\prod_{n<n'}^{N+M}(y_{n'}^{-1}-y_n^{-1})}{\prod_{m=1}^{N}\prod_{n=1}^{N+M}(x_m^{-1}+y_n^{-1})}$$
$$=(-1)^{NM}\det\left(\left[\frac{1}{y_n^{-1}+x_m^{-1}}\right]_{(N+M)\times N}\quad\left[y_n^{\bar{a}_i+\frac{1}{2}}\right]_{(N+M)\times M}\right)\tag{10.5}$$

も準備しておく．ただし，符号は差積の交換

$$(-1)^{\frac{1}{2}N(N-1)+\frac{1}{2}(N+M)(N+M-1)}=(-1)^{MN+\frac{1}{2}M(M-1)}\tag{10.6}$$

による．(10.4) と同様に，左右ブロックの行はともに $n=1,\cdots,N+M$ で，左ブロックの列は $m=1,\cdots,N$ でラベル付けされている．右ブロックの列のラベルは，(10.4) において $l^\bullet=-\bar{a}$ とおいて，$\{\bar{a}_i\}_{i=1}^{M}=\{-(M-\frac{1}{2}),\cdots,-\frac{1}{2}\}$ としたものである．超シュア多項式 $s_\lambda(e^\mu|e^\nu)$ に対しては，Moens–Van der Jeugt 行列式

$$s_\lambda(x|y)=(-1)^R\det\begin{pmatrix}\left[\frac{1}{x_m+y_n}\right]_{N\times(N+M)} & \left[x_m^{a_i-\frac{1}{2}}\right]_{N\times R}\\ \left[y_n^{l_j-\frac{1}{2}}\right]_{(R+M)\times(N+M)} & [0]_{(R+M)\times R}\end{pmatrix}$$
$$\Bigg/\det\begin{pmatrix}\left[\frac{1}{x_m+y_n}\right]_{N\times(N+M)}\\ \left[y_n^{l_j^\bullet-\frac{1}{2}}\right]_{M\times(N+M)}\end{pmatrix}\tag{10.7}$$

を用いる．ただし，a_i と l_j はシフトフロベニウス記法に現れる腕長と脚長 (9.41) であり，行列式における添え字の順番は (9.38) で説明した通りである．第 7 章と同様に，これらに $x_m=e^{\mu_m}$，$y_n=e^{\nu_n}$ を代入すると，(10.4), (10.5), (10.7) はそれぞれ

$$e^{-\frac{M}{2}\sum_m\mu_m}\frac{\prod_{m<m'}^{N}2\sinh\frac{\mu_m-\mu_{m'}}{2}\prod_{n<n'}^{N+M}2\sinh\frac{\nu_n-\nu_{n'}}{2}}{\prod_{m=1}^{N}\prod_{n=1}^{N+M}2\cosh\frac{\mu_m-\nu_n}{2}}e^{\frac{M}{2}\sum_n\nu_n}$$
$$=(-1)^{NM}\det\begin{pmatrix}[P(\mu_m,\nu_n)]_{N\times(N+M)}\\ [F_{l^\bullet}(\nu_n)]_{M\times(N+M)}\end{pmatrix},\tag{10.8}$$

$$(-1)^{MN+\frac{1}{2}M(M-1)}$$
$$\times e^{\frac{M}{2}\sum_m\mu_m}\frac{\prod_{m<m'}^{N}2\sinh\frac{\mu_m-\mu_{m'}}{2}\prod_{n<n'}^{N+M}2\sinh\frac{\nu_n-\nu_{n'}}{2}}{\prod_{m=1}^{N}\prod_{n=1}^{N+M}2\cosh\frac{\mu_m-\nu_n}{2}}e^{-\frac{M}{2}\sum_n\nu_n}$$
$$=(-1)^{NM}\det\Big([Q(\nu_n,\mu_m)]_{(N+M)\times N}\quad[F_{\bar{a}}(\nu_n)]_{(N+M)\times M}\Big),\tag{10.9}$$

$$s_\lambda(e^\mu|e^\nu)=(-1)^R\det\begin{pmatrix}[P(\mu_m,\nu_n)]_{N\times(N+M)} & [E_a(\mu_m)]_{N\times R}\\ [F_l(\nu_n)]_{(M+R)\times(N+M)} & [0]_{(M+R)\times R}\end{pmatrix}$$

$$\Big/ \det\begin{pmatrix}[P(\mu_m,\nu_n)]_{N\times(N+M)}\\ [F_{l^\bullet}(\nu_n)]_{M\times(N+M)}\end{pmatrix} \tag{10.10}$$

となる．ここで，前出の (7.8)

$$P(\mu,\nu)=\frac{1}{2\cosh\frac{\mu-\nu}{2}},\quad Q(\nu,\mu)=\frac{1}{2\cosh\frac{\nu-\mu}{2}} \tag{10.11}$$

以外に

$$E_a(\mu)=e^{a\mu},\quad F_l(\nu)=e^{l\nu},\quad F_{l^\bullet}(\nu)=e^{l^\bullet\nu},\quad F_{\bar a}(\nu)=e^{\bar a\nu} \tag{10.12}$$

を定義しておく．

これらの行列式公式を行列模型 (10.1) に代入し，超シュア多項式 $s_\lambda(e^\mu|e^\nu)$ の行列式公式 (10.10) の分母の行列式が超群の不変測度由来の行列式 (10.8) と相殺することに注意すれば，真空期待値は 2 つの行列式の積の積分

$$\begin{aligned}\langle s_\lambda\rangle_k(N|N+M)&=i^{MN+\frac{1}{2}M^2}(-1)^{MN+\frac{1}{2}M(M-1)+R}\int\frac{D_k^N\mu}{N!}\frac{D_{-k}^{N+M}\nu}{(N+M)!}\\ &\times\det\begin{pmatrix}[P(\mu,\nu)]_{N\times(N+M)} & [E_a(\mu)]_{N\times R}\\ [F_l(\nu)]_{(M+R)\times(N+M)} & [0]_{(M+R)\times R}\end{pmatrix}\\ &\times\det\Big([Q(\nu,\mu)]_{(N+M)\times N}\quad[F_{\bar a}(\nu)]_{(N+M)\times M}\Big)\end{aligned} \tag{10.13}$$

となる．第 7 章と同様に，付録 A.2 の連続版のコーシー–ビネ公式 (A.12) を用いると，2 つの行列式を

$$\begin{aligned}\langle s_\lambda\rangle_k(N|N+M)&=i^{MN+\frac{1}{2}M^2}(-1)^{MN+\frac{1}{2}M(M-1)+R}\int\frac{D^N\mu}{N!}\\ &\times\det\begin{pmatrix}[(P\circ Q)(\mu,\mu')]_{N\times N} & [P\circ F_{\bar a}(\mu)]_{N\times M} & [E_a(\mu)]_{N\times R}\\ [(F_l\circ Q)(\mu')]_{(M+R)\times N} & [(F_l\circ F_{\bar a})]_{(M+R)\times M} & [0]_{(M+R)\times R}\end{pmatrix}\end{aligned} \tag{10.14}$$

とまとめることができる．$P\circ Q$ などは (7.11) で与えられたように，$P(\mu,\nu)$ や $Q(\nu,\mu)$ を連続添え字を持つ行列と見なしたときの行列積である．(7.11) の後は省略してきたが，ここでは思い出すまでしばらく復活させよう．

また，第 7 章と同様に，ランク N を粒子数と見なして，大正準集団における真空期待値

$$\langle s_\lambda\rangle_{k,M}^{\mathrm{GC}}(z)=\sum_{N=0}^{\infty}z^N\langle s_\lambda\rangle_k(N|N+M) \tag{10.15}$$

を導入して

$$w=(-i)^M z \tag{10.16}$$

とおくと，大正準集団の真空期待値は

$$\langle s_\lambda \rangle^{\mathrm{GC}}_{k,M}(z) = i^{\frac{1}{2}M^2}(-1)^{\frac{1}{2}M(M-1)+R}\,\mathrm{Det}\begin{pmatrix} 1+wP\circ Q & wP\circ F_{\bar{a}} & wE_a \\ F_l\circ Q & F_l\circ F_{\bar{a}} & 0 \end{pmatrix} \tag{10.17}$$

となる．このとき，(10.17) に現れる行列式は，無限次元のフロベニウス行列式（左上のブロック）と有限次元の行列式を組み合わせたものである．

ここで，行列式の展開式

$$\det\begin{pmatrix} A & B \\ C & D \end{pmatrix} = \det A\ \det(D - CA^{-1}B) \tag{10.18}$$

に対して，

$$\begin{aligned} &A \to [1+wPQ]_{\infty\times\infty}, \quad B \to \Big([wPF_{\bar{a}}]_{\infty\times M} \quad [wE_a]_{\infty\times R}\Big), \\ &C \to [F_lQ]_{(M+R)\times\infty}, \quad D \to \Big([F_lF_{\bar{a}}]_{(M+R)\times M} \quad [0]_{(M+R)\times R}\Big) \end{aligned} \tag{10.19}$$

と適用すると，有限次元部分をフロベニウス行列式から切り離すことができ，

$$\begin{aligned} &\langle s_\lambda \rangle^{\mathrm{GC}}_{k,M}(z) = i^{\frac{1}{2}M^2}(-1)^{\frac{1}{2}M(M-1)+R}\,\mathrm{Det}(1+wPQ) \\ &\det\Big([F_l(1+wQP)^{-1}F_{\bar{a}}]_{(M+R)\times M} \quad [-wF_l(1+wQP)^{-1}QE_a]_{(M+R)\times R}\Big) \end{aligned} \tag{10.20}$$

が得られる．ただし，行列式の左右の 2 つのブロックはそれぞれ

$$\begin{aligned} [F_lF_{\bar{a}}] - [F_lQ][1+wPQ]^{-1}[wPF_{\bar{a}}] &= F_l(1+wQP)^{-1}F_{\bar{a}}, \\ -[F_lQ][1+wPQ]^{-1}[wE_a] &= -wF_l(1+wQP)^{-1}QE_a \end{aligned} \tag{10.21}$$

と変形した．このとき，(10.20) の行列式の添え字に着目すると，行の添え字は順番に脚長を並べた $l_1, l_2, \cdots, l_{M+R}$ となっているが，列の添え字は，左右の 2 つのブロックを合わせると，

$$\bar{a}_1 = -(M-\tfrac{1}{2}),\ \bar{a}_2 = -(M-\tfrac{3}{2}),\ \cdots,\ \bar{a}_M = -\tfrac{1}{2},\ a_1,\ a_2,\ \cdots,\ a_R \tag{10.22}$$

となる．つまり，順番に腕長を並べた $a_1, a_2, \cdots, a_R$ の前に，**補助的な腕長**が現れている．（この理由で，(10.7) において $l_j^\bullet$ を $-\bar{a}_i$ と記した．）この補助的な腕長は，ヤング図においてわかりやすい解釈があり，以下詳しく説明する（図 10.1 参照）．

シフトフロベニウス記法では，ヤング図に対して，対角線を M だけシフトさせて腕長と脚長を定義した．その結果，脚長の個数は腕長の個数よりも常に M だけ多い．本節において開弦形式を構築した結果，真空期待値は行列式で表され，行列式に現れる列と行はほぼ腕長と脚長に対応するが，正方行列になるようにこれまで定義した腕長の他に補助的な腕長

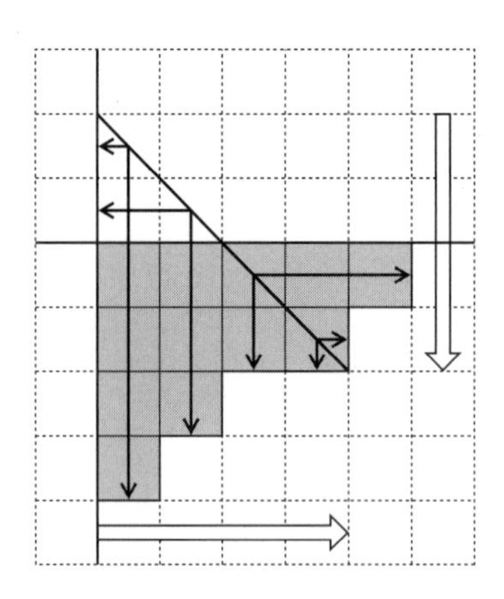

図 10.1 拡張されたシフトフロベニウス記法．図 9.2 において説明した $M=2$ におけるシフトフロベニウス記法 $(a_1, a_2, \cdots, a_R | l_1, l_2, \cdots, l_{M+R}) = (\frac{5}{2}, \frac{1}{2} | \frac{11}{2}, \frac{7}{2}, \frac{3}{2}, \frac{1}{2})$ では，脚長の個数は腕長の個数より $M=2$ 個だけ多い．そこで便利のため，シフトさせた対角線から自明なヤング図の基準線まで測った M 個の負の長さを，補助的な腕長としてシフトフロベニウス記法に付け足し，腕長と脚長の個数を揃える．これにより，拡張されたシフトフロベニウス記法は $(\bar{a}_2, \bar{a}_1, a_1, a_2, \cdots, a_R | l_1, l_2, \cdots, l_{M+R}) = (-\frac{1}{2}, -\frac{3}{2}, \frac{5}{2}, \frac{1}{2} | \frac{11}{2}, \frac{7}{2}, \frac{3}{2}, \frac{1}{2})$ となる．このとき，腕長も脚長も，補助的な長さを含めて，白抜き矢印の順番で並べたものを標準的とする．

$$\bar{a}_1 = -(M - \tfrac{1}{2}), \quad \bar{a}_2 = -(M - \tfrac{3}{2}), \quad \cdots, \quad \bar{a}_M = -\tfrac{1}{2} \qquad (10.23)$$

が現れた．自明なヤング図を作る半直線を逆方向にも延長した直線をヤング図の基準線とよべば，この補助的な腕長はまさに，対角線からヤング図の基準線までの長さである．したがって，$M \geq 0$ のシフトフロベニウス記法に対して，腕長の意味を拡張して，対角線からヤング図の輪郭（端）までの長さのほかに，ヤング図の基準線までの長さも腕長に含めておくのが便利である．すると，ヤング図でみたときに順番が繋がるように，補助的な腕長の順番を逆転させて，拡張した腕長の標準的な順番を

$$\bar{a}_M, \quad \bar{a}_{M-1}, \quad \cdots, \quad \bar{a}_1, \quad a_1, \quad a_2, \quad \cdots, \quad a_R \qquad (10.24)$$

とするのが自然であろう．対応して (10.20) の行列式の列でも M 個の補助的な腕長を標準的な順番を並べ換えると，符号因子の $(-1)^{\frac{1}{2}M(M-1)}$ を吸収できる．また符号因子 $(-1)^R$ も行列式の右ブロックにかけておくと，最終的に (10.20) は

$$\begin{aligned} \langle s_\lambda \rangle^{\mathrm{GC}}_{k,M}(z) &= i^{\frac{1}{2}M^2} \operatorname{Det}(1 + wPQ) \\ &\times \det \Big([F_l (1 + wQP)^{-1} F_{\bar{a}}]_{(M+R)\times M} \quad [w F_l Q (1 + wPQ)^{-1} E_a]_{(M+R)\times R} \Big) \end{aligned} \qquad (10.25)$$

という単純な形をしていることがわかる．ここで，w は (10.16)，F_l，$F_{\bar{a}}$，E_a

は (10.12) により定義されている．

10.2 開弦形式のまとめ

前節では $N_1 \leq N_2$ の場合に対して開弦形式の具体的な導出を与えた．逆に $N_1 \geq N_2$ の場合でも同様に開弦形式を構築できる．その結果をまとめると，$N_1 \leq N_2$ か $N_1 \geq N_2$ か（M の正負）によらずに，大正準集団における真空期待値を

$$\langle s_\lambda \rangle^{\mathrm{GC}}_{k,M}(z) = \sum_{N=\max(0,-M)}^{\infty} z^N \langle s_\lambda \rangle_k (N|N+M) \tag{10.26}$$

により定義すれば，$w = (-i)^M z$ を用いて

$$\langle s_\lambda \rangle^{\mathrm{GC}}_{k,M}(z) = i^{\frac{1}{2}M^2} \operatorname{Det}(1+wPQ) \det\bigl(\mathcal{H}_{\widetilde{l},\widetilde{a}}\bigr) \tag{10.27}$$

で与えられる．ここで，$\mathcal{H}_{\widetilde{l},\widetilde{a}}$ における $\widetilde{a}$ や $\widetilde{l}$ は，補助的な腕長や補助的な脚長も含めてシフトフロベニウス記法における任意の腕長や脚長を表し，行列式において図 10.1 で定義された標準的な順番に並べられているとする．また，行列式の成分は，ヤング図の（補助的な長さを取り入れて拡張した）シフトフロベニウス記法の腕長や脚長に対応して，無限次元行列

$$\begin{aligned}\bigl(\mathcal{H}_{\widetilde{l},\widetilde{a}}\bigr) &= \begin{pmatrix} * & \mathcal{H}_{\bar{l},a} \\ \mathcal{H}_{l,\bar{a}} & \mathcal{H}_{l,a} \end{pmatrix} \\ &= \begin{pmatrix} * & [-wE_{\bar{l}}(1+wPQ)^{-1}E_a] \\ [F_l(1+wQP)^{-1}F_{\bar{a}}] & [wF_l(1+wQP)^{-1}QE_a] \end{pmatrix}\end{aligned} \tag{10.28}$$

の列や行から選び出したものである．この際に，腕長 $\widetilde{a}$ が正 (a) か負 $(\bar{a})$ かに応じて，それぞれ右か左かのブロックから選び出し，脚長 $\widetilde{l}$ が正 (l) か負 $(\bar{l})$ かに応じて，それぞれ下か上かのブロックから選び出す．ここで腕長も脚長も負になる場合は登場しないので，そのようなブロックを定義していない．

ここで，開弦形式という用語について説明したい．もともとのフラクショナルブレーンを持たない大正準分配関数は，フェルミガス形式において (7.22)

$$\langle 1 \rangle^{\mathrm{GC}}_{k,0}(z) = \operatorname{Det}(1+zPQ) \tag{10.29}$$

のように単純に密度行列演算子 $\rho = PQ$ のフレドホルム行列式で表された．これを用いると (10.27) はさらに

$$\frac{\langle s_\lambda \rangle^{\mathrm{GC}}_{k,M}(z)}{\langle 1 \rangle^{\mathrm{GC}}_{k,0}(z)} = i^{\frac{1}{2}M^2} \det\bigl(\mathcal{H}_{\widetilde{l},\widetilde{a}}\bigr) \tag{10.30}$$

と書き直され，フラクショナルブレーンを持つウィルソンループの真空期待値 $\langle s_\lambda \rangle^{\mathrm{GC}}_{k,M}(z)$ は，大正準分配関数 $\langle 1 \rangle^{\mathrm{GC}}_{k,0}(z)$ で規格化すれば，位相の数係数を除

き，補正は無限次元行列 (10.28) の小行列式で与えられることがわかる．

フラクショナルブレーンを導入しないまま，ウィルソンループを挿入した真空期待値を考えよう．物理的にウィルソンループは，ブレーンが交わってできたものであり，その交差に局在した開いた弦の自由度を持つ．また上の解析結果において，$w = (-i)^M z\big|_{M=0} = z$ より真空期待値は

$$\frac{\langle s_\lambda \rangle_{k,0}^{\mathrm{GC}}(z)}{\langle 1 \rangle_{k,0}^{\mathrm{GC}}(z)} = \det(zF_lQ(1+zPQ)^{-1}E_a) \tag{10.31}$$

で与えられ，大正準分配関数 (10.29) で使われた演算子 $1+zPQ$ の行列要素 $F_lQ(1+zPQ)^{-1}E_a$ を成分に持つ行列式の形で補正が加わった．もともと大正準分配関数に登場する演算子 $1+zPQ$ のフレドホルム行列式 (10.29) は展開すればトレース演算子の和 (7.21) であり，トレース演算子の巡回性から自然に閉じた弦の描像に行きつく．それに対して，その行列要素 $F_lQ(1+zPQ)^{-1}E_a$ は両端に F_l や E_a を持ち，あたかも端点を持つ開いた弦のようにみえる．

さらに (10.30) では，ウィルソンループだけでなく，フラクショナルブレーンも取り込んだが，その結果は形式的にウィルソンループの場合と変わらず，補正が演算子 $1+zPQ$ の行列要素を成分に持つ行列式で表される．このような理由でこの形式は開いた弦を尊重した記述と見なすことができ，**開弦形式**と名付けることにしよう．

第 4 章の最後で，フラクショナル M2 ブレーンはブレーン（開いた弦の自由度）と見なすべきか，背景幾何の変形（閉じた弦の自由度）と見なすべきか，判断が難しいことを説明した．その疑問に対して，少なくとも本章の解析は開いた弦の自由度と見なすことを支持している．しかしこのような見方は絶対的なものでなく，第 12 章の解析は別の見方を支持していることになる．さらに第 13 章で議論するように，最終的に 2 つの見方は開いた弦と閉じた弦の間の双対性にまとまる．

10.3 高次の計算

第 8 章では $N_1 = N_2$ の場合に対してフェルミガス形式を用いて分配関数の数値計算を行った．本章で $N_1 \neq N_2$ の場合に対しても開弦形式を構築したので，同様にこれを数値計算に適用できる．

第 7.1 節でみたように，フラクショナルブレーンもウィルソンループも挿入されていない大正準分配関数 $\langle 1 \rangle_{k,0}^{\mathrm{GC}}(z) = \mathrm{Det}(1+zPQ)$ は，展開すれば密度行列演算子 $\rho = PQ$ の冪のトレースになる．第 8.1 節でその厳密値を計算する際，行列の冪を計算する複雑さを回避するために，特定のベクトルを準備して，そのベクトルに順次行列を作用させるように，問題を書き換える必要があった．これに対して，フラクショナルブレーンやウィルソンループが挿入さ

れた，大正準集団における真空期待値 (10.30) を計算するには，既に大正準分配関数 $\langle 1\rangle^{\mathrm{GC}}_{k,0}(z)$ が計算されているので，その補正として，行列式に現れる各成分 $\mathcal{H}_{\tilde{l},\tilde{a}}$ (10.28) を計算すればよい．しかも，これらの成分は，幾何級数として展開すれば，もともと特定のベクトルに順次行列を作用させていけば求まる構造になっている．例えば $wF_lQ(1+wPQ)^{-1}E_a$ に対して，

$$wF_lQ\frac{1}{1+wPQ}E_a = wF_lQE_a - w^2F_lQPQE_a + w^3F_l(QP)^2QE_a + \cdots \tag{10.32}$$

の展開形から，ベクトル QE_a を準備して，順次行列 QP を作用させて，最後にベクトル F_ℓ との内積を取れば計算できる．つまり，第 8.1 節に掲載したプログラムの軽微な変更で，フラクショナルブレーンやウィルソンループが挿入された，大正準集団における真空期待値 (10.30) を計算できる．

この方法に従って，フラクショナルブレーンが挿入された大正準分配関数に対して，第 8 章と同様の数値解析を進めることができる．その結果，フラクショナルブレーンの挿入により，摂動項では B が

$$B = \frac{1}{3k} + \frac{k}{24} - \frac{M}{2} + \frac{M^2}{2k} \tag{10.33}$$

のように変更される．また，非摂動項では，ケーラー変数を (8.108) から (8.115)

$$T^{\pm} = \frac{4\mu_{\mathrm{eff}}}{k} \pm \pi i\left(1-\frac{2M}{k}\right) \tag{10.34}$$

に変更すれば，同様に結果が位相的弦理論の自由エネルギーで与えられることがわかる．

これまでみたように，ウィルソンループの挿入がない大正準分配関数 $\langle 1\rangle^{\mathrm{GC}}_{k,M}(z)$ を記述するのは閉じた弦の位相的弦理論の自由エネルギーであった．さらに解析を進めた結果，規格化された，大正準集団におけるウィルソンループの真空期待値 $\langle s_\lambda\rangle^{\mathrm{GC}}_{k,M}(z)/\langle 1\rangle^{\mathrm{GC}}_{k,M}(z)$ は開いた弦の位相的弦理論の自由エネルギーで記述されることも，これまでの研究により知られている．

10.4　2 点関数

本章では，これまでウィルソンループの真空期待値として 1 点関数について考察してきたが，この結果はある拡張の方向性を示唆している．第 10.2 節にまとめたように，開弦形式によれば，大正準分配関数 $\langle 1\rangle^{\mathrm{GC}}_{k,M=0}(z)$ で規格化した大正準集団における 1 点関数 $\langle s_\lambda\rangle^{\mathrm{GC}}_{k,M}(z)$ は，(10.28) で与えられた $\mathcal{H}_{\tilde{l},\tilde{a}}$ を用いて行列式 (10.30) で与えられる．しかし，すぐにこの結果に拡張の余地があると感じるだろう．

- 無限次元行列 $(\mathcal{H}_{\tilde{l},\tilde{a}})$ (10.28) において，腕長も脚長も補助的（負）である

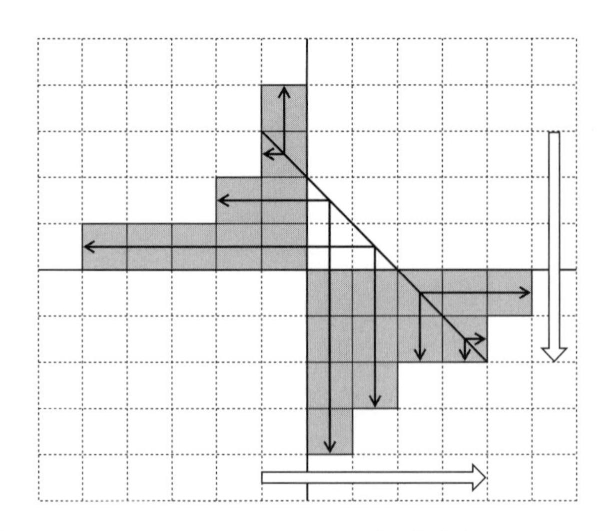

図 10.2　複合ヤング図のシフトフロベニウス記法．規格化された大正準集団におけるウィルソンループの 2 点関数 $\langle s_\lambda \bar{s}_\mu \rangle^{\mathrm{GC}}_{k,M}(z)$ は，1 点関数と同様に，無限次元行列 $(\mathcal{H}_{\widetilde{l},\widetilde{a}})$ の小行列式で記述される．小行列式に現れる行と列は，複合ヤング図 $\lambda\overline{\mu}$ のシフトフロベニウス記法に現れる腕長と脚長により選び出される．複合ヤング図 $\lambda\overline{\mu}$ のシフトフロベニウス記法において，腕長と脚長とは，シフトされた対角線からヤング図の輪郭までの長さにより定義される．ここで，ヤング図の輪郭には，ヤング図の基準線をも含める．図の複合ヤング図の例 $\lambda\overline{\mu} = [5,4,2,1]\overline{[5,2,1,1]}$ に対するシフトフロベニウス記法は $(-\frac{1}{2}, -\frac{5}{2}, -\frac{13}{2}, \frac{5}{2}, \frac{1}{2} | -\frac{3}{2}, \frac{11}{2}, \frac{7}{2}, \frac{3}{2}, \frac{1}{2})$ である．

ブロックが定義されていない．（定義しても真空期待値 $\langle s_\lambda \rangle^{\mathrm{GC}}_{k,M}(z)$ の計算に現れない．）

- 真空期待値 $\langle s_\lambda \rangle^{\mathrm{GC}}_{k,M}(z)$ (10.30) において，補助的でない（正の）腕長や脚長はヤング図により様々な組合せが現れるが，補助的な（負の）腕長や脚長は必ず連続する半整数として現れる．

この状況を打開するために，ABJM 行列模型の 2 点関数が提案された．一般に ABJM 行列模型の **2 点関数**を

$$\langle s_\lambda \bar{s}_\mu \rangle_k (N_1|N_2) = i^{-\frac{1}{2}(N_1^2 - N_2^2)} \int \frac{D_k^{N_1}\mu}{N_1!} \frac{D_{-k}^{N_2}\nu}{N_2!} s_\lambda(e^\mu|e^\nu) s_\mu(e^{-\mu}|e^{-\nu})$$
$$\times \frac{\prod_{m<m'}^{N_1} (2\sinh\frac{\mu_m - \mu_{m'}}{2})^2 \prod_{n<n'}^{N_2} (2\sinh\frac{\nu_n - \nu_{n'}}{2})^2}{\prod_{m=1}^{N_1} \prod_{n=1}^{N_2} (2\cosh\frac{\mu_m - \nu_n}{2})^2} \tag{10.35}$$

と定義し，(10.26) と同様に大正準集団

$$\langle s_\lambda \bar{s}_\mu \rangle^{\mathrm{GC}}_{k,M}(z) = \sum_{N=\max(0,-M)}^{\infty} z^N \langle s_\lambda \bar{s}_\mu \rangle_k (N|N+M) \tag{10.36}$$

に移行することを考えよう．すると，本章と同様の計算を繰り返すことにより，規格化された大正準集団における 2 点関数が

$$\frac{\langle s_\lambda \bar{s}_\mu \rangle^{\mathrm{GC}}_{k,M}(z)}{\langle 1 \rangle^{\mathrm{GC}}_{k,0}(z)} = i^{\frac{1}{2}M^2} \det\bigl(\mathcal{H}_{\widetilde{l},\widetilde{a}}\bigr) \tag{10.37}$$

により与えられることがわかる．ただしこのとき，無限次元行列 $(\mathcal{H}_{\widetilde{l},\widetilde{a}})$ は

$$\begin{aligned}(\mathcal{H}_{\widetilde{l},\widetilde{a}}) &= \begin{pmatrix} \mathcal{H}_{\bar{l},\bar{a}} & \mathcal{H}_{\bar{l},a} \\ \mathcal{H}_{l,\bar{a}} & \mathcal{H}_{l,a} \end{pmatrix} \\ &= \begin{pmatrix} [wE_{\bar{l}}(1+wPQ)^{-1}PF_{\bar{a}}] & [-wE_{\bar{l}}(1+wPQ)^{-1}E_a] \\ [F_l(1+wQP)^{-1}F_{\bar{a}}] & [wF_l(1+wQP)^{-1}QE_a] \end{pmatrix} \end{aligned} \tag{10.38}$$

で与えられ，$\mathcal{H}_{\widetilde{l},\widetilde{a}}$ における $\widetilde{a}$ や $\widetilde{l}$ は次のように与えられる（図 10.2 参照）．つまり，ヤング図 λ に対してヤング図 μ をヤング図の基準線に対して逆側に配置したものを**複合ヤング図** $\lambda\overline{\mu}$ というが，ヤング図に対してシフトフロベニウス記法を定義したのと同様に，複合ヤング図に対してもシフトフロベニウス記法を定義する．このとき，右下や左上においてヤング図の輪郭と基準線を一体化させて，腕長 $\widetilde{a}$ や脚長 $\widetilde{l}$ は対角線からそれらまでの長さとして定義する．

これまでヤング図のシフトフロベニウス記法において，腕長や脚長は補助的なものと補助的でないものに分けて議論してきたが，このような見方をすると，補助的かどうかはもはや区別されず，一体化して定義されている．また，1 点関数 $\langle s_\lambda \rangle^{\mathrm{GC}}_{k,M}(z)$ の結果 (10.30) で問題視した不自然さも存在しなくなる．つまり，補助的な腕長や補助的な脚長はもはや連続した半整数ではなく，また腕長も脚長も負となる行列式の成分も自然に現れる．

本書では定義という形で ABJM 行列模型を与えているが，もちろん分配関数やウィルソンループの 1 点関数の場合は，超対称理論の局所化技術を用いて得られた計算結果である．それに対して本節で定義した 2 点関数 (10.35) の場合は，超対称理論の局所化技術による導出が欠如しており，そもそも物理的な対象としてこのような 2 点関数を考える正当な動機がない．しかし，規格化された大正準集団における 2 点関数は，非常に自然な行列式表示 (10.37) を持つので，おそらく 2 点関数の定義 (10.35) は最終的に局所化技術の帰結として正当化されるだろう．この 2 点関数の行列式表示 (10.37) は次章でみるように背後に可積分構造を示唆している．

第 11 章
行列模型の可積分性

第 7 章においてフラクショナルブレーンやウィルソンループを持たない ABJM 行列模型の解析方法としてフェルミガス形式を論じ，大正準分配関数が密度行列演算子のフレドホルム行列式で記述されることをみた．これに対し，前章ではフラクショナルブレーンやウィルソンループが挿入された ABJM 行列模型の解析方法として開弦形式を論じた．開弦形式では，これらの挿入による補正を，挿入がない場合と全く同じ密度行列演算子の行列要素を成分に持つ行列式で記述した．この行列式の成分の具体形はさておき，その成分は，補助的な腕長や補助的な脚長を取り入れたシフトフロベニウス記法に基づいて，無限次元行列から選び出され，非常に特徴的な行列式である．この特徴から，大正準集団における ABJM 行列模型のウィルソンループの真空期待値が，第 9.3 節で紹介した様々な対称多項式の恒等式と同じ関係式を満たすことを証明できる．本章では，これらの関係式を紹介し，行列模型に隠された可積分性について議論したい．

11.1 シフトジャンベリ性

第 10.2 節でまとめたように，ABJM 行列模型にフラクショナルブレーンやウィルソンループを挿入した 1 点関数は，大正準集団

$$\langle s_\lambda \rangle^{\mathrm{GC}}_{k,M}(z) = \sum_{N=\max(0,-M)}^{\infty} z^N \langle s_\lambda \rangle_k (N|N+M) \tag{11.1}$$

に移行して，(10.30) の行列式を転置するなど表示を整えると，

$$\frac{\langle s_\lambda \rangle^{\mathrm{GC}}_{k,M}(z)}{\langle 1 \rangle^{\mathrm{GC}}_{k,0}(z)} = i^{\frac{1}{2}M^2} \det\big(\mathcal{H}_{(\widetilde{a}|\widetilde{l})}\big) \tag{11.2}$$

の形をしていることがわかる．ここで $\mathcal{H}_{(\widetilde{a}|\widetilde{l})}$ の各成分の具体形は前章で与えられている．添え字は，拡張されたシフトフロベニウス記法であり，対角線をシ

フトさせて腕長や脚長を定義するだけでなく，補助的な腕長や補助的な脚長を付け加えて，腕長の個数と脚長の個数を同じにしている．このような表示を持つことから，対称多項式の拡張や可積分性の議論でよく知られた関係式を満たすことを証明することができる．

簡単のためにまず $M=0$ とおく．この場合，対角線をシフトさせないので，ヤング図のシフトフロベニウス記法は通常のフロベニウス記法に一致し，$(a_1,a_2,\cdots,a_R|l_1,l_2,\cdots,l_R)$ となったとする．このとき，(11.2) によれば，ウィルソンループの真空期待値は

$$\frac{\langle s_{(a_1,a_2,\cdots,a_R|l_1,l_2,\cdots,l_R)}\rangle^{\mathrm{GC}}_{k,M=0}(z)}{\langle 1\rangle^{\mathrm{GC}}_{k,0}(z)}=\det\bigl(\mathcal{H}_{(a_i|l_j)}\bigr)_{\substack{1\le i\le R\\1\le j\le R}} \tag{11.3}$$

となる．右辺の行列式の中身は，対応するフック表現における真空期待値

$$\frac{\langle s_{(a_i|l_j)}\rangle^{\mathrm{GC}}_{k,M=0}(z)}{\langle 1\rangle^{\mathrm{GC}}_{k,0}(z)}=\mathcal{H}_{(a_i|l_j)} \tag{11.4}$$

そのものなので，代入すると直ちに

$$\frac{\langle s_{(a_1,a_2,\cdots,a_R|l_1,l_2,\cdots,l_R)}\rangle^{\mathrm{GC}}_{k,M=0}(z)}{\langle 1\rangle^{\mathrm{GC}}_{k,0}(z)}=\det\left(\frac{\langle s_{(a_i|l_j)}\rangle^{\mathrm{GC}}_{k,M=0}(z)}{\langle 1\rangle^{\mathrm{GC}}_{k,0}(z)}\right)_{\substack{1\le i\le R\\1\le j\le R}} \tag{11.5}$$

が得られる．この性質は，第 9 章で議論したシュア多項式や超シュア多項式のジャンベリ恒等式 (9.25)

$$s_{(a_1,a_2,\cdots,a_R|l_1,l_2,\cdots,l_R)}=\det\bigl(s_{(a_i|l_j)}\bigr)_{\substack{1\le i\le R\\1\le j\le R}} \tag{11.6}$$

と酷似している．つまり，もともとジャンベリ恒等式 (11.6) を満たしていた超シュア多項式に対して，(i) ABJM 行列模型において行列積分を実行し，(ii) (11.1) により大正準集団に移行した後に，(iii) さらに大正準分配関数 $\langle 1\rangle^{\mathrm{GC}}_{k,0}(z)$ で規格化をする，という一連の操作を経て得られたヤング図に依存した 1 点関数 $\langle s_\lambda\rangle^{\mathrm{GC}}_{k,M=0}(z)/\langle 1\rangle^{\mathrm{GC}}_{k,0}(z)$ もやはり同じジャンベリ恒等式を満たしていることになる．ヤング図に依存する関数がジャンベリ恒等式を満たすことを**ジャンベリ整合性**，あるいは単に，**ジャンベリ性**とよぶことにする．このジャンベリ性はもとの超シュア多項式が満たすものと同じ関係式であるが，行列積分や大正準集団への移行など一連の操作を経て得られた非常に非自明な驚くべき結果である．（さらに，局所化技術を適用する前の，ABJM 理論の超対称性を半分保つウィルソンループ演算子の真空期待値に対して成り立つ関係式と考えると，より一層非自明さが際立つ．）次節以降においてこのジャンベリ性の拡張とそれが持つ意味をより詳しく説明していきたい．

このように開弦形式の最終結果 (11.2) は，$M=0$ の場合のジャンベリ性を保証するので，重要な性質であろう．ヤング図 λ と整数 M に依存する関数が，

(11.2) のように，ある無限次元行列 $\mathcal{H}$ からシフトフロベニウス記法に従って小行列式を選び出すことで表されることを，**シフトジャンベリ性**とよぼう．

11.2 ジャンベリ性

前節において，開弦形式の最終結果のシフトジャンベリ性 (11.2) は，$M=0$ の場合のジャンベリ性を保証することをみた．では，$M\neq 0$ の場合のジャンベリ性はどうだろうか．

この疑問に答えるために，前節で示した $M=0$ におけるジャンベリ性 (11.5) を振り返ると，大正準集団に移行したのみならず，大正準分配関数 $\langle 1\rangle^{\mathrm{GC}}_{k,0}(z)$ で規格化をする必要があったことに気づく．第 9 章では，ジャンベリ恒等式やヤコビ–トゥルディ恒等式を用いてシュア関数を拡張する研究の方向性があることを説明した．それに対して，前節でみたように，規格化された ABJM 行列模型の 1 点関数 $S_\lambda=\langle s_\lambda\rangle^{\mathrm{GC}}_{k,0}(z)/\langle 1\rangle^{\mathrm{GC}}_{k,0}(z)$ はジャンベリ性を持ち，まさにシュア関数の拡張を与えるよい例である．シュア関数の拡張を行う際には，自明な表現はやはり

$$S_\bullet=1 \tag{11.7}$$

と規格化されることを要請したい．大正準分配関数 $\langle 1\rangle^{\mathrm{GC}}_{k,0}(z)$ で規格化していたのはまさにこのためである．

このように考えると，$M\neq 0$ の場合にも自明な表現 $\lambda=\bullet$ に対して (11.7) が成り立つように，$M\neq 0$ の大正準分配関数 $\langle 1\rangle^{\mathrm{GC}}_{k,M}(z)$ で規格化しておくのが適切であろう．このように規格化を行えば，$M=0$ のときと同様に，大正準集団における 1 点関数がジャンベリ性

$$\frac{\langle s_{(a_1,a_2,\cdots,a_R|l_1,l_2,\cdots,l_R)}\rangle^{\mathrm{GC}}_{k,M}(z)}{\langle s_\bullet\rangle^{\mathrm{GC}}_{k,M}(z)}=\det\left(\frac{\langle s_{(a_i|l_j)}\rangle^{\mathrm{GC}}_{k,M}(z)}{\langle s_\bullet\rangle^{\mathrm{GC}}_{k,M}(z)}\right)_{\substack{1\le i\le R\\1\le j\le R}} \tag{11.8}$$

を持つことが期待される．

実際 $M=1$ のとき，表現 $\yng(2,2)$ に対して，ジャンベリ性

$$\frac{\langle s_{\yng(2,2)}\rangle^{\mathrm{GC}}_{k,M=1}(z)}{\langle 1\rangle^{\mathrm{GC}}_{k,M=1}(z)}=\det\begin{pmatrix}\dfrac{\langle s_{\yng(2,1)}\rangle^{\mathrm{GC}}_{k,1}(z)}{\langle 1\rangle^{\mathrm{GC}}_{k,1}(z)} & \dfrac{\langle s_{\yng(2)}\rangle^{\mathrm{GC}}_{k,1}(z)}{\langle 1\rangle^{\mathrm{GC}}_{k,1}(z)}\\[2ex] \dfrac{\langle s_{\yng(1,1)}\rangle^{\mathrm{GC}}_{k,1}(z)}{\langle 1\rangle^{\mathrm{GC}}_{k,1}(z)} & \dfrac{\langle s_{\yng(1)}\rangle^{\mathrm{GC}}_{k,1}(z)}{\langle 1\rangle^{\mathrm{GC}}_{k,1}(z)}\end{pmatrix} \tag{11.9}$$

が成り立つことは簡単に確かめられる．行列式を展開すれば，

$$\begin{aligned}&\langle s_{\yng(2,2)}\rangle^{\mathrm{GC}}_{k,M=1}(z)\langle 1\rangle^{\mathrm{GC}}_{k,M=1}(z)-\langle s_{\yng(2,1)}\rangle^{\mathrm{GC}}_{k,M=1}(z)\langle s_{\yng(1)}\rangle^{\mathrm{GC}}_{k,M=1}(z)\\&\quad+\langle s_{\yng(2)}\rangle^{\mathrm{GC}}_{k,M=1}(z)\langle s_{\yng(1,1)}\rangle^{\mathrm{GC}}_{k,M=1}(z)=0\end{aligned} \tag{11.10}$$

となるので，さらにシフトジャンベリ性 (11.2) を代入すると，示すべき関係式は

$$\det\begin{pmatrix}\mathcal{H}_{(-\frac{1}{2}|\frac{5}{2})} & \mathcal{H}_{(-\frac{1}{2}|\frac{3}{2})}\\ \mathcal{H}_{(\frac{1}{2}|\frac{5}{2})} & \mathcal{H}_{(\frac{1}{2}|\frac{3}{2})}\end{pmatrix}\mathcal{H}_{(-\frac{1}{2}|\frac{1}{2})}-\det\begin{pmatrix}\mathcal{H}_{(-\frac{1}{2}|\frac{5}{2})} & \mathcal{H}_{(-\frac{1}{2}|\frac{1}{2})}\\ \mathcal{H}_{(\frac{1}{2}|\frac{5}{2})} & \mathcal{H}_{(\frac{1}{2}|\frac{1}{2})}\end{pmatrix}\mathcal{H}_{(-\frac{1}{2}|\frac{3}{2})}$$
$$+\det\begin{pmatrix}\mathcal{H}_{(-\frac{1}{2}|\frac{3}{2})} & \mathcal{H}_{(-\frac{1}{2}|\frac{1}{2})}\\ \mathcal{H}_{(\frac{1}{2}|\frac{3}{2})} & \mathcal{H}_{(\frac{1}{2}|\frac{1}{2})}\end{pmatrix}\mathcal{H}_{(-\frac{1}{2}|\frac{5}{2})}=0 \tag{11.11}$$

と書き換えられる．この関係式が成り立つことは，行列式を展開することにより簡単に確かめられる．

より一般的にこの主張が正しいことは，線形代数の定理にまとめられる．そのために，まずはヤング図に依存する関数のいくつかの性質を定義する．

定義 1（シフトジャンベリ性） ヤング図 λ と整数 M に依存する関数 S^M_λ がシフトジャンベリ性を持つとは，関数 S^M_λ が，規格化条件 $S^0_\bullet=1$ を満たし，さらに，2 つの同時に負にならない半整数 $(a|l)$ でラベル付けされる関数 $\mathcal{H}_{(a|l)}$ を用いて，次のように表せるときをいう．つまり，$M\geq 0$ のときには，ヤング図 λ の対角線を M だけ右上にシフトして得られるシフトフロベニウス記法 $(\bar{a}_M,\bar{a}_{M-1},\cdots,\bar{a}_1,a_1,a_2,\cdots,a_R|l_1,l_2,\cdots,l_{M+R})$ から決まる $\mathcal{H}_{(a|l)}$ の成分を用いて，

$$S^M_\lambda=\det\begin{pmatrix}\left[\mathcal{H}_{(\bar{a}_{M-i+1}|l_j)}\right]_{\substack{1\leq i\leq M\\1\leq j\leq M+R}}\\ \left[\mathcal{H}_{(a_i|l_j)}\right]_{\substack{1\leq i\leq R\\1\leq j\leq M+R}}\end{pmatrix} \tag{11.12}$$

と表せ，また $M\leq 0$ のときには，対角線を $\overline{M}=-M$ だけ左下にシフトしたシフトフロベニウス記法 $(a_1,a_2,\cdots,a_{\overline{M}+\overline{R}}|\bar{l}_{\overline{M}},\bar{l}_{\overline{M}-1},\cdots,\bar{l}_1,l_1,l_2,\cdots,l_{\overline{R}})$ から決まる $\mathcal{H}_{(a|l)}$ の成分を用いて，

$$S^M_\lambda=\det\begin{pmatrix}\left[\mathcal{H}_{(a_i|\bar{l}_{M-j+1})}\right]_{\substack{1\leq i\leq\overline{M}+\overline{R}\\1\leq j\leq\overline{M}}} & \left[\mathcal{H}_{(a_i|l_j)}\right]_{\substack{1\leq i\leq\overline{M}+\overline{R}\\1\leq j\leq\overline{R}}}\end{pmatrix} \tag{11.13}$$

と表せるときをいう．

定義 2（ジャンベリ性） ヤング図 λ に依存する関数 S_λ がジャンベリ性を持つとは，関数 S_λ が，規格化条件 $S_\bullet=1$ を満たし，さらにフロベニウス記法 $\lambda=(a_1,a_2,\cdots,a_R|l_1,l_2,\cdots,l_R)$ を用いて，

$$S_{(a_1,a_2,\cdots,a_R|l_1,l_2,\cdots,l_R)}=\det\big(S_{(a_i|l_j)}\big)_{\substack{1\leq i\leq R\\1\leq j\leq R}} \tag{11.14}$$

の関係式を満たすときをいう．

2 つの定義において用いるヤング図の記法はそれぞれ，シフトフロベニウス記法とフロベニウス記法で異なるものであるが，本書では記号が増える煩雑さを避けるため，腕長や脚長には同じく a や l を用い，また対角線が通過する箱の

数を同じ R で表している．すると，次の命題を示すことができる．

命題 1　関数 S_λ^M がシフトジャンベリ性を持つならば，関数 $S_\lambda^M/S_\bullet^M$ は M を固定したジャンベリ性

$$\frac{S^M_{(a_1,a_2,\cdots,a_R|l_1,l_2,\cdots,l_R)}}{S^M_\bullet}=\det\left(\frac{S^M_{(a_i|l_j)}}{S^M_\bullet}\right)_{\substack{1\le i\le R\\1\le j\le R}} \tag{11.15}$$

を持つ．

証明は，例 (11.11) と同様に，行列式のラプラス展開により与えられる．

11.3　ヤコビ–トゥルディ性

前章で構築した ABJM 行列模型の 1 点関数の開弦形式 (11.2) を用いて，前節では ABJM 行列模型の 1 点関数がジャンベリ性を持つことをみた．開弦形式に現れる行列式の具体的な成分に関係なく，(11.2) のシフトジャンベリ性から一般的にジャンベリ性が示されることをみた．

第 9.3 節で説明したように，一般に対称多項式の拡張を議論する際に，ジャンベリ性がヤコビ–トゥルディ性から示せることに注目して，ヤコビ–トゥルディ性をシュア関数の定義として用いることにより，シュア関数の拡張（第 9 変形）を考えることができる．

定義 3（ヤコビ–トゥルディ性）　ヤング図 λ と整数 M に依存する関数 S_λ^M がヤコビ–トゥルディ性を持つとは，関数 S_λ^M が，規格化条件 $S_\bullet^M=1$ を満たし，さらに

$$S^M_{[\lambda_1,\lambda_2,\cdots,\lambda_L]}=\det\left(S^{M-j+1}_{[\lambda_i-i+j]}\right)_{\substack{1\le i\le L\\1\le j\le L}} \tag{11.16}$$

の関係式を満たすときをいう．

このようにヤコビ–トゥルディ性を定義すれば，ジャンベリ性が成り立つことは，対称関数の有名な結果である．

命題 2　関数 S_λ^M がヤコビ–トゥルディ性を持つならば，関数 S_λ^M は M を固定したジャンベリ性

$$S^M_{(a_1,a_2,\cdots,a_R|l_1,l_2,\cdots,l_R)}=\det\left(S^M_{(a_i|l_j)}\right)_{\substack{1\le i\le R\\1\le j\le R}} \tag{11.17}$$

を持つ．

すると，自然な疑問として，ABJM 行列模型はヤコビ–トゥルディ性を持つのか，もし持つとすれば，整数 M は ABJM 行列模型のどの物理量に同定すべきなのか，が浮かび上がる．故意に変数を揃えたので，次の命題は想像しやす

いだろう．

命題 3　関数 S^M_λ がシフトジャンベリ性を持つならば，関数 $S^M_\lambda/S^M_\bullet$ はヤコビ–トゥルディ性

$$\frac{S^M_{[\lambda_1,\lambda_2,\cdots,\lambda_L]}}{S^M_\bullet}=\det\left(\frac{S^{M-j+1}_{[\lambda_i-i+j]}}{S^{M-j+1}_\bullet}\right)_{\substack{1\le i\le L\\1\le j\le L}}\tag{11.18}$$

を持つ．

つまり，規格化された，大正準集団における ABJM 行列模型を第 9 変形の意味でシュア関数の拡張 S^M_λ と見なすとき，余分な整数 M は物理的にはフラクショナルブレーンの枚数として解釈される．

第 11.1 節でみたように，大正準集団における ABJM 行列模型のウィルソンループの 1 点関数はシフトジャンベリ性を持つので，命題 3 により同じ 1 点関数はヤコビ–トゥルディ性も持つ．これに対して，教科書的な結果である命題 2 と合わせると，前出の命題 1 のジャンベリ性が系として成り立つことになる．

命題 3 の証明はやはり行列式のラプラス展開により与えられる．ここでは前節のジャンベリ性の場合と同様に，代表的な例で確認することに留めよう．前節と同様に $M=1$ の場合において表現 $\lambda=\begin{smallmatrix}\square\square\\\square\square\end{smallmatrix}$ を考えると，示したい式は

$$S^1_{\begin{smallmatrix}\square\square\\\square\square\end{smallmatrix}}/S^1_\bullet=\det\begin{pmatrix}S^1_{\square\square}/S^1_\bullet & S^2_{\square\square\square}/S^2_\bullet\\ S^1_{\square}/S^1_\bullet & S^2_{\square\square}/S^2_\bullet\end{pmatrix}\tag{11.19}$$

となる．行列式を展開すると，

$$S^1_{\begin{smallmatrix}\square\square\\\square\square\end{smallmatrix}}S^2_\bullet-S^1_{\square\square}S^2_{\square\square}+S^1_{\square}S^2_{\square\square\square}=0\tag{11.20}$$

となり，これにシフトジャンベリ性の定義式を代入すると，

$$\begin{aligned}&\det\begin{pmatrix}\mathcal{H}_{(-\frac12|\frac52)}&\mathcal{H}_{(-\frac12|\frac32)}\\\mathcal{H}_{(\frac12|\frac52)}&\mathcal{H}_{(\frac12|\frac32)}\end{pmatrix}\det\begin{pmatrix}\mathcal{H}_{(-\frac12|\frac32)}&\mathcal{H}_{(-\frac12|\frac12)}\\\mathcal{H}_{(-\frac32|\frac32)}&\mathcal{H}_{(-\frac32|\frac12)}\end{pmatrix}\\&-\det\begin{pmatrix}\mathcal{H}_{(-\frac12|\frac32)}&\mathcal{H}_{(-\frac12|\frac12)}\\\mathcal{H}_{(\frac12|\frac32)}&\mathcal{H}_{(\frac12|\frac12)}\end{pmatrix}\det\begin{pmatrix}\mathcal{H}_{(-\frac12|\frac52)}&\mathcal{H}_{(-\frac12|\frac32)}\\\mathcal{H}_{(-\frac32|\frac52)}&\mathcal{H}_{(-\frac32|\frac32)}\end{pmatrix}\\&+\mathcal{H}_{(-\frac12|\frac32)}\det\begin{pmatrix}\mathcal{H}_{(-\frac12|\frac52)}&\mathcal{H}_{(-\frac12|\frac32)}&\mathcal{H}_{(-\frac12|\frac12)}\\\mathcal{H}_{(-\frac32|\frac52)}&\mathcal{H}_{(-\frac32|\frac32)}&\mathcal{H}_{(-\frac32|\frac12)}\\\mathcal{H}_{(\frac12|\frac52)}&\mathcal{H}_{(\frac12|\frac32)}&\mathcal{H}_{(-\frac32|\frac12)}\end{pmatrix}=0\end{aligned}\tag{11.21}$$

となる．先ほどのジャンベリ性の場合よりは計算が複雑だが，同様に展開により確かめられる．

11.4　可積分性

前章でみたように，ABJM 行列模型のウィルソンループの真空期待値には開

弦形式という解析方法があり，本章ではそれをシフトジャンベリ性とよんで，それを用いてジャンベリ性やヤコビ–トゥルディ性を示してきた．第 1.2 節でも言及したように，これらの関係式は系の背後に可積分性があることを示唆しており，その可積分性を解明するのは重要であろう．本節では可積分性との関連を説明したい．

一般に非線形可積分ソリトン方程式が安定なソリトン解を持つのは，ソリトン方程式が無限個の非線形方程式と整合し，それらの無限個の方程式が保存電荷として寄与するからである．この無限個の非線形方程式や無限個の保存電荷はまとめて，可積分階層とよばれる．佐藤幹夫ら京都学派の研究成果によれば，可積分階層の無限個の方程式には無限次元の対称性が作用しており，自由フェルミオンにより明快に記述される．無限次元対称性の違いにより可積分階層には多くの種類があるが，中でも特に**2 次元戸田格子階層**は自然に拡張されたものである．このとき，ソリトン方程式の解（タウ関数）は 2 つのシュア関数を用いて展開され，タウ関数の係数は 2 つのヤング図に依存する．その中の 1 つのヤング図を自明にすると，2 次元戸田格子階層のタウ関数の展開係数は，**変形 KP (Kadomtsev–Petviashvili) 階層**のタウ関数の展開係数に帰着され，変形 KP 階層のタウ関数の展開係数はジャンベリ性やヤコビ–トゥルディ性を持つことが知られている．

これに対して，ABJM 行列模型では，1 点関数のシフトジャンベリ性 (11.2) が，第 10.4 節で自然に 2 点関数のシフトジャンベリ性 (10.37) に拡張された．拡張から明らかなように，2 点関数の中の 1 つのヤング図を自明におくと 1 点関数に帰着され，また本章でみたように，1 点関数はジャンベリ性やヤコビ–トゥルディ性を持つ．

このように可積分ソリトン方程式における 2 次元戸田格子階層と ABJM 行列模型の 2 点関数が強い類似性を持つので，もう一歩進めてその関係を解明したところ，完全な対応関係があることがわかった．

高い超対称性を持つ理論は強く制限されており，そのため可積分性を持つことがある．4 次元最大超対称性 $\mathcal{N}=4$ を持つヤン–ミルズ理論のトレース演算子の量子異常次元の計算が可積分性を持つことは有名であるが，本節でみた ABJM 行列模型と 2 次元戸田格子階層の対応関係は全く異なる例を与えたことになる．この可積分性を指針にして，M2 ブレーンの物理の理解が進むと期待される．

第 12 章
行列模型の方法 II –閉弦形式–

第 III 部ではフラクショナルブレーンやウィルソンループを持つ ABJM 行列模型の解析について説明してきている．第 10 章の開弦形式では，フラクショナルブレーンやウィルソンループが挿入されても，挿入されていない場合と同じ密度行列演算子の行列要素を成分に持つ行列式によりその補正の効果が表されることをみた．もともとウィルソンループは開いた弦の寄与と考えられており，フラクショナルブレーンも同じ形式で記述されるので，フラクショナルブレーンも開いた弦の寄与と考えることができる．また，密度行列演算子はあたかも閉じた弦が作る背景幾何を反映しているようにみえるため，背景幾何の変化に関与する閉じた弦の自由度はみえてこない．

これに対して本章では，同じくフラクショナルブレーンやウィルソンループを持つ ABJM 行列模型に対して，異なる解析方法を与える．本章の解析方法によれば，フラクショナルブレーンやウィルソンループの寄与は，行列式の補正の代わりに，密度行列演算子そのものを変更することにより記述される．密度行列演算子は閉じた弦が作る背景幾何を反映しているので，フラクショナルブレーンやウィルソンループの挿入により，背景幾何そのものが変化したと考えることができる．そのため，本章で説明する解析方法を閉弦形式とよぶ．

第 10 章の開弦形式により，前章ではヤコビ–トゥルディ性を示すことができた．本章の閉弦形式を適用すれば，別の興味深い関係式を示すことができる．次章では閉弦形式を用いて開いた弦と閉じた弦の間の双対性や異なる模型間の対応について説明する．

12.1　閉弦形式

閉弦形式の出発点は，開弦形式を説明した第 10 章の (10.13) と同じである．閉弦形式は背景幾何の変化を密度行列演算子に取り込むので，$N_1 \le N_2$ の場合でも $N_2 \le N_1$ の場合でもそれほど違いはない．そのため，第 10 章と同様

に，本章でも $N_1=N$，$N_2=N+M$，$M\geq 0$ として，

$$\langle s_\lambda\rangle_k(N|N+M)=i^{MN+\frac{1}{2}M^2}(-1)^{MN+\frac{1}{2}M(M-1)+R}\int\frac{D_k^N\mu}{N!}\frac{D_{-k}^{N+M}\nu}{(N+M)!}$$
$$\times\det\begin{pmatrix}\big[P(\mu_m,\nu_n)\big]_{\substack{1\leq m\leq N\\1\leq n\leq N+M}} & \big[E_{a_i}(\mu_m)\big]_{\substack{1\leq m\leq N\\1\leq i\leq R}}\\ \big[F_{l_j}(\nu_n)\big]_{\substack{1\leq j\leq M+R\\1\leq n\leq N+M}} & \big[0\big]_{(M+R)\times R}\end{pmatrix}$$
$$\times\det\Big(\big[Q(\nu_n,\mu_m)\big]_{\substack{1\leq n\leq N+M\\1\leq m\leq N}}\quad\big[F_{\bar{a}_i}(\nu_n)\big]_{\substack{1\leq n\leq N+M\\1\leq i\leq M}}\Big)\tag{12.1}$$

を考える．添え字の順番も第 10 章に揃えておく．第 10 章より

$$R\leq N\tag{12.2}$$

のときのみ非零なので，本章でもこのような場合に限る．これまでの記号を簡単に復習すると，

$$D_k\mu=\frac{d\mu}{2\pi}e^{\frac{ik}{4\pi}\mu^2},\quad P(\mu,\nu)=\frac{1}{2\cosh\frac{\mu-\nu}{2}},\quad E_a(\mu)=e^{a\mu},$$
$$D_{-k}\nu=\frac{d\nu}{2\pi}e^{-\frac{ik}{4\pi}\nu^2},\quad Q(\nu,\mu)=\frac{1}{2\cosh\frac{\nu-\mu}{2}},\quad F_l(\nu)=e^{l\nu}\tag{12.3}$$

であった．第 10 章の開弦形式では (10.14) のように 2 つの行列式を付録のコーシー–ビネ公式を用いてまとめたが，本章の閉弦形式では (12.1) の片方の行列式を自明な形に変換して積分を実行することを考える．

そのために，まずは積分変数のスケール変換

$$\mu\to\frac{\mu}{k},\quad\nu\to\frac{\nu}{k}\tag{12.4}$$

をする．このとき，積分測度から出てきたスケール変換因子 $k^{-N}k^{-(N+M)}=\big((k^{-\frac{1}{2}})^N(k^{-\frac{1}{2}})^{N+M}\big)^2$ を，2 つの行列式の初めの N 行の各行と初めの $N+M$ 列の各列に分けてかけると，

$$\langle s_\lambda\rangle_k(N|N+M)=\frac{i^{MN+\frac{1}{2}M^2}(-1)^{MN+\frac{1}{2}M(M-1)+R}}{(2\pi)^{2N+M}}$$
$$\times\int\frac{d^N\mu}{N!}\frac{d^{N+M}\nu}{(N+M)!}e^{\frac{i}{4\pi k}(\sum_m\mu_m^2-\sum_n\nu_n^2)}$$
$$\times\det\begin{pmatrix}\Big[k^{-1}P\Big(\frac{\mu_m}{k},\frac{\nu_n}{k}\Big)\Big]_{N\times(N+M)} & \Big[k^{-\frac{1}{2}}E_{a_i}\Big(\frac{\mu_m}{k}\Big)\Big]_{N\times R}\\ \Big[k^{-\frac{1}{2}}F_{l_j}\Big(\frac{\nu_n}{k}\Big)\Big]_{(M+R)\times(N+M)} & \big[0\big]_{(M+R)\times R}\end{pmatrix}$$
$$\times\det\Big(\Big[k^{-1}Q\Big(\frac{\nu_n}{k},\frac{\mu_m}{k}\Big)\Big]_{(N+M)\times N}\quad\Big[k^{-\frac{1}{2}}F_{\bar{a}_i}\Big(\frac{\nu_n}{k}\Big)\Big]_{(N+M)\times M}\Big)\tag{12.5}$$

が得られる．すると，座標や運動量の正準演算子とそれらの固有状態

$$[\widehat{q},\widehat{p}]=i\hbar,\quad\hbar=2\pi k,$$

$$\langle q|q'\rangle = 2\pi\delta(q-q'), \quad \langle q|p\rangle\!\rangle = \frac{e^{\frac{i}{\hbar}qp}}{\sqrt{k}},$$

$$\langle\!\langle p|p'\rangle\!\rangle = 2\pi\delta(p-p'), \quad \langle\!\langle p|q\rangle = \frac{e^{-\frac{i}{\hbar}qp}}{\sqrt{k}} \tag{12.6}$$

を用いて，行列の各成分が

$$k^{-1}P\Big(\frac{\mu}{k},\frac{\nu}{k}\Big) = \frac{1}{2k\cosh\frac{\mu-\nu}{2k}} = \langle\mu|\frac{1}{2\cosh\frac{\widehat{p}}{2}}|\nu\rangle,$$

$$k^{-\frac{1}{2}}E_a\Big(\frac{\mu}{k}\Big) = \frac{e^{\frac{a\mu}{k}}}{\sqrt{k}} = \langle\mu|-2\pi ia\rangle\!\rangle,$$

$$k^{-\frac{1}{2}}F_l\Big(\frac{\nu}{k}\Big) = \frac{e^{\frac{l\nu}{k}}}{\sqrt{k}} = \langle\!\langle 2\pi il|\nu\rangle \tag{12.7}$$

のように実に単純にまとまる．ただしここで運動量固有状態における運動量を純虚数としている．正確には積分路の変形により解析接続できることを議論しなければならないが，説明が煩雑になるので，ここでは形式的な操作として単に受け入れることにしよう．積分 $D_k\mu_m$ や $D_{-k}\nu_n$ に含まれるフレネル因子 $e^{\frac{ik}{4\pi}\mu_m^2}$ や $e^{-\frac{ik}{4\pi}\nu_n^2}$ もスケール変換を行った結果，

$$e^{\frac{i}{4\pi k}\mu_m^2} = e^{\frac{i}{2\hbar}\mu_m^2}, \quad e^{-\frac{i}{4\pi k}\nu_n^2} = e^{-\frac{i}{2\hbar}\nu_n^2} \tag{12.8}$$

となり，これらも 1 番目の行列式の初めの N 行と初めの $N+M$ 列にかけておく．すると，

$$e^{\frac{i}{2\hbar}\mu_m^2}\langle\mu_m| = \langle\mu_m|e^{\frac{i}{2\hbar}\widehat{q}^2}, \quad |\nu_n\rangle e^{-\frac{i}{2\hbar}\nu_n^2} = e^{-\frac{i}{2\hbar}\widehat{q}^2}|\nu_n\rangle \tag{12.9}$$

より，分配関数は

$$\begin{aligned}\langle s_\lambda\rangle_k(N|N+M) &= \frac{i^{MN+\frac{1}{2}M^2}(-1)^{MN+\frac{1}{2}M(M-1)+R}}{(2\pi)^{2N+M}}\int\frac{d^N\mu}{N!}\frac{d^{N+M}\nu}{(N+M)!}\\ &\times\det\begin{pmatrix}\Big[\langle\mu|e^{\frac{i}{2\hbar}\widehat{q}^2}\frac{1}{2\cosh\frac{\widehat{p}}{2}}e^{-\frac{i}{2\hbar}\widehat{q}^2}|\nu\rangle\Big]_{N\times(N+M)} & \Big[\langle\mu|e^{\frac{i}{2\hbar}\widehat{q}^2}|-2\pi ia\rangle\!\rangle\Big]_{N\times R}\\ \Big[\langle\!\langle 2\pi il|e^{-\frac{i}{2\hbar}\widehat{q}^2}|\nu\rangle\Big]_{(M+R)\times(N+M)} & \big[0\big]_{(M+R)\times R}\end{pmatrix}\\ &\times\det\begin{pmatrix}\Big[\langle\nu|\frac{1}{2\cosh\frac{\widehat{p}}{2}}|\mu\rangle\Big]_{(N+M)\times N} & \Big[\langle\nu|-2\pi i\bar{a}\rangle\!\rangle\Big]_{(N+M)\times M}\end{pmatrix}\end{aligned} \tag{12.10}$$

となる．ただしここでは，μ_m，ν_n，a_i，l_j などの添え字をすべて省略した．

双曲線関数 $(2\cosh\frac{\widehat{p}}{2})^{-1}$ の相似変換は以前にも (7.34) で現れた．その際にはさらに相似変換 (7.38) により改良を進めた．今の場合も同様な変形ができる．そのために，まずこの多重積分において，座標演算子の固有状態 $|\mu_m\rangle$，$|\nu_n\rangle$ が単独で存在しているわけではないことに注目しよう．2 つの行列式の展開で，ケット状態があれば，必ずそれと対応するブラ状態がただ 1 つ存在し，その変数で積分されている．つまり，必ず

$$\int \frac{d\mu_m}{2\pi}|\mu_m\rangle\langle\mu_m| = 1, \quad \int \frac{d\nu_n}{2\pi}|\nu_n\rangle\langle\nu_n| = 1 \tag{12.11}$$

の形で恒等演算子にまとまることがわかる．これに対して，相似変換

$$\int \frac{d\mu_m}{2\pi}e^{-\frac{i}{2\hbar}\widehat{p}^2}|\mu_m\rangle\langle\mu_m|e^{\frac{i}{2\hbar}\widehat{p}^2} = 1, \quad \int \frac{d\nu_n}{2\pi}e^{-\frac{i}{2\hbar}\widehat{p}^2}|\nu_n\rangle\langle\nu_n|e^{\frac{i}{2\hbar}\widehat{p}^2} = 1 \tag{12.12}$$

を行うと，前者の行列式の成分はすべてデルタ関数

$$\begin{aligned}
&\langle\mu_m|e^{\frac{i}{2\hbar}\widehat{p}^2}e^{\frac{i}{2\hbar}\widehat{q}^2}\frac{1}{2\cosh\frac{\widehat{p}}{2}}e^{-\frac{i}{2\hbar}\widehat{q}^2}e^{-\frac{i}{2\hbar}\widehat{p}^2}|\nu_n\rangle = \frac{2\pi}{2\cosh\frac{\mu_m}{2}}\delta(\mu_m-\nu_n),\\
&\langle\mu_m|e^{\frac{i}{2\hbar}\widehat{p}^2}e^{\frac{i}{2\hbar}\widehat{q}^2}|-2\pi i a_i\rangle\!\rangle = \frac{2\pi}{\sqrt{-i}}e^{\frac{i}{2\hbar}(2\pi a_i)^2}\delta(\mu_m-2\pi i a_i),\\
&\langle\!\langle 2\pi i l_j|e^{-\frac{i}{2\hbar}\widehat{q}^2}e^{-\frac{i}{2\hbar}\widehat{p}^2}|\nu_n\rangle = \frac{2\pi}{\sqrt{i}}e^{-\frac{i}{2\hbar}(2\pi l_j)^2}\delta(\nu_n+2\pi i l_j)
\end{aligned} \tag{12.13}$$

に変わる．ここで最初の等式変形は (7.39) を用いた．また同じ相似変換 (12.12) により，後者の行列式の成分は

$$\begin{aligned}
&\langle\nu_n|e^{\frac{i}{2\hbar}\widehat{p}^2}\frac{1}{2\cosh\frac{\widehat{p}}{2}}e^{-\frac{i}{2\hbar}\widehat{p}^2}|\mu_m\rangle = \langle\nu_n|\frac{1}{2\cosh\frac{\widehat{p}}{2}}|\mu_m\rangle,\\
&\langle\nu_n|e^{\frac{i}{2\hbar}\widehat{p}^2}|-2\pi i\bar{a}_i\rangle\!\rangle = e^{-\frac{i}{2\hbar}(2\pi\bar{a}_i)^2}\langle\nu_n|-2\pi i\bar{a}_i\rangle\!\rangle
\end{aligned} \tag{12.14}$$

とほぼ不変である．これらの変形により，分配関数は

$$\begin{aligned}
\langle s_\lambda\rangle_k(N|N+M) &= \frac{i^{MN+\frac{1}{2}M^2}(-1)^{MN+\frac{1}{2}M(M-1)+R}}{(2\pi)^{N-R}\sqrt{-i}^R\sqrt{i}^{M+R}}\\
&\times e^{\frac{(2\pi)^2 i}{2\hbar}(\sum a^2-\sum l^2-\sum\bar{a}^2)}\int\frac{d^N\mu}{N!}\frac{d^{N+M}\nu}{(N+M)!}\\
&\times\det\begin{pmatrix}\left[\dfrac{\delta(\mu_m-\nu_n)}{2\cosh\frac{\mu_m}{2}}\right]_{N\times(N+M)} & \left[\delta(\mu_m-2\pi i a_i)\right]_{N\times R}\\ \left[\delta(\nu_n+2\pi i l_j)\right]_{(M+R)\times(N+M)} & [0]_{(M+R)\times R}\end{pmatrix}\\
&\times\det\left(\left[\langle\nu_n|\frac{1}{2\cosh\frac{\widehat{p}}{2}}|\mu_m\rangle\right]_{(N+M)\times N}\quad\left[\langle\nu_n|-2\pi i\bar{a}_i\rangle\!\rangle\right]_{(N+M)\times M}\right)
\end{aligned} \tag{12.15}$$

となる．

まず 1 番目の行列式に着目しよう（図 12.1 参照）．行列式を展開したとき非零となるためには，右側の R 列は必ず右上のブロックにある $[\delta(\mu_m-2\pi i a_i)]$ から選ばなければならず，また，下側の $(M+R)$ 行は必ず左下のブロックにある $[\delta(\nu_n+2\pi i l_j)]$ から選ばなければならない．すると (12.2) より，残りの $(N-R)$ 行と $(N+M)-(M+R)=(N-R)$ 列は左上のブロックから選ぶことになる．ある選び方をして，デルタ関数の積分を実行したとすると，N 個の μ_m 変数の中の R 個は $2\pi i a_i$ に固定され，$(N+M)$ 個の ν_n 変数の中の

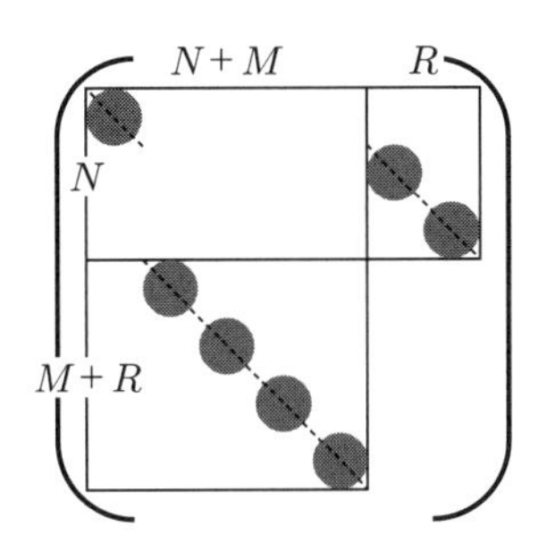

図 12.1　(12.15) の 1 番目の行列式（第 3 行）の非零となる成分展開とその標準的な選び方．右側の R 列は必ず右上のブロックから選び，下側の $(M+R)$ 行は必ず左下のブロックから選ぶ．すると，残りの $(N-R)$ 行と $(N-R)$ 列は左上のブロックから選ぶことになる．選び方によらずに同じ寄与を与えるので，標準的に図のように各ブロックから“準対角的に”成分を選ぶと，符号を持たない対角成分と比べて余分に $(-1)^{R(M+R)}$ の符号 (12.16) を持つことがわかる．

$(M+R)$ 個は $-2\pi i l_j$ に固定され，残った $(N-R)$ 個の μ_m 変数と $(N-R)$ 個の ν_n 変数は互いに同定される．このとき，もしも別の選び方をしたとすると，選び方の違いはもとの μ_m 変数や ν_n 変数の置換なので，2 番目の行列式の行と列を入れ換えることにより完全に吸収できる．つまり，1 番目の行列式を展開したどの項も全く同じ寄与をすることがわかる．今，標準的な選び方として，左上のブロックから上の $(N-R)$ 行と左の $(N-R)$ 列の対角成分を選び，右上のブロックから下の R 行の対角成分，左下のブロックから右の $(M+R)$ 列の対角成分を選んだとすると，1 番目の行列式の寄与は

$$\det\bigl(\cdots\bigr) \to (-1)^{R(M+R)}\binom{N}{R}\binom{N+M}{M+R}R!(M+R)!(N-R)!$$
$$\times\prod_{m=1}^{N-R}\frac{\delta(\mu_m-\nu_m)}{2\cosh\frac{\mu_m}{2}}\prod_{i=1}^{R}\delta(\mu_{N-R+i}-2\pi i a_i)\prod_{j=1}^{M+R}\delta(\nu_{N-R+j}+2\pi i l_j) \tag{12.16}$$

と等しい．また，2 番目の行列式はこれまでの計算（例えば (10.5) 参照）を逆にたどれば，

$$\det\bigl(\cdots\bigr) = \det\left(\left[\frac{1}{2k\cosh\frac{\nu_n-\mu_m}{2k}}\right]_{\substack{1\le n\le N+M\\1\le m\le N}}\quad\left[\frac{1}{\sqrt{k}}e^{\frac{\bar{a}_i\nu_n}{k}}\right]_{\substack{1\le n\le N+M\\1\le i\le M}}\right)$$
$$= \frac{1}{k^{N+\frac{M}{2}}}e^{-\frac{1}{2k}(\sum_m\mu_m+\sum_n\nu_n)}$$
$$\times\det\left(\left[\frac{1}{e^{-\frac{\nu_n}{k}}+e^{-\frac{\mu_m}{k}}}\right]_{(N+M)\times N}\quad\left[e^{\frac{\nu_n}{k}(\bar{a}_i+\frac{1}{2})}\right]_{(N+M)\times M}\right)$$
$$= \frac{(-1)^{\frac{1}{2}M(M-1)}}{k^{N+\frac{M}{2}}}e^{\frac{M}{2k}(\sum_m\mu_m-\sum_n\nu_n)}$$

$$\times \frac{\prod_{m<m'}^{N}(2\sinh\frac{\mu_m-\mu_{m'}}{2k})\prod_{n<n'}^{N+M}(2\sinh\frac{\nu_n-\nu_{n'}}{2k})}{\prod_{m=1}^{N}\prod_{n=1}^{N+M}(2\cosh\frac{\mu_m-\nu_n}{2k})} \tag{12.17}$$

となる．2つの行列式の変形を (12.15) に代入して，すべての ν_n 変数と R 個の μ_m 変数 $\mu_{N-R+1},\cdots,\mu_N$ に関するデルタ関数の積分を実行すれば，

$$\begin{aligned}\langle s_\lambda\rangle_k(N|N+M) &= \frac{(-1)^{M(N-R)}i^{MN+\frac{1}{2}M(M-1)}}{(2\pi)^{N-R}k^{N+\frac{M}{2}}}e^{\frac{(2\pi)^2 i}{2\hbar}(\sum a^2-\sum l^2-\sum \bar{a}^2)}\\ &\times\int\frac{d^{N-R}\mu}{(N-R)!}\prod_{m=1}^{N-R}\frac{1}{2\cosh\frac{\mu_m}{2}}\\ &\times\left[e^{\frac{M}{2k}(\sum\mu-\sum\nu)}\frac{\prod_{m<m'}^{N}(2\sinh\frac{\mu_m-\mu_{m'}}{2k})\prod_{n<n'}^{N+M}(2\sinh\frac{\nu_n-\nu_{n'}}{2k})}{\prod_{m=1}^{N}\prod_{n=1}^{N+M}(2\cosh\frac{\mu_m-\nu_n}{2k})}\right]\Bigg|\end{aligned} \tag{12.18}$$

が得られる．ただし，ここで最後の行の記号 $|$ はデルタ関数の代入

$$\begin{aligned}&\nu_m=\mu_m,\quad 1\le m\le N-R,\\ &\mu_{N-R+i}=2\pi i a_i,\quad 1\le i\le R,\\ &\nu_{N-R+j}=-2\pi i l_j,\quad 1\le j\le M+R\end{aligned} \tag{12.19}$$

を意味する．

最低次 $N=R$ とすると，

$$\begin{aligned}\langle s_\lambda\rangle_k(R|R+M) &= \frac{1}{k^{R+\frac{M}{2}}}e^{\frac{(2\pi)^2 i}{2\hbar}(\sum a^2-\sum l^2-\sum\bar{a}^2)}e^{\frac{\pi i}{k}M(\sum a+\sum l)}\\ &\times\frac{\prod_{i<i'}^{R}\left(2\sin\frac{\pi(a_i-a_{i'})}{k}\right)\prod_{j<j'}^{R+M}\left(2\sin\frac{\pi(l_j-l_{j'})}{k}\right)}{\prod_{i=1}^{R}\prod_{j=1}^{R+M}\left(2\cos\frac{\pi(a_i+l_j)}{k}\right)}\end{aligned} \tag{12.20}$$

となり，この最低次で規格化をすると，

$$\begin{aligned}\frac{\langle s_\lambda\rangle_k(N|N+M)}{\langle s_\lambda\rangle_k(R|R+M)} &= \frac{(-i)^{M(N-R)}}{(N-R)!}\int\frac{d^{N-R}\mu}{(2\pi k)^{N-R}}\\ &\times\prod_{m<m'}^{N-R}\left(\tanh\frac{\mu_m-\mu_{m'}}{2k}\right)^2\\ &\times\prod_{m=1}^{N-R}\left[\frac{1}{2\cosh\frac{\mu_m}{2}}\prod_{i=1}^{R}\tanh\frac{\mu_m-2\pi i a_i}{2k}\prod_{j=1}^{M+R}\tanh\frac{\mu_m+2\pi i l_j}{2k}\right]\end{aligned} \tag{12.21}$$

が得られる．ただし，(12.18) の第3行の代入において，分子や分母の各因子は2つの μ_m 変数や ν_n 変数を関連づけるので，それらを行列の成分と見なせる（図 12.2 参照）．また各因子には $m<m'$ や $n<n'$ の条件が付けられているので上三角行列となる．このとき，格子縞のブロックの成分は最低次の規格化 (12.20) に寄与する．また，横縞のブロックの成分は (12.21) の第3行の腕

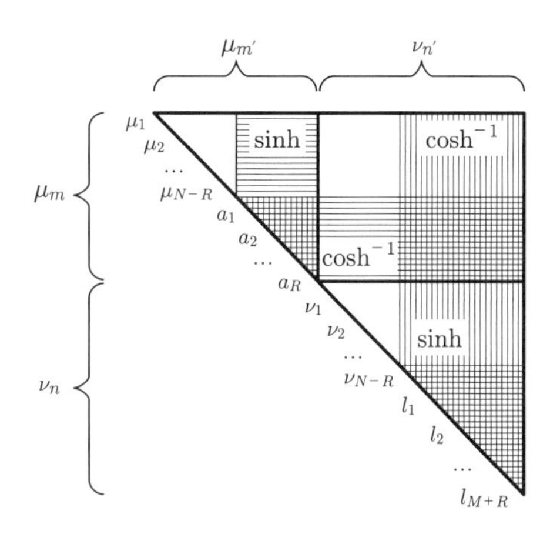

図 12.2　(12.18) の第 3 行の代入の概念図．分子と分母の各因子は 2 つの μ_m 変数や ν_n 変数を関連づけるので，行列の成分と見なせる．また，各因子に $m < m'$ や $n < n'$ の条件が付けられているので上三角行列となる．各ブロックの因子の寄与に応じて，異なる縞模様を付けた．

長が関与する因子に，縦縞のブロックの成分は脚長が関与する因子に寄与する．さらに，模様のないブロックの成分は (12.21) の第 2 行の μ_m と μ'_m の伝搬を示す差積に寄与する．このとき，被積分関数は一般に複素関数であるが，各複素積分における積分路はすべて実軸に沿っている．

この結果を大正準分配関数に書き直すと，$\langle s_\lambda \rangle_{k,M}^{\mathrm{GC}}(z)$ は最低次の規格化を除き，$M=0$ の場合と同じフレドホルム行列式 $\mathrm{Det}(1+z\widehat{\rho}')$ で表され，密度行列演算子 $\widehat{\rho}'$ は

$$\widehat{\rho}' = \frac{1}{2\cosh\frac{\widehat{p}}{2}} \frac{1}{2\cosh\frac{\widehat{q}}{2}} \prod_{i=1}^{R} \tanh\frac{\widehat{q}-2\pi i a_i}{2k} \prod_{j=1}^{M+R} \tanh\frac{\widehat{q}+2\pi i l_j}{2k} \tag{12.22}$$

と変形される．同じ密度行列演算子の行列要素を成分に持つ行列式で補正を取り込んだ開弦形式と比較すると，この形式は余分な行列式の補正の代わりに，閉じた弦が作る背景幾何を反映した密度行列演算子を変更しているので，この形式を**閉弦形式**とよぶことにする．

開弦形式の最終結果 (10.27) と同様に，閉弦形式で最終的に得られた結果 (12.21) もまた非常に特徴的である．もともと 1 点関数 $\langle s_\lambda \rangle_k(N|N+M)$ はヤング図 λ とフラクショナルブレーン M の両方に依存しているが，(12.21) にはシフトフロベニウス記法の腕長と脚長のみが現れ，腕長と脚長は互いに逆符号の寄与を与える．この構造は次章で 1 点関数の性質を議論する際に重要な役割を果たす．

第 13 章
双対性

第 7 章で行列模型の分配関数を解析するために，相互作用しないフェルミガスの分配関数に書き換えた．その結果，ある密度行列演算子のフレドホルム行列式となることをみた．また第 10 章ではフラクショナルブレーンやウィルソンループが挿入された 1 点関数を解析するのに，同じ密度行列演算子を用いるが，それからの補正が密度行列演算子の行列要素を成分に持つ行列式にまとまることをみた．密度行列演算子の行列要素を考えることが，あたかも端点を持つ開いた弦を考えているように思えるので，この形式を開弦形式と名付けた．さらに，前章では同じ 1 点関数を議論するのに，密度行列演算子の行列要素で補正を考える代わりに，密度行列演算子に補正を取り入れられることをみた．密度行列演算子への補正はあたかも閉じた弦が作る背景幾何を変更しているように思えるので，この形式を閉弦形式と名付けた．両形式は，同じ物理的な対象の異なる形式なので，ある意味で開いた弦と閉じた弦の間に双対性があることが予想できる．前章の閉弦形式を用いれば，正確にフラクショナルブレーンとウィルソンループの間の双対性を議論できる．これを第 13.1 節で説明する．

また，前章の閉弦形式を用いれば，第 5.5 節で紹介した ABJM 行列模型のオリエンティフォルド射影となる OSp 行列模型と，第 7.6 節で紹介した ABJM 行列模型のフェルミガス形式のカイラル射影を関連づけることができる．これを第 13.2 節で紹介する．

13.1 開弦と閉弦の双対性

本節で議論する開いた弦と閉じた弦の間の双対性を最も端的に表した式は，

$$\langle s_{\square}\rangle^{\mathrm{GC}}_{k,M=0}(z)\sim\langle 1\rangle^{\mathrm{GC}}_{k,M=2}(z) \tag{13.1}$$

であろう．ここで，$\sim$ は互いに z によらない定数で規格化されてもよいことを意味する．つまり，例えば z の最低次に着目して，等号が成立するように両辺の相対的な規格化を決めると，その規格化の下で高次項に対しても等号が成立することを意味している．左辺は $M=0$ なのでフラクショナルブレーンの挿入を受けていないが，基本表現 $s_\square$ のウィルソンループが挿入された 1 点関数である．また，右辺は $s_\bullet=1$ なのでウィルソンループの挿入を受けていないが，$M=2$ のフラクショナルブレーンが挿入されている分配関数である．

これまで第 III 部では同じフラクショナルブレーンやウィルソンループが挿入された 1 点関数に対して，2 種類の解析方法を説明してきた．第 10 章の開弦形式では密度行列演算子の行列要素により記述している．端点を持つ行列要素はあたかも開いた弦に思えるので，開いた弦を尊重した記述である．また前章の閉弦形式では，同じ物理的な対象に対して，密度行列演算子を変形することにより，同じフレドホルム行列式で記述している．フレドホルム行列式 (7.20) は展開すればすべて巡回対称性を持つトレース演算子となり，巡回対称性を持つトレース演算子はあたかも閉じた弦に思えるので，閉じた弦を尊重した記述である．このようにフラクショナルブレーンもウィルソンループも開いた弦の寄与と見なすことも閉じた弦の寄与と見なすこともできる．しかし，素直には，

- フラクショナルブレーンは背景幾何を変形させるので，閉弦による寄与
- ウィルソンループはブレーンの交差に由来するので，開弦による寄与

と考えるのが自然である．そうすると (13.1) は，開いた弦による寄与と閉じた弦による寄与が互いに区別できないこと，つまり，開いた弦と閉じた弦の間に双対性が成り立つことを示唆している．

以下では，このような開いた弦と閉じた弦の間で成り立つ双対性 (13.1) とその拡張に対する証明の概略を述べたい．それには前章で準備した閉弦形式が有用である．そのため，まずは前章で得られた閉弦形式を復習しよう．前章によれば，フラクショナルブレーン M やウィルソンループ s_λ が挿入された 1 点関数は，非零の最低次で規格化すれば，(12.21)

$$\frac{\langle s_\lambda\rangle_k(N|N+M)}{\langle s_\lambda\rangle_k(R|R+M)}=\frac{(-i)^{M(N-R)}}{(N-R)!}\int\frac{d^{N-R}\mu}{(4\pi k)^{N-R}}$$
$$\times\prod_{m<m'}^{N-R}\left(\tanh\frac{\mu_m-\mu_{m'}}{2k}\right)^2\prod_{m=1}^{N-R}V_M(\mu_m)\qquad(13.2)$$

と変形できることがわかった．ただし，被積分関数に現れる $V_M(\mu)$ は

$$V_M(\mu)=\frac{1}{2\cosh\frac{\mu}{2}}\prod_{i=1}^{R}\tanh\frac{\mu-2\pi ia_i}{2k}\prod_{j=1}^{M+R}\tanh\frac{\mu+2\pi il_j}{2k}\qquad(13.3)$$

と定義した．

前章で説明したように，この複素積分において，各変数は実軸に沿って積分されている．コーシーの積分公式によれば，極（や分岐点）に遭遇しない限り，積分路は自由に変形できる．特に実軸近くに極が存在せず，無限遠の寄与が十分に小さい場合には，積分路を実軸から一斉に虚軸方向にずらすことが可能で

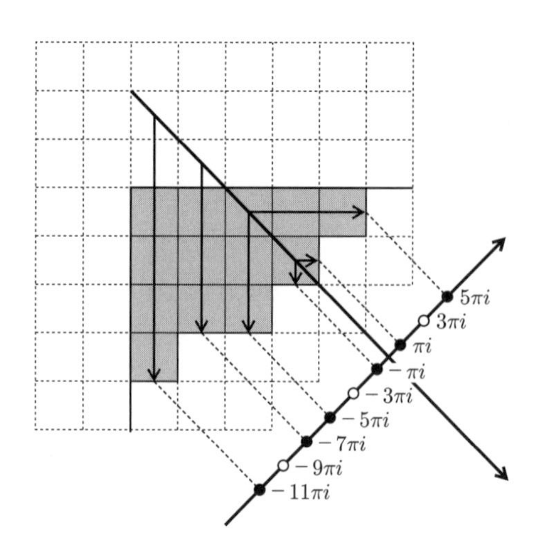

図 13.1　複素関数 (13.3) の見かけの極と本当の極．$(2\cosh\frac{\mu}{2})^{-1}$ における極は，ヤング図のシフトフロベニウス記法の腕長と符号付き脚長 (13.7) に零点を持つ tanh 関数により，部分的に相殺される．相殺される極を黒丸，相殺されずに残る極を白丸で示す．

ある．一斉にずらせば $\tanh\frac{\mu_m-\mu_{m'}}{2k}$ の引き数の虚数部分は互いに相殺される．

どこで初めて極に遭遇し，変形できなくなるかを調べるために，被積分関数の $V_M(\mu)$ (13.3) の極の構造を詳しくみていこう（図 13.1 参照）．まず $2\cosh\frac{\mu}{2}$ の零点は

$$\cdots,\ -5\pi i,\ -3\pi i,\ -\pi i,\ \pi i,\ 3\pi i,\ 5\pi i,\ \cdots \tag{13.4}$$

と無限に続くので，一見 $V_M(\mu)$ の極も虚軸方向に多く存在し，積分路を変形するのが難しい印象を受ける．しかし，これらの極がすべて寄与するわけではない．簡単のため k が十分に大きいとして tanh の周期性から来る寄与を無視すると，$V_M(\mu)$ の tanh 部分は少なくとも

$$\begin{gathered}-2\pi i l_1,\ -2\pi i l_2,\ \cdots,\ -2\pi i l_{M+R-1},\ -2\pi i l_{M+R},\\ 2\pi i a_R,\ 2\pi i a_{R-1},\ \cdots,\ 2\pi i a_2,\ 2\pi i a_1\end{gathered} \tag{13.5}$$

で零点を持つことがわかる．つまり，複素積分 (13.2) の積分路の変形において，(13.4) の極がすべて邪魔をするわけではない．ヤング図のシフトフロベニウス記法に登場する腕長や脚長に由来する零点 (13.5) と一致した場合には，(13.4) の極が相殺され，その見かけの極を跨いだ積分路の変形が可能である．

もともとシフトフロベニウス記法において，腕長や脚長はシフトされた対角線からヤング図の輪郭までの長さと定義されていた（図 9.2 参照）．(13.5) において，腕長と脚長が互いに逆符号で寄与することに気を付けて，腕長の集合 $A=\{a_i\}_{i=1}^{R}$ と脚長の符号を変えた集合 $-L=\{-l_j\}_{j=1}^{M+R}$ の和集合

$$A\sqcup(-L)=\{a_i\}_{i=1}^{R}\sqcup\{-l_j\}_{j=1}^{M+R} \tag{13.6}$$

を考えると，その要素は，右上を正として，シフトされた対角線からヤング図の輪郭までの符号付きの長さを測ったものになる．つまり，シフトされた対角線を積分路の実軸，これに垂直な線を虚軸と見立てて，虚軸上に $V_M(\mu)$ の寄与する極を白丸，tanh の零点により相殺されて寄与しない極 (13.6) を黒丸でプロットしよう．すると，ヤング図に重ねて，複素積分 (13.2) の積分路と極の位置関係を示した図ができる（図 13.1 参照）．繰り返すと，白丸と黒丸は合わせて複素関数 (13.3) の $(2\cosh\frac{\mu}{2})^{-1}$ 部分の虚軸上の極であり，黒丸においてその極は tanh 関数の零点と相殺している．また tanh 関数の零点は腕長や符号付きの脚長 (13.6) により特徴づけられる．

さて，複素関数 (13.3) の極の構造がわかったところで，図 13.1 の例を用いて複素積分 (13.2) の考察に戻ろう．もともとあった $(2\cosh\frac{\mu}{2})^{-1}$ の極 πi は tanh 関数の零点により相殺されているので，コーシーの積分公式より，実軸にある積分路を右上に $2\pi i$ ずらしても積分値が不変である．積分路を $+2\pi i$ ずらすのは，相対的にすべての腕長や符号付き脚長 (13.6) を -1 だけずらすことになる．つまり，もともとのヤング図の腕長と脚長は

$$A=\left\{\frac{5}{2},\frac{1}{2}\right\},\quad L=\left\{\frac{11}{2},\frac{7}{2},\frac{5}{2},\frac{1}{2}\right\} \tag{13.7}$$

であり，tanh 関数の零点は

$$2\pi iA\sqcup(-2\pi iL)=\{-11\pi i,-7\pi i,-5\pi i,-\pi i,\pi i,5\pi i\} \tag{13.8}$$

だったが，積分路を $+2\pi i$ ずらすと，相対的に tanh 関数の零点は

$$2\pi iA_+\sqcup(-2\pi iL_+)=\{-13\pi i,-9\pi i,-7\pi i,-3\pi i,-\pi i,3\pi i\} \tag{13.9}$$

に変わり，ずらした後にもう一度腕長と脚長に分けると，

$$A_+=\left\{\frac{3}{2}\right\},\quad L_+=\left\{\frac{13}{2},\frac{9}{2},\frac{7}{2},\frac{3}{2},\frac{1}{2}\right\} \tag{13.10}$$

となる．腕長が 1 つ脚長に移ったので，脚長の個数が腕長の個数より 4 つ多くなり，対角線は $M=4$ だけシフトされることがわかる．(13.10) から対応するヤング図を読み取ることができ，それを図 13.2 に示す．つまり，コーシーの積分公式より積分路をずらしても積分値が変わらないので，もともとのヤング図 λ と整数 M に対するシフトフロベニウス記法 (13.7)（図 13.1）から決まる複素積分と，ずらした後のシフトフロベニウス記法 (13.10)（図 13.2）から決まる複素積分は同じ値

$$\frac{\langle s_{[5,4,3,1]}\rangle_k(N|N+2)}{\langle s_{[5,4,3,1]}\rangle_k(2|4)}=\frac{\langle s_{[6,3,1]}\rangle_k(N|N+4)}{\langle s_{[6,3,1]}\rangle_k(1|5)} \tag{13.11}$$

を持つことがわかる．これは任意のランク N に対して成り立つので，大正準集団に移行して

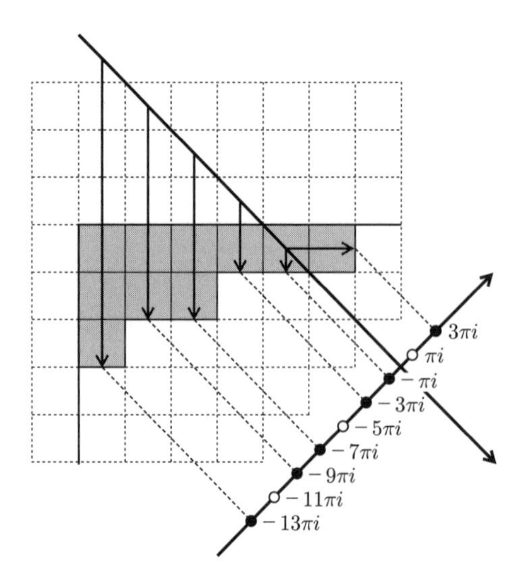

図 13.2　シフトフロベニウス記法における腕長と脚長 (13.10) に対応するヤング図.

$$\frac{\langle s_{[5,4,3,1]}\rangle^{\mathrm{GC}}_{k,2}(z)}{\langle s_{[5,4,3,1]}\rangle_{k,2}(2)} = \frac{\langle s_{[6,3,1]}\rangle^{\mathrm{GC}}_{k,4}(z)}{\langle s_{[6,3,1]}\rangle_{k,4}(1)} \tag{13.12}$$

が成り立つことになる．ただしここで，非零となる 1 点関数の最低ランクを

$$\langle s_\lambda\rangle_{k,M}(R) = \langle s_\lambda\rangle_k(R|M+R) \tag{13.13}$$

と記した．

もともとの複素積分に対応するヤング図（図 13.1）において，実軸にある積分路を右上に $2\pi i$ だけずらすとヤング図（図 13.2）が得られ，2 つの複素積分は同じ積分値を持つことがわかった．しかし，さらに右上に $2\pi i$ だけずらして合わせて $4\pi i$ ずらそうとすると，(13.8) において相殺されていない極 $3\pi i$ を通過する必要がある．このとき極における留数を拾うため，積分値は同じにならず，これ以上積分路を右上にずらすことにより，同じ積分値を与えるヤング図 λ と整数 M の組を見つけることができない．

逆に，ヤング図（図 13.1）の実軸にある積分路を左下に $2\pi i$ ずらすことを考えると，初めに出くわす極 $-\pi i$ は，(13.8) にある tanh 関数の零点により相殺されているので，積分値を変えない．その結果，相対的に tanh 関数の零点は

$$2\pi i A_- \sqcup (-2\pi i L_-) = \{-9\pi i, -5\pi i, -3\pi i, \pi i, 3\pi i, 7\pi i\} \tag{13.14}$$

に変わり，ずらした後にもう一度腕長と脚長に分けると，

$$A_- = \left\{\frac{7}{2}, \frac{3}{2}, \frac{1}{2}\right\}, \quad L_- = \left\{\frac{9}{2}, \frac{5}{2}, \frac{3}{2}\right\} \tag{13.15}$$

となる．今度は脚長が 1 つ腕長に移ったので，脚長の個数と腕長の個数は同じになり，対角線はもともとシフトされていないもの $M=0$ となる．対応するヤング図を図 13.3 に示す．これまでと同様に，もともとのヤング図 λ と整数

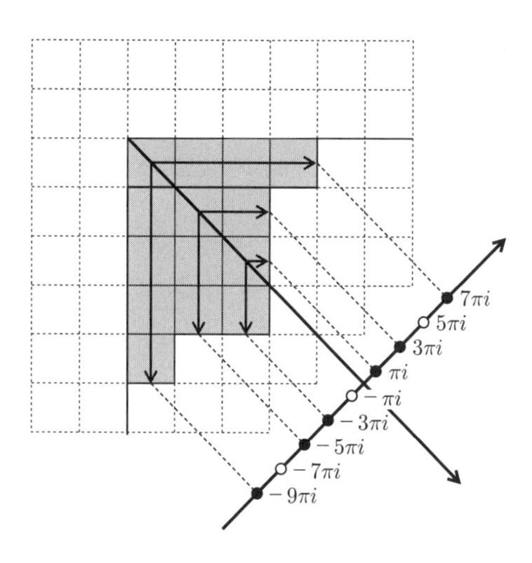

図 13.3　シフトフロベニウス記法における腕長と脚長 (13.15) に対応するヤング図.

M に対するシフトフロベニウス記法 (13.7)（図 13.1）から決まる複素積分と，ずらした後のシフトフロベニウス記法 (13.15)（図 13.3）から決まる複素積分は同じ値を持ち，大正準集団において

$$\frac{\langle s_{[5,4,3,1]}\rangle^{\rm GC}_{k,2}(z)}{\langle s_{[5,4,3,1]}\rangle_{k,2}(2)}=\frac{\langle s_{[4,3,3,3,1]}\rangle^{\rm GC}_{k,0}(z)}{\langle s_{[4,3,3,3,1]}\rangle_{k,0}(3)} \tag{13.16}$$

が成り立つ．また，さらに積分路を左下にずらそうとしても，相殺されていない極に出くわすので，同じ積分値を与えるヤング図 λ と整数 M の組を見つけることができない.

これまでの結果をまとめよう．シフトフロベニウス記法に現れる腕長と脚長から，極と相殺する零点の分布がわかり，極が相殺されている場合にはそれを通過して自由に積分路を変形できる．このとき，$2\pi i$ の整数倍ずらせば新たなヤング図による解釈ができる．もともとの実軸から相殺された極を通過して積分路を連続変形する間に，虚軸上に並ぶ本当の極と相殺された見かけの極の相対的な配置は変わらないので，連続変形で届かない部分のヤング図の形は変わらない．連続変形で届く部分に関しては，相殺された極を 1 つ通過すれば，腕長と脚長が 1 つずつ入れ換わり，それぞれの個数が 1 つずつ増減する.

特に tanh 関数のすべての零点が連続して並ぶ場合は，対角線が M だけシフトされた長方形ヤング図

$$[(M+R)^R]=[\overbrace{M+R,M+R,\cdots,M+R}^{R}] \tag{13.17}$$

の場合である（図 13.4 参照)．このとき，積分路を $2\pi i$ だけずらすごとに，腕長と脚長が 1 つずつ入れ換わるので，結果的にやはり長方形ヤング図になる．また，腕長の個数と脚長の個数の違いが 2 つずつ増減するので，対角線のシフト M も 2 ずつ増減する．したがって，関係式

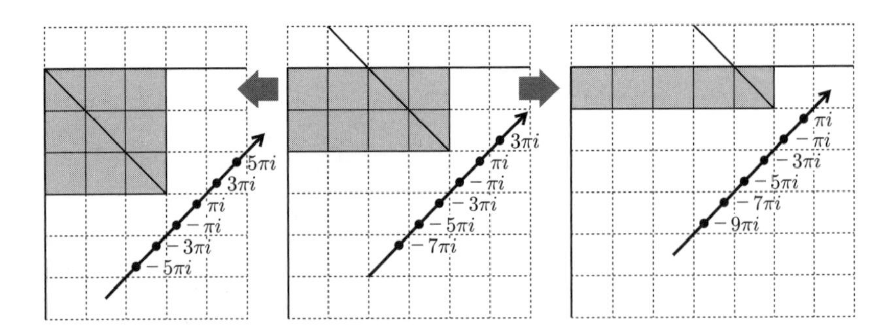

図 13.4　長方形ヤング図の場合の積分路の変形によるヤング図の変化．中央のヤング図から始めて，積分路を $+2\pi i$ ずらせば，腕長が 1 つ脚長に移り，対角線は右上に 2 だけシフトされる（右）．また逆に，積分路を $-2\pi i$ ずらせば，脚長が 1 つ腕長に移り，対角線は左下に 2 だけシフトされる（左）．

$$\frac{\langle s_{[(M+R)^R]}\rangle^{\mathrm{GC}}_{k,M}(z)}{\langle s_{[(M+R)^R]}\rangle_{k,M}(R)} = \frac{\langle s_{[(M+R+1)^{R-1}]}\rangle^{\mathrm{GC}}_{k,M+2}(z)}{\langle s_{[(M+R+1)^{R-1}]}\rangle_{k,M+2}(R-1)} \tag{13.18}$$

が得られる．つまり簡単にいえば，長方形ヤング図は周の長さを保ったまま変形することができ，対角線は長方形ヤング図の右下の頂点を通るように決まることがわかる．

一般的な結果を記述するために，ヤング図どうしの演算を定義しておく必要がある．ヤング図

$$\lambda = [\lambda_1, \lambda_2, \cdots, \lambda_L], \quad \mu = [\mu_1, \mu_2, \cdots, \mu_M] \tag{13.19}$$

に対してヤング図どうしの演算 $\lambda + \mu$ と $\lambda \cup \mu$ をそれぞれ

$$(\lambda + \mu)_i = \lambda_i + \mu_i, \quad \{(\lambda \cup \mu)_i\} = \{\lambda_i\} \cup \{\mu_i\} \tag{13.20}$$

と定義する．例えばヤング図 $\lambda = [4,3,1]$ と $\mu = [5,3]$ に対して，$\lambda + \mu$ は，それぞれのヤング図の横に並ぶ箱の数を足し上げたもの $\lambda + \mu = [9,6,1]$ である．ただし，2 つのヤング図の長さが異なるとき，後ろに無限に 0 が続くと理解して足し算を行う．また $\lambda \cup \mu$ は，それぞれのヤング図に現れる，横に並ぶ箱の数を合わせ，それらを単調非増加となるように並べ換えたもの $\lambda \cup \mu = [5,4,3,3,1]$ である．ただし同じ数に対しては重複度だけ繰り返す．

そうすると，積分路をずらして得られた等式は

$$\frac{\langle s_{([(M+R)^R]+Y)\cup Z}\rangle^{\mathrm{GC}}_{k,M}(z)}{\langle s_{([(M+R)^R]+Y)\cup Z}\rangle_{k,M}(R)} = \frac{\langle s_{([(M+R+1)^{R-1}]+Y)\cup Z}\rangle^{\mathrm{GC}}_{k,M+2}(z)}{\langle s_{([(M+R+1)^{R-1}]+Y)\cup Z}\rangle_{k,M+2}(R-1)} \tag{13.21}$$

と書き表せる（図 13.5 参照）．ただし，部分ヤング図 Y の 1 番目の脚長を β_1，部分ヤング図 Z の 1 番目の腕長を α_1 とすれば，

$$\beta_1 \leq R-1, \quad \alpha_1 \leq M+R \tag{13.22}$$

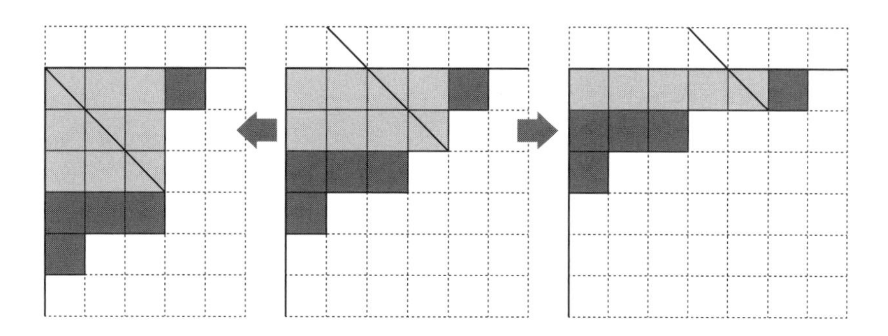

図 13.5 長方形ヤング図以外の場合の積分路の変形によるヤング図の変化．長方形ヤング図の場合（図 13.4）と同様に，ヤング図の長方形部分は変形させることができ，対角線のシフトは長方形の右下の頂点を通るように決まる．さらに，対角線のシフトに影響しない限り，部分ヤング図 Y や Z を長方形部分の右や下に付け加えることができる．図では，部分ヤング図 $Y=[1]$ や $Z=[3,1]$ を濃い灰色で示した．

を満たしているとする．

つまり (13.21) によれば，長方形ヤング図 (13.18) の場合と同様に，ヤング図の長方形部分は周の長さを保ったまま，変形することができ，対角線は長方形ヤング図の右下の頂点を通るように決まる．さらに，一般にヤング図の長方形部分のほかに，部分ヤング図 Y や Z をそれぞれ長方形部分の右と下に追加することができる．条件 (13.22) は，長方形部分の変形に，右や下にある部分ヤング図 Y や Z が影響しないことを要請している．

もう一度，長方形ヤング図の場合に戻り，z に依らない比例係数を明示しなければ，関係式 (13.18) は

$$\langle s_{[(M+R)^R]}\rangle^{\mathrm{GC}}_{k,M}(z) \sim \langle s_{[(M+R+1)^{R-1}]}\rangle^{\mathrm{GC}}_{k,M+2}(z) \tag{13.23}$$

となる．さらに，この関係式を繰り返し用いることにより，

$$\langle s_{[(M+R)^R]}\rangle^{\mathrm{GC}}_{k,M}(z) \sim \langle 1\rangle^{\mathrm{GC}}_{k,M+2R}(z) \tag{13.24}$$

が得られる．特に，$R=1$ や $M=0$ とおけば，本節の冒頭で紹介した例 (13.1) に帰着される．

ウィルソンループ s_λ を開いた弦の自由度，フラクショナルブレーンの枚数 M を閉じた弦の自由度と見なせば，この結果は，開いた弦の自由度と閉じた弦の自由度を互いに読み換えられること，つまり，開いた弦が作る背景と閉じた弦が作る背景は同一の物理的な対象の異なる記述であることを意味する．この関係式は，以前に位相的弦理論の文脈でカラビ–ヤウ多様体の泡立ちとして議論された開弦と閉弦の双対性とよく似ている．これによれば，トーリック図で記述されるカラビ–ヤウ多様体の背景幾何の上に，ゲージ場の自由度を付加した位相的弦理論は，全体として，背景が変化した別の背景幾何の上の位相的弦

理論になる．つまり，閉じた弦の背景の上に開いた弦の自由度を付加することは，開いた弦を閉じた弦が吸収して，閉じた弦の背景が変化すると解釈される．

開いた弦と閉じた弦を繋ぐ際には長方形ヤング図が重要な役割を果たしている．右下の頂点を対角線が通るような長方形ヤング図の場合には，対角線をずらすことによりヤング図の存在を完全に消去することができる．しかし，それ以外の場合には，完全にヤング図の存在を消去することはできないので，本節で示した双対性 (13.21) は，文字通り開弦と閉弦の双対性というより，もう少し広いクラスの双対性が成り立つことを意味している．

13.2 オリエンティフォルド射影とカイラル射影

第 5.5 節で ABJM 行列模型のユニタリ超群を OSp 超群に置き換えた OSp 行列模型を紹介した．また，第 7.1 節で ABJM 行列模型にはフェルミガスの量子力学系が付随しており，第 7.6 節でその量子力学系の密度行列演算子にカイラル射影を導入できることを紹介した．一見，無関係な 2 つの事実だが，前章で説明した閉弦形式を用いれば，OSp 行列模型に付随する量子力学系の密度行列演算子は，もともとの ABJM 行列模型に付随する量子力学系の密度行列演算子にカイラル射影を施したものであると示すことができる．本節でこれを紹介したい．

第 5 章において ABJM 行列模型を導入し，それが形式的に超群 $\mathrm{U}(N_1|N_2)$ をゲージ群に持つことをみた．さらに，第 5.5 節でユニタリ超群を OSp 超群に置き換えることができ，対応する行列模型は

$$
\begin{aligned}
Z_{\mathrm{OSp}(2N_1+1|2N_2)} &= \int \frac{D_k^{N_1}\mu}{N_1!}\frac{D_{-k}^{N_2}\nu}{N_2!} \\
&\times \frac{\begin{array}{c}\prod_{m<m'}^{N_1}(2\sinh\frac{\mu_m-\mu_{m'}}{2})^2(2\sinh\frac{\mu_m+\mu_{m'}}{2})^2\prod_{m=1}^{N_1}(2\sinh\frac{\mu_m}{2})^2 \\ \times\prod_{n<n'}^{N_2}(2\sinh\frac{\nu_n-\nu_{n'}}{2})^2(2\sinh\frac{\nu_n+\nu_{n'}}{2})^2\prod_{n=1}^{N_2}(2\sinh\nu_n)^2\end{array}}{\prod_{m=1}^{N_1}\prod_{n=1}^{N_2}(2\cosh\frac{\mu_m-\nu_n}{2})^2(2\cosh\frac{\mu_m+\nu_n}{2})^2\prod_{n=1}^{N_2}(2\cosh\frac{\nu_n}{2})^2}, \\
Z_{\mathrm{OSp}(2N_1|2N_2)} &= \int \frac{D_k^{N_1}\mu}{N_1!}\frac{D_{-k}^{N_2}\nu}{N_2!} \\
&\times \frac{\begin{array}{c}\prod_{m<m'}^{N_1}(2\sinh\frac{\mu_m-\mu_{m'}}{2})^2(2\sinh\frac{\mu_m+\mu_{m'}}{2})^2 \\ \times\prod_{n<n'}^{N_2}(2\sinh\frac{\nu_n-\nu_{n'}}{2})^2(2\sinh\frac{\nu_n+\nu_{n'}}{2})^2\prod_{n=1}^{N_2}(2\sinh\nu_n)^2\end{array}}{\prod_{m=1}^{N_1}\prod_{n=1}^{N_2}(2\cosh\frac{\mu_m-\nu_n}{2})^2(2\cosh\frac{\mu_m+\nu_n}{2})^2}
\end{aligned}
\tag{13.25}
$$

で与えられることをみた．ここで，積分

$$
D_k\mu = \frac{d\mu}{4\pi}e^{\frac{ik}{4\pi}\mu^2}, \quad D_{-k}\nu = \frac{d\nu}{4\pi}e^{-\frac{ik}{4\pi}\nu^2} \tag{13.26}
$$

は ABJM 行列模型の場合とほぼ同様であるが，オリエンティフォルド射影のため半分の寄与である．また全体的な符号因子を省略した．これらをそれぞれ

非零の値を取る最小値で規格化

$$\begin{aligned}
\Xi_{\mathrm{OSp}(2N+2M+1|2N)}(z) &= \sum_{N=0}^{\infty} z^N \frac{Z_{\mathrm{OSp}(2N+2M+1|2N)}}{Z_{\mathrm{OSp}(2M+1|0)}}, \\
\Xi_{\mathrm{OSp}(2N+1|2N+2M)}(z) &= \sum_{N=0}^{\infty} z^N \frac{Z_{\mathrm{OSp}(2N+1|2N+2M)}}{Z_{\mathrm{OSp}(1|2M)}}, \\
\Xi_{\mathrm{OSp}(2N+2M|2N)}(z) &= \sum_{N=0}^{\infty} z^N \frac{Z_{\mathrm{OSp}(2N+2M|2N)}}{Z_{\mathrm{OSp}(2M|0)}}, \\
\Xi_{\mathrm{OSp}(2N|2N+2M)}(z) &= \sum_{N=0}^{\infty} z^N \frac{Z_{\mathrm{OSp}(2N|2N+2M)}}{Z_{\mathrm{OSp}(0|2M)}}
\end{aligned} \tag{13.27}$$

すると，それぞれは対応する密度行列演算子の行列式

$$\begin{aligned}
\Xi_{\mathrm{OSp}(2N+2M+1|2N)}(z) &= \mathrm{Det}(1 + w\widehat{\rho}_{\mathrm{OSp}(2N+2M+1|2N)}), \\
\Xi_{\mathrm{OSp}(2N+1|2N+2M)}(z) &= \mathrm{Det}(1 + w\widehat{\rho}_{\mathrm{OSp}(2N+1|2N+2M)}), \\
\Xi_{\mathrm{OSp}(2N+2M|2N)}(z) &= \mathrm{Det}(1 + w\widehat{\rho}_{\mathrm{OSp}(2N+2M|2N)}), \\
\Xi_{\mathrm{OSp}(2N|2N+2M)}(z) &= \mathrm{Det}(1 + w\widehat{\rho}_{\mathrm{OSp}(2N|2N+2M)})
\end{aligned} \tag{13.28}$$

になることがわかる．（w は z に位相因子を付けて再定義したものである．）ここで，大正準分配関数ではランク N から双対なフガシティ z に移行したためあらわな N 依存性を持たないが，わかりやすさのためこのような記法を用いる．このとき，前章で構築した閉弦形式を用いれば，それぞれの密度行列演算子 $\widehat{\rho}$ は，ユニタリ超群をゲージ群に持つ ABJM 行列模型の密度行列演算子のカイラル射影

$$\begin{aligned}
\widehat{\rho}_{\mathrm{OSp}(2N+2M+1|2N)} &= \left[\widehat{\rho}_{\mathrm{U}(N+2M|N)}\right]_-, \\
\widehat{\rho}_{\mathrm{OSp}(2N+1|2N+2M)} &= \left[\widehat{\rho}_{\mathrm{U}(N|N+2M)}\right]_-, \\
\widehat{\rho}_{\mathrm{OSp}(2N+2M|2N)} &= \left[\widehat{\rho}_{\mathrm{U}(N|N+2M-1)}\right]_-, \\
\widehat{\rho}_{\mathrm{OSp}(2N|2N+2M)} &= \left[\widehat{\rho}_{\mathrm{U}(N|N+2M+1)}\right]_+
\end{aligned} \tag{13.29}$$

になることを示すことができる．ただし，添え字に記した $\pm$ はそれぞれ偶関数や奇関数へのカイラル射影 $\widehat{\Pi}_\pm$ (7.79) を表す．具体的な対応関係を表 13.1 にまとめる．

つまり，ランク変形されていない ABJM 行列模型のフェルミガス形式（第 7 章）やランク変形されてフラクショナルブレーンを持つ ABJM 行列模型の閉弦形式（第 12 章）と同様に，OSp 行列模型の大正準分配関数も，背景幾何の変形を取り込んだ密度行列演算子を使えば，フレドホルム行列式で記述される．そのときの密度行列演算子は，それぞれ対応する ABJM 行列模型の閉弦形式の密度行列演算子に対して，第 7.6 節で導入したカイラル射影を施したものである．もともと第 5.5 節で説明したように，直交群や斜交群を用いて構築

表 13.1 OSp 行列模型と ABJM 行列模型の対応．直交群と斜交群のランクの大小や直交群 $\mathrm{O}(N)$ における N の偶奇により興味深いパターンをなす．

$$\widehat{\rho}_{\mathrm{OSp}(2N+1|2N)}=\left[\widehat{\rho}_{\mathrm{U}(N|N)}\right]_-,$$

$$\widehat{\rho}_{\mathrm{OSp}(2N|2N)}=\left[\widehat{\rho}_{\mathrm{U}(N|N+1)}\right]_+,\qquad \widehat{\rho}_{\mathrm{OSp}(2N+2|2N)}=\left[\widehat{\rho}_{\mathrm{U}(N+1|N)}\right]_-,$$

$$\widehat{\rho}_{\mathrm{OSp}(2N+1|2N+2)}=\left[\widehat{\rho}_{\mathrm{U}(N|N+2)}\right]_-,\qquad \widehat{\rho}_{\mathrm{OSp}(2N+3|2N)}=\left[\widehat{\rho}_{\mathrm{U}(N+2|N)}\right]_-,$$

$$\widehat{\rho}_{\mathrm{OSp}(2N|2N+2)}=\left[\widehat{\rho}_{\mathrm{U}(N|N+3)}\right]_+,\qquad \widehat{\rho}_{\mathrm{OSp}(2N+4|2N)}=\left[\widehat{\rho}_{\mathrm{U}(N+3|N)}\right]_-,$$

$$\vdots\qquad\qquad\qquad\qquad\vdots$$

$$\widehat{\rho}_{\mathrm{OSp}(2N|2N+k-2)}=\left[\widehat{\rho}_{\mathrm{U}(N|N+k-1)}\right]_+,\qquad \widehat{\rho}_{\mathrm{OSp}(2N+k|2N)}=\left[\widehat{\rho}_{\mathrm{U}(N+k-1|N)}\right]_-,$$

$$\widehat{\rho}_{\mathrm{OSp}(2N+1|2N+k)}=\left[\widehat{\rho}_{\mathrm{U}(N|N+k)}\right]_-,\qquad \widehat{\rho}_{\mathrm{OSp}(2N+k+1|2N)}=\left[\widehat{\rho}_{\mathrm{U}(N+k|N)}\right]_-.$$

された OSp 行列模型は，ユニタリ群を用いた ABJM 行列模型に対してオリエンティフォルド射影を施して得られたものと考えられていることを思い出すと，この結果は，オリエンティフォルド射影をカイラル射影と見なせることを主張している．このとき，様々なランクを持つ OSp 超群が対応するユニタリ超群とカイラル射影は，直交群と斜交群のランクの大小や直交群 $\mathrm{O}(N)$ における N の偶奇により異なり，表 13.1 のように実に興味深いパターンをなしている．紙面の都合上，詳しく説明することはできず，ここでは結果を紹介するに留めておく．将来的にこのパターンの背後に潜んでいる深い構造が解明され，その物理的な解釈により M2 ブレーンやオリエンティフォルドに関する理解が深まると期待している．

第 14 章
まとめと展望

本書では，M 理論，特に，M2 ブレーンの数理に関していくつかのテーマに焦点を当てて説明してきた．第 I 部で，現代の素粒子の統一理論における弦理論や M 理論の必然性を説明した後に，M2 ブレーンの世界体積理論（ABJM 理論）の発見によって，謎に包まれていた M 理論の解明に進展があったことを説明した．ABJM 理論の分配関数や超対称性を半分保つウィルソンループ演算子の 1 点関数は，超対称理論の局所化技術を用いて計算され，その定義に用いられる無限次元経路積分が有限次元行列積分に帰着される．その説明の煩雑さを避けるために，第 II 部では，第 5 章で定義として ABJM 行列模型を導入し，その後に分配関数の解析に進んだ．行列模型の解析には，一般的な行列模型に適用できるトフーフト展開や，ABJM 行列模型とその変形に特に有用な WKB 展開がある．摂動論を超えたインスタントン効果として，トフーフト展開では世界面インスタントンを検知でき，WKB 展開では膜インスタントンを検知できることをそれぞれ第 6 章や第 7 章で説明した．さらに，第 8 章では，厳密値の解析により，すべてのインスタントン効果を一気に捉え，その一般形を与えた．続く第 III 部では，第 9 章においてシュア多項式を説明した後に，行列模型を解析する 2 つの形式，開弦形式（第 10 章）と閉弦形式（第 12 章）を与えた．その応用として，ABJM 行列模型に関する関係式の中から，ヤコビ–トゥルディ関係式（第 11 章）や開弦と閉弦の双対性（第 13 章）などいくつかを選んで，詳しく説明を与えた．

「まえがき」では ABJM 行列模型において数学と物理学が調和して発展してきたことを強調した．それに対して，本書の結果に批判を与え，本研究を次の段階に進めるための問題意識を与えることが本章の目的である．

まずは，本書で議論した内容をさらに深める際に有用な文献や歴史を簡単に説明した上で，著者が考えるこれからの発展の方向性を議論したい．なお，M 理論の研究の目覚ましい発展のため完全な文献表を与えることは不可能であり，ここに掲載した文献は著者の経験に基づき選択されたものである．

14.1 文献

第 3 章

弦理論や M 理論は現代の素粒子論の結晶であり，その発見は多くの先人の偉業による．第 3 章では弦理論や M 理論にたどり着くための最小限の議論を提示するに留めた．これらを深く掘り下げるには，多くの興味深い教科書がある．弦理論の摂動論に関しては [1] という定番の教科書があるが，その後の発展に関しては [2, 3] などと好みが分かれる．著者は学生時代に解説 [4] で弦理論の非摂動論的な効果を勉強しており，本書でも随所にその影響を受けている．近年 [5〜7] も日本語の教科書として定評がある．重力理論の解析から M2 ブレーンの自由度 $N^{\frac{3}{2}}$ を予想したのは [20] である．

第 4 章

チャーン–サイモンズ理論はその神秘性から物理学とともに発展してきた．結び目理論に応用した [18] は特に有名である．J. シュワルツ [24] のアイディアを発展させて，M2 ブレーンの世界体積を記述する場の理論を提唱したのは，Aharony–Bergman–Jafferis–Maldacena [28] である．また，第 4 章の脚注にあるように，超群の構造を提唱した [27] に従って，このランク変形を含めた 2 種類の拡張を具体的に構築したのは [29, 30] である．解説 [8] も参考になる．

第 5 章

行列模型の歴史はおそらくウィグナーの研究に遡るだろう．関連分野にランダム行列がある．ランダム行列はほぼ行列模型と同意語だが，固有値分布の統計的な性質などに重点が置かれている．素粒子論や重力理論の基礎物理学において，行列模型は 2 次元量子重力やゲージ理論の模型として重要である．

本書で議論するような局所化技術に由来する行列模型は [21] が起源であろう．当時 AdS/CFT 対応の文脈で，4 次元 $\mathcal{N}=4$ 超対称ヤン–ミルズ理論が盛んに議論され，その中で超対称性を半分保つ円形のウィルソンループ演算子の真空期待値が計算された．この真空期待値は，はしご近似が厳密に成り立つなど多くの興味深い性質を持ち，詳しく調べられた．ところが，4 次元 $\mathcal{N}=4$ 超対称ヤン–ミルズ理論は共形場理論なので，共形変換を通じて円は直線に変換され，自明な真空期待値しか持てないとも考えられる．これに対して [21] では，直線の無限遠点のみが非自明な寄与を与えられるはずなので，真空期待値はこの無限遠点上の場の理論，つまり，行列模型で記述されるはずだ，という斬新な提案がなされた．この提案は，後に [26] により，それまでウィッテンによって盛んに議論されていた超対称理論の局所化技術を用いて正当化された．このように超対称理論の局所化技術が確立され，多くの超対称性を持つ場の理論に適用された．ABJM 理論に超対称理論の局所化技術を適用して，本書の主題となる ABJM 行列模型を得たのは [32] である．ABJM 理論の超対称性を半分保つウィルソンループ演算子に，超群の構造があることを指摘したの

は [33, 34] である．

第 6 章

トフーフト展開は，行列模型に限らず，ヤン–ミルズ理論や QCD 理論を理解する上でも重要な役割を果たしてきた．チャーン–サイモンズ行列模型において解析性や漸近形からレゾルベントを決定したのは [23] である．チャーン–サイモンズ行列模型や位相的弦理論を解説した教科書として [9] がある．トフーフト展開の手法で ABJM 行列模型から $N^{\frac{3}{2}}$ の振舞いを得たのは [35, 36] である．初期の論文 [35] で摂動論を超えた世界面インスタントン効果が解析され，さらに続く [37] で膜インスタントン効果も議論されていた．これらの論文に影響されて著者らが精査したところ，摂動補正が厳密に足し上げられてエアリー関数になることを発見した[38]．技術的に用いた正則アノマリー方程式はそれまでに確立された手法であるが，おそらく精査する動機がなかったと思われる．しかし，この結果は M2 ブレーンの厳密な性質であり，AdS/CFT 対応を通じて，4 次元 AdS 時空上の量子重力に示唆を与える．重力側で，トフーフト結合定数が $\hat{\lambda}$ に再定義されることは [31] によって，また 1-ループの寄与は [43] によって議論されている．エアリー関数の結果は [40] によって数値計算と比較され，定数の差が発見された．この差は最終的に [55] により簡潔な式で与えられた．一旦エアリー関数になれば，これからの研究の方向性に様々な示唆を与える．特に大正準集団への移行に着目した [39] は重要であろう．

第 7 章

トフーフト極限で得られたエアリー関数を精査して，統計力学的な解釈や WKB 展開に到達したのは [39] である．第 7.1 節で組合せ論的にフェルミガスの分配関数を大正準分配関数に書き換えるところは，ファインマンの教科書 [10] がわかりやすい．高次の WKB 展開について [39] で詳しく議論されている．第 7.4 節で紹介した高次の結果は [46] による．

第 8 章

厳密値 [41, 42] から得られた情報に基づいて最終的に (8.114) の一般形にまとめたのは [44, 47, 48] である．その際に位相的弦理論との対応からも多くの情報を取り込んでおり，特に [50] の BPS 指数の数表は不可欠である．(8.8) に似た代数構造は，光円錐型弦の場の理論 [17] や可積分模型 [19] など多くの物理の問題に現れている．

第 9 章

第 9 章で議論した内容のほとんどは，マクドナルドの教科書 [15] で説明されている．より簡潔な文献として講義録 [14] がある．この講義録では，シュア多項式から始め，ジャック多項式やマクドナルド多項式など様々なシュア多項式の拡張を説明をした後に，最後の拡張としてヤコビ–トゥルディ恒等式を定義に用いることを提唱した．超シュア多項式もシュア多項式への分解により [15] で説明されている．一方，第 9 章では [16] に従って，基本表現のテンソル積から対称化や反対称化により既約表現を構築し，行列を超行列に拡張する方法で超シュア多項式を構築した．超シュア多項式の行列式公式は [22] による．

第 10 章–第 11 章

第 7 章の箇所で説明したように，フラクショナルブレーンが挿入されていない分配関数に対するフェルミガス形式は [39] で提示されて，これを用いて第 8 章で説明した位相的弦理論との対応を発見することが可能になった．この対応を，フラクショナルブレーンが挿入された場合に拡張させたい研究動機があった．[45] でフェルミガス形式の拡張が提案されていたが，これには証明が欠けていた．この状況を打開するために [52] において，それまでウィルソンループの挿入に関する結果 [49] がフラクショナルブレーンの挿入の場合にも自然に拡張されることが示された．これを用いて，位相的弦理論との対応の研究を進めることが可能となった．（後で説明するように，ほぼ同時に [45] のフェルミガス形式は [51] において証明され，[54] ではそれを用いて位相的弦理論との対応を確立させた.）2 つの形式をそれぞれ開弦形式と閉弦形式と名付けたのは [12] である．[49] においてフラクショナルブレーンの挿入がない場合にジャンベリ関係式が成り立つことが示されたが，しばらくこの開弦形式は，フラクショナルブレーンやウィルソンループが挿入された ABJM 行列模型の便利な解析手法として考えられ，この開弦形式が持つ意味については注目されなかった．

後に，うまく規格化すれば，この開弦形式を用いて，フラクショナルブレーンの挿入がない場合に成り立っていたジャンベリ関係式が，フラクショナルブレーンを挿入しても成り立つことが証明された[67]．[14, 15] によれば，ジャンベリ関係式はヤコビ–トゥルディ関係式から証明されるので，フラクショナルブレーンとウィルソンループが挿入された 1 点関数が満たす関係式が，ジャンベリ関係式からヤコビ–トゥルディ関係式に持ち上がるか，持ち上がるとすればヤコビ–トゥルディ関係式の整数シフトをどのように設定すべきか，という疑問が生じる．これを解決したのは [73] であり，ここから ABJM 行列模型の可積分性に対する期待が一気に高まった．さらに，[74] において 2 点関数が定義されて詳しく調べられ，[76] でこの 2 点関数の代数構造がソリトン方程式の 2 次元戸田格子階層に同定された．

第 12 章–第 13 章

第 12 章で説明した閉弦形式は，もともと [45] で予想されており，その後 [51] により証明された．[51] の証明では，デルタ関数の積分表示を導入したり，別の変数でデルタ関数の積分を実行したり，各ステップの変形はわかりやすいが，驚くべき方法で計算が展開されており，少なくとも著者には計算の方針が明らかではなかった．特にウィルソンループを挿入した場合にも閉弦形式があるかはしばらく不明だった．後に [12] において [51] の証明が見直され，OSp 行列模型の分配関数の研究の際に，より方針がわかりやすい形で書き直された[65, 66]．一旦方針がわかると，もとの ABJM 行列模型のウィルソンループの場合に戻り，閉弦形式を完成させることができる[69]．これにより，[68]で予想されていた閉弦と開弦の双対性を証明できる．この双対性はもともと位相的弦理論の文脈で提案されたもの[25]と類似している．

14.2 展望

M 理論の探求

本書のもともとの動機は M 理論の探求である．第 I 部で説明してきたように，素粒子の統一理論への試みとして大統一理論，超対称性，高次元理論などの方向性があり，それらを調和した形でまとめたのが超対称性を持つ弦理論である．さらに，10 次元超弦理論の非摂動論的な効果を調べることにより，11 次元 M 理論や M2 ブレーンにたどり着いた．N 枚の M2 ブレーンの世界体積を記述する場の量子論として ABJM 理論が提唱され，その 3 次元球面上の分配関数として ABJM 行列模型が得られた．さらに，第 II 部を通じて ABJM 行列模型の解析を進め，その結果，自由度 $N^{\frac{3}{2}}$，エアリー関数，世界面インスタントン，膜インスタントン，結合状態などが得られ，さらに位相的弦理論の自由エネルギーによる記述が発見された．最終形となる位相的弦理論の自由エネルギーは非常に調和した形を持ち，特定の結合定数で世界面インスタントンの係数や膜インスタントンの係数は発散するが，全体としては発散が完全に相殺されるという美しい発散相殺の性質を持つ．これだけ調和した関数形からさらに M 理論の非摂動論的な効果に関する知見を得たいと考えるのは自然であろう．発散相殺機構は分配関数を超えて，もとの ABJM 理論や M 理論に大きな示唆を与えるかもしれない．

非摂動論的な効果

第 II 部では様々な方法を適用して ABJM 行列模型の解析を進めた．その結果最終的に，多くの状況証拠から，位相的弦理論の自由エネルギーを用いた記述が可能であることがわかった．しかし，これは多くの展開の結果をまとめた予想に過ぎない．数学的にはこれらの結果に証明を与えたい．

そのため第 III 部では可積分性や双対性などの性質が役に立つと信じて説明をしてきた．これらの性質と第 II 部で説明した発散相殺機構により関数形が強く制限されて，最終的に位相的弦理論の自由エネルギーになることが証明されるというシナリオを期待している．

特に発散相殺機構に関して，特定の結合定数で発散する級数から，発散が相殺する条件の下で非摂動的に完全な関数を求める，という数学的な問題に一般化できる．このような問題に対してこれまでどれほどの結果が得られているか著者は把握し切れていないが，ある程度美しい議論が展開され，将来的にその一般論によって展開の関数形が制限されることを期待したい．

つまり極端な言い方をすれば，近未来的に ABJM 行列模型の解析に対して別の論理で組み立てられ，それによって本書が大きく書き換えられて第 III 部から始まるようになることを期待している．

拡張

本書では主に ABJM 行列模型の解析について述べ，OSp 行列模型への拡張にも言及した．OSp 行列模型の非摂動論的な効果も ABJM 行列模型と同様に [62〜66] で詳しく解析されてきた．実際にはより多くの拡張が行われており，一般にもとの理論の超対称性が高ければ，より詳しく調べられている状況である．例えば，ABJM 行列模型をクイバー図で表せば，アファイン A_1 型のディンキン図形になるが，より複雑なアファイン A 型のディンキン図形への拡張も [39, 53, 56〜58, 61] で行われている．またアファイン D 型のディンキン図形のクイバー図に対する行列模型の解析も可能である[59, 60]．さらに，アファイン E 型への拡張も興味深いが，現時点ではまだ目立った成果はない．ほかにもまだ様々な拡張が可能だと思われる．これを続けることにより，M2 ブレーンに対する知見が完全なものになっていくと期待される．

曲線の量子化

ABJM 行列模型の大正準分配関数は，片や第 7 章で説明したようにフレドホルム行列式

$$\Xi_k(z) = \mathrm{Det}(1 + z\widehat{H}^{-1}) \tag{14.1}$$

で与えられ，そのスペクトラル演算子（密度行列演算子の逆元 $\widehat{H} = \widehat{\rho}^{-1}$）

$$\widehat{H} = (\widehat{P}^{-\frac{1}{2}} + \widehat{P}^{\frac{1}{2}})(\widehat{Q}^{-\frac{1}{2}} + \widehat{Q}^{\frac{1}{2}}) \tag{14.2}$$

($\widehat{P} = e^{\widehat{p}}$，$\widehat{Q} = e^{\widehat{q}}$) は再定義を通じて $\mathbb{P}^1 \times \mathbb{P}^1$ の代数曲線の定義式となっている．片や第 8 章で説明したように，大正準分配関数から構築した簡略化された大正準ポテンシャルは，局所 $\mathbb{P}^1 \times \mathbb{P}^1$ 上の位相的弦理論の自由エネルギーを用いて記述される．$\mathbb{P}^1 \times \mathbb{P}^1$ はデルペッツォ幾何の最も簡単な場合であり，代数幾何学のブローアップの操作を通じて一連のデルペッツォ幾何が得られ，それらのデルペッツォ幾何にシンプレクティック変換と例外群の対称性が作用していることが知られている．

このような見方をすると，ABJM 行列模型とスペクトラル演算子の対応と，ABJM 行列模型と位相的弦理論の対応から，ABJM 行列模型を取り除けると期待される．つまり，シンプレクティック構造を量子化した曲線の定義方程式から構築されたスペクトラル理論と，位相的弦理論の間に対応関係があると見なすことができる．このような見方は特にマリーニョにより **ST/TS 対応**（Spectral Theories/Topological Strings 対応）と名付けられ，盛んに研究が進められている．

これらのスペクトラル理論や位相的弦理論の解析を進めると，ABJM 行列模型と同様に摂動項は化学ポテンシャル μ の 3 乗，つまり正準集団で言えば，エ

アリー関数の振舞いを持つことがわかる．ここで想像を膨らませると，もはやM2 ブレーンの理論は ABJM 理論に限られないと考えられる．つまり，ABJM 理論は背景時空が $\mathbb{C}^4/\mathbb{Z}_k$ の場合の M2 ブレーンの世界体積理論であるが，より一般的な背景時空での M2 ブレーンの世界体積理論の分配関数は ST/TS 対応の枠組みで議論した方が自然だと予想される．実際，例えば，ABJM 理論のゲージ群 $\mathrm{U}(N)_k \times \mathrm{U}(N)_{-k}$ を，$\mathrm{U}(N)_k \times \mathrm{U}(N)_0 \times \mathrm{U}(N)_{-k} \times \mathrm{U}(N)_0$ や $\mathrm{U}(N)_k \times \mathrm{U}(N)_{-k} \times \mathrm{U}(N)_k \times \mathrm{U}(N)_{-k}$ に拡張した模型は，D_5 デルペッツォ幾何の曲線の量子化で記述される[58, 70, 71, 75]．しかし，ゲージ理論による構成では相対的なランク変形は 3 つの自由度しかないのに，D_5 デルペッツォ幾何の変形には 5 つの自由度がある．つまり，従来のゲージ理論では記述できない変形があり，M2 ブレーンは従来のゲージ理論による記述を超えて曲線の量子化を通じて記述されることを示唆している[77, 78]．このように曲線の量子化を用いて M2 ブレーンの物理の理解を深めたい．

パンルヴェ方程式

パンルヴェ方程式は線形微分方程式の特殊な非線形拡張として考案された．最終的には，前項の曲線と対応して例外群で分類されることが知られている．つまり，M2 ブレーンの記述に曲線が現れることは，ほとんど直ちにパンルヴェ方程式との関係を示唆している．実際 [72] によれば，ABJM 行列模型の大正準分配関数は，パンルヴェ方程式の変形となる q-パンルヴェ方程式の解（タウ関数）である．パンルヴェ方程式はしばしば物理学の解析に現れるが，このように系統的に対応づけられるのは珍しい．この対応から M2 ブレーンが深く理解されることが期待される．

再び M 理論の探求

M 理論の背景時空を特徴づけるパラメータ空間を特定して M 理論の全体像を知ることを標語的に “M 理論の地図を作成する”[13] といえば，M 理論の地図の作成には，まず ABJM 理論やその拡張に着目し，高い超対称性を持つ M2 ブレーンの地図を作成することから始めるべきであろう．

15 世紀からの大航海時代に地球の地図を作成した際にはまずは地球が丸いことを知る必要があった．同様に，この高い超対称性を持つ M2 ブレーンの地図に作用する対称性を知ることは重要である．第 III 部でみたように ABJM 行列模型には可積分性の対称性が作用しており，またここでみたように M2 ブレーンが対応するスペクトラル理論には例外群の対称性が作用している．高い超対称性を持つ M2 ブレーンの地図に作用する対称性の全体像を解明したい．

M 理論の探求と言いつつ，本書では M2 ブレーンに限って話を進めてきた．M 理論の M5 ブレーンは M2 ブレーンと電磁双対であり，M5 ブレーン上の世界体積理論は M2 ブレーンと同じく超対称性と共形対称性を合わせ持つ興味深い対象である．M2 ブレーンの解析を通じて M 理論や M5 ブレーンに関する知見を得ることも重要であろう．

付録 A
行列式公式，置換，共役類

付録では第 7 章などのフェルミガス形式で用いられるいくつかの行列式公式や置換と共役類に関する公式をまとめておく．ここでは直感に訴えながら簡単に説明するに留め，正確な定義，定理，証明については代数学の基礎的な教科書を参照してほしい．

A.1 ファンデルモンド行列式やコーシー行列式

公式 1（ファンデルモンド行列式）

$$\det\Bigl(y_n^{N-m}\Bigr)_{\substack{1\le m\le N\\1\le n\le N}}=\prod_{n<n'}^{N}(y_n-y_{n'}).\tag{A.1}$$

左辺の行列式において，異なる n,n' に対して $y_n=y_{n'}$ となるとき，異なる 2 列が同じになるので，行列式は零になる．これから，左辺の行列式が右辺 $\prod_{n<n'}^N(y_n-y_{n'})$ の因子を持つことがわかる．また，左辺の行列式も $\sum_{m=1}^N(N-m)=N(N-1)/2$ 次の斉次多項式であり，右辺も $N(N-1)/2$ 次の斉次多項式であるので，異なるとしても比例係数の可能性のみである．しかし，左辺の対角成分の積 $\prod_{n=1}^N y_n^{N-n}$ を右辺の各因子の第 1 項の積と比べると，比例係数は 1 と定まる．

公式 2（コーシー行列式）

$$\det\left(\frac{1}{x_m+y_n}\right)_{\substack{1\le m\le N\\1\le n\le N}}=\frac{\prod_{m<m'}^N(x_m-x_{m'})\prod_{n<n'}^N(y_n-y_{n'})}{\prod_{m=1}^N\prod_{n=1}^N(x_m+y_n)}.\tag{A.2}$$

左辺の行列式を展開して通分すると，分母は $\prod_{m=1}^N\prod_{n=1}^N(x_m+y_n)$ の有理式で，分子は x_m と y_n の $N(N-1)$ 次斉次多項式となる．このときファンデルモンド行列式と同様に，異なる m,m' に対して $x_m=x_{m'}$ となるとき，または，異なる n,n' に対して $y_n=y_{n'}$ となるとき，行列において異なる

2 行，または，2 列が同じになるので，行列式は零になる．これから分子は $\prod_{m<m'}^{N}(x_m - x_{m'})\prod_{n<n'}^{N}(y_n - y_{n'})$ の因子を持つことがわかる．やはり既に $N(N-1)$ 次斉次多項式なので，異なるとしても比例係数の可能性のみであるが，先と同様の議論から 1 と定まる．

公式 3（コーシー–ファンデルモンド行列式）

$$
\det\begin{pmatrix} \left[\dfrac{1}{x_m + y_n}\right]_{\substack{1\le m\le N_1\\ 1\le n\le N_2}} \\ \left[y_n^{N_2-m}\right]_{\substack{N_1+1\le m\le N_2\\ 1\le n\le N_2}} \end{pmatrix}
= (-1)^{N_1(N_2-N_1)}\frac{\prod_{m<m'}^{N_1}(x_m - x_{m'})\prod_{n<n'}^{N_2}(y_n - y_{n'})}{\prod_{m=1}^{N_1}\prod_{n=1}^{N_2}(x_m + y_n)}. \tag{A.3}
$$

$N_2 \times N_2$ のコーシー行列式 (A.2) に対して $x_1, \cdots, x_{N_2-1} \ll x_{N_2}$ の状況を考えると，

$$
\det\begin{pmatrix} \left[\dfrac{1}{x_m + y_n}\right]_{\substack{1\le m\le N_2-1\\ 1\le n\le N_2}} \\ \left[\dfrac{1}{x_{N_2}}\right]_{1\le n\le N_2} \end{pmatrix}
= \frac{(-x_{N_2})^{N_2-1}}{(x_{N_2})^{N_2}}\frac{\prod_{m<m'}^{N_2-1}(x_m - x_{m'})\prod_{n<n'}^{N_2}(y_n - y_{n'})}{\prod_{m=1}^{N_2-1}\prod_{n=1}^{N_2}(x_m + y_n)} \tag{A.4}
$$

となる．ただしここで，

$$
\begin{aligned}
\frac{1}{x_{N_2} + y_n} &= \frac{1}{x_{N_2}}\bigl(1 + O(x_{N_2}^{-1})\bigr), \\
\prod_{m=1}^{N_2-1}(x_m - x_{N_2}) &= (-x_{N_2})^{N_2-1}\bigl(1 + O(x_{N_2}^{-1})\bigr), \\
\prod_{n=1}^{N_2}(x_{N_2} + y_n) &= (x_{N_2})^{N_2-1}\bigl(1 + O(x_{N_2}^{-1})\bigr)
\end{aligned} \tag{A.5}
$$

を用いた．(A.4) を整理すると，(A.3) の $N_1 = N_2 - 1$ の場合が得られる．

同様に，$x_1, \cdots, x_{N_2-2} \ll x_{N_2-1} \ll x_{N_2}$ の状況（あるいは，$x_{N_2} \to \infty$ の極限と取った後に，$x_{N_2-1} \to \infty$ の極限を取る状況）を考える．このとき，

$$
\det\begin{pmatrix} \left[\dfrac{1}{x_m + y_n}\right]_{\substack{1\le m\le N_2-2\\ 1\le n\le N_2}} \\ \left[\dfrac{1}{x_{N_2-1}} - \dfrac{y_n}{x_{N_2-1}^2}\right]_{1\le n\le N_2} \\ \left[\dfrac{1}{x_{N_2}}\right]_{1\le n\le N_2} \end{pmatrix}
= \frac{(-x_{N_2})^{N_2-1}}{(x_{N_2})^{N_2}}\frac{(-x_{N_2-1})^{N_2-2}}{(x_{N_2-1})^{N_2}}\frac{\prod_{m<m'}^{N_2-2}(x_m - x_{m'})\prod_{n<n'}^{N_2}(y_n - y_{n'})}{\prod_{m=1}^{N_2-2}\prod_{n=1}^{N_2}(x_m + y_n)} \tag{A.6}
$$

が得られる．左辺の行列式の第 (N_2-1) 行において，第 1 項 $1/x_{N_2-1}$ までし

か展開していないと，第 N_2 行と同じ寄与になり，行列式は零となる．そのため，より高次の補正

$$\frac{1}{x_{N_2-1}+y_n}=\frac{1}{x_{N_2-1}}-\frac{y_n}{x_{N_2-1}^2}+O(x_{N_2-1}^{-3}) \tag{A.7}$$

まで展開する必要がある．(A.6) を整理すると，(A.3) の $N_1=N_2-2$ の場合になる．

この操作を続けて，$x_1,\cdots,x_{N_2-3}\ll x_{N_2-2}\ll x_{N_2-1}\ll x_{N_2}$ の状況を考えると，$N_1=N_2-3$ の場合になる．さらにこの操作を続けることによりあらゆる N_1 に対して成り立つことがわかる．厳密には数学的帰納法で証明される．

A.2 コーシー–ビネ公式

まずは通常のコーシー–ビネ公式を紹介しよう．

公式 4（コーシー–ビネ公式） m,n を $m\le n$ を満たす自然数とし，$A=(a_{i,k})_{\substack{1\le i\le m\\1\le k\le n}}$，$B=(b_{k,j})_{\substack{1\le k\le n\\1\le j\le m}}$ を長方形行列とする．このとき，

$$\sum_{1\le k_1<k_2<\cdots<k_m\le n}\det(a_{i,k_l})_{\substack{1\le i\le m\\1\le l\le m}}\det(b_{k_l,j})_{\substack{1\le l\le m\\1\le j\le m}}=\det(c_{i,j})_{\substack{1\le i\le m\\1\le j\le m}} \tag{A.8}$$

が成り立つ．右辺の行列式の成分は

$$c_{i,j}=\sum_{k=1}^{n}a_{i,k}b_{k,j} \tag{A.9}$$

であり，これは 2 つの長方形行列の積 AB の成分である．

つまり，2 つの長方形行列の積で作られる行列式は，2 つの長方形行列から抜き出した正方形行列の行列式の積を，すべての抜き出し方に関して足し上げたものである．このコーシー–ビネ公式に対して，離散添え字 k を連続変数 x に読み換えると，次のようになる．

公式 5（連続版コーシー–ビネ公式） 任意の関数列 $\phi_i(x)$ と $\psi_j(x)$ に対して

$$\int\frac{D^Nx}{N!}\det\bigl(\phi_i(x_l)\bigr)_{\substack{1\le i\le N\\1\le l\le N}}\det\bigl(\psi_j(x_l)\bigr)_{\substack{1\le l\le N\\1\le j\le N}}=\det\bigl(\phi_i\circ\psi_j\bigr)_{\substack{1\le i\le N\\1\le j\le N}} \tag{A.10}$$

となる．ただし

$$\phi_i\circ\psi_j=\int Dx\phi_i(x)\psi_j(x) \tag{A.11}$$

であり，任意の積分 Dx に対して成り立つ．

さらに，次式のように，積分と関係ない成分を取り込んでも成り立つ．

公式 6（**連続版コーシー–ビネ公式**） 任意の関数列 $(\phi_i(x))_{1\le i\le N+M_1}$ と $(\psi_j(x))_{1\le j\le N+M_2}$ および任意の数列 $(\xi_{ik})_{\substack{1\le i\le N+M_1\\ N+1\le k\le N+M_1}}$ と $(\eta_{lj})_{\substack{N+1\le l\le N+M_2\\ 1\le j\le N+M_2}}$ に対して

$$
\begin{aligned}
&\int \frac{D^N x}{N!} \det\begin{pmatrix} [\phi_i(x_k)]_{\substack{1\le i\le N+M_1\\ 1\le k\le N}} & [\xi_{ik}]_{\substack{1\le i\le N+M_1\\ N+1\le k\le N+M_1}} \end{pmatrix} \\
&\quad\times \det\begin{pmatrix} [\psi_j(x_l)]_{\substack{1\le l\le N\\ 1\le j\le N+M_2}} \\ [\eta_{lj}]_{\substack{N+1\le l\le N+M_2\\ 1\le j\le N+M_2}} \end{pmatrix} \\
&= (-1)^{M_1M_2} \det\begin{pmatrix} [\phi_i\circ\psi_j]_{\substack{1\le i\le N+M_1\\ 1\le j\le N+M_2}} & [\xi_{ik}]_{\substack{1\le i\le N+M_1\\ N+1\le k\le N+M_1}} \\ [\eta_{lj}]_{\substack{N+1\le l\le N+M_2\\ 1\le j\le N+M_2}} & [0]_{M_2\times M_1} \end{pmatrix}
\end{aligned}
\tag{A.12}
$$

となる．ただし

$$
\phi_i\circ\psi_j = \int Dx\phi_i(x)\psi_j(x) \tag{A.13}
$$

である．

この公式はラプラス展開を用いれば，次のように証明できる．まずは $M_2=0$ の場合を考え，左辺の初めの行列式に対して，ラプラス展開をしよう．集合 $(N+M_1)=\{1,2,\cdots,N,N+1,\cdots,N+M_1\}$ を 2 つの部分集合 (N) と (M_1) に直和分解して，分解の符号を $\epsilon^{(N),(M_1)}$ と表せば，

$$
\begin{aligned}
&\det\begin{pmatrix} [\phi_i(x_k)]_{\substack{1\le i\le N+M_1\\ 1\le k\le N}} & [\xi_{ik}]_{\substack{1\le i\le N+M_1\\ N+1\le k\le N+M_1}} \end{pmatrix} \\
&= \sum_{\substack{(N+M_1)\\ =(N)+(M_1)}} \varepsilon^{(N),(M_1)} \det\left(\left[\phi_i(x_k)\right]_{i\in(N)}\right)_{N\times N} \det\left(\left[\xi_{i'k}\right]_{i'\in(M_1)}\right)_{M_1\times M_1}
\end{aligned}
\tag{A.14}
$$

と展開されるので，**公式 5** の連続版コーシー–ビネ公式を適用できる．その結果得られた式に対して，もう一度ラプラス展開を逆に使えば，

$$
\begin{aligned}
&\sum_{(N+M_1)=(N)+(M_1)} \varepsilon^{(N),(M_1)} \det\left(\left[\phi_i\circ\psi_j\right]_{i\in(N)}\right) \det\left(\left[\xi_{i'k}\right]_{i'\in(M_1)}\right) \\
&= \det\begin{pmatrix} [\phi_i\circ\psi_j]_{\substack{1\le i\le N+M_1\\ 1\le j\le N}} & [\xi_{ik}]_{\substack{1\le i\le N+M_1\\ N+1\le k\le N+M_1}} \end{pmatrix}
\end{aligned}
\tag{A.15}
$$

となり，$M_2=0$ の場合に対して**公式 6** が示される．

また $M_2\neq 0$ の場合に関しては，後の行列式をラプラス展開

$$
\det\begin{pmatrix} [\psi_j(x_l)]_{\substack{1\le l\le N\\ 1\le j\le N+M_2}} \\ [\eta_{lj}]_{\substack{N+1\le l\le N+M_2\\ 1\le j\le N+M_2}} \end{pmatrix}
$$

$$= \sum_{\substack{(N+M_2) \\ =(N)+(M_2)}} \varepsilon^{(N),(M_2)} \det\left(\left[\psi_j(x_l)\right]_{j\in(N)}\right)_{N\times N} \det\left(\left[\eta_{lj'}\right]_{j'\in(M_2)}\right)_{M_2\times M_2} \tag{A.16}$$

すれば，$M_2 = 0$ の場合の式を適用できる．結果をまとめるには，やはりラプラス展開

$$\det\begin{pmatrix} [\phi_i \circ \psi_j] & [\xi_{ik}] \\ [\eta_{lj}] & [0] \end{pmatrix} = \sum_{\substack{(N+M_1+M_2) \\ =(N+M_1)+(M_2)}} \varepsilon^{(N+M_1),(M_2)}$$
$$\times \det\left(\left[\phi_i \circ \psi_j\right]_{j\in(N)} \quad [\xi_{ik}]\right)_{(N+M_1)\times(N+M_1)} \det\left(\left[\eta_{lj'}\right]_{j'\in(M_2)}\right)_{M_2\times M_2} \tag{A.17}$$

を用いる．ここで，後者の行列式は，$\left[\eta_{lj}\right]$ のブロックと $\left[0\right]$ のブロックの $(N+M_1+M_2)$ 行から M_2 行選び出す必要があるが，もし $\left[0\right]$ から選べば行列式は零となり寄与しないので，M_2 行を全部 $\left[\eta_{lj}\right]$ から選び出さなければならない．対応して，前者の行列式で $(N+M_1+M_2)$ 行から $(N+M_1)$ 行を選び出す際には，$\left[\xi_{ik}\right]$ のブロックの M_1 行を全部選ばなければならない．このようにして，$(N+M_1+M_2)$ 行から $(N+M_1)$ 行を選ぶ問題を，$(N+M_2)$ 行から N 行を選ぶ問題に帰着させることができる．このとき，順番を考えて，符号の関係式 $\varepsilon^{(N+M_1),(M_2)} = (-1)^{M_1 M_2} \varepsilon^{(N),(M_1)}$ が得られる．以上より，$M_2 \neq 0$ の場合に対しても**公式 6** が示される．

A.3 置換と共役類

置換とは，有限集合からそれ自身への全単射である．集合の元の個数を N とすると，置換 σ は

$$\sigma : (1, 2, \cdots, N) \mapsto (\sigma(1), \sigma(2), \cdots, \sigma(N)) \tag{A.18}$$

あるいは，

$$\sigma = \begin{pmatrix} 1 & 2 & \cdots & N \\ \sigma(1) & \sigma(2) & \cdots & \sigma(N) \end{pmatrix} \tag{A.19}$$

と表させる．ここで，$(\sigma(1), \sigma(2), \cdots, \sigma(N))$ は $(1, 2, \cdots, N)$ の並べ換えである．置換により，$1 \leq i \leq N$ を満たす N 個の自然数が同じく N 個の自然数のどれかに変換される．N 個の元に対する置換は全部で $N!$ 通り作れる．置換どうしには，変換の合成により積が定義される．N 個の元に対する置換全体はこの積に関して群をなし，対称群 S_N という．このとき，単位元は恒等変換であり，逆元は逆変換である．N 個の元のうち隣り合う元だけを入れ換える置換

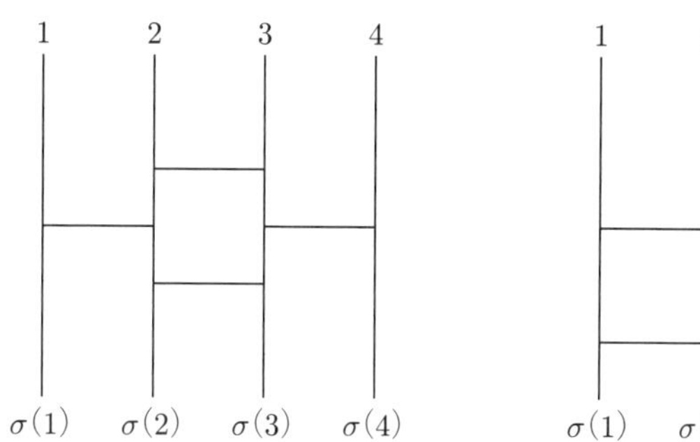

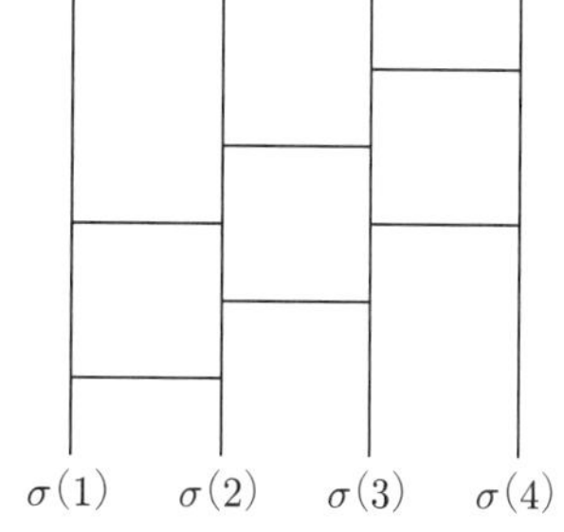

図 A.1　置換 $\sigma = \begin{pmatrix} 1 & 2 & 3 & 4 \\ 3 & 4 & 1 & 2 \end{pmatrix}$ を与える 2 種類の互換の積の，あみだくじによる表し方．

$$\sigma_i = \begin{pmatrix} 1 & \cdots & i & i+1 & \cdots & N \\ 1 & \cdots & i+1 & i & \cdots & N \end{pmatrix} \tag{A.20}$$

$(1 \leq i \leq N-1)$ を**互換**という．

定理　任意の置換は互換の積で表せる．

定理の証明には，順番にアタリに誘導する“あみだくじ”を作ればよい（図 A.1 参照）．そして，この定理の主張は「置換はあみだくじで考えよ」ということになる．また，同じ置換を表す互換の積は複数あってもよい．

定理　同じ置換を表す互換の個数の偶奇は，表し方によらない．

同じ置換を表す複数のあみだくじを作ったとして，これを変形していく際に，常に交差の数が 2 つずつ増えたり減ったりするからである（図 A.2 参照）．厳密には差積を用いて議論される．置換を表す互換の個数の偶奇に従って，偶置換，奇置換という．

対称群 S_N の元 σ に対して，同値関係

$$\sigma \sim \tau\sigma\tau^{-1} \tag{A.21}$$

を考える．このとき置換 τ と τ^{-1} で両側から挟むのは，$1 \leq i \leq N$ を満たす N 個の自然数に対して名前の付け換えをしていることになる．したがって，この同値関係で同値類を考えることは，それぞれの元の特性を忘れて，変換における繋ぎ方だけを考えることを意味する．この同値類を**共役類**という．j 回変換して初めてもとに戻るものが ℓ_j 個あるとき，共役類を

$$(\ell_1, \ell_2, \ell_3, \cdots) \tag{A.22}$$

と表す．

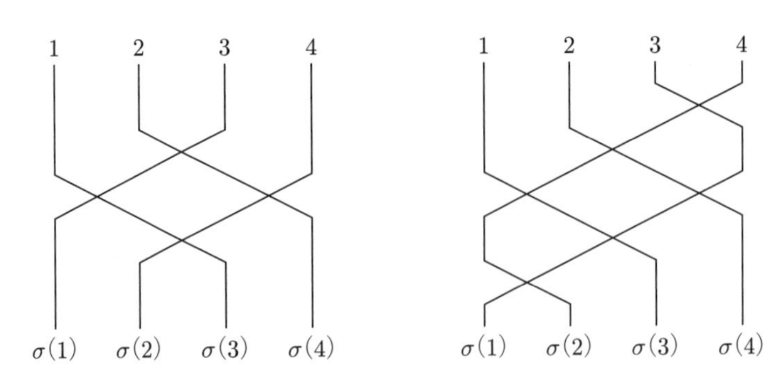

図 A.2 置換の偶奇．図 A.1 の 2 種類のあみだくじ表示に対して，横線を変換前後の元を繋ぐ交差に変える．このとき，互換は交差に対応し，異なる繋ぎ方への変更において常に交差（互換）の数の偶奇を保つ．

公式 7 $N!$ 個の対称群の変換に対して，共役類 $(\ell_1, \ell_2, \ell_3, \cdots)$ に属するものは

$$\frac{N!}{\prod_{j=1}^{n}(j^{\ell_j}\ell_j!)} = \frac{N!}{1^{\ell_1}\ell_1!2^{\ell_2}\ell_2!\cdots n^{\ell_n}\ell_n!} \tag{A.23}$$

個である．

置換がそれぞれの変数をどこに移すかを矢印で表せば，

$$\ell_1 \begin{cases} \underleftarrow{\square} \\ \underleftarrow{\square} \\ \vdots \end{cases} \quad \ell_2 \begin{cases} \underleftarrow{\square \to \square} \\ \underleftarrow{\square \to \square} \\ \vdots \end{cases} \quad \cdots \quad \ell_n \begin{cases} \underleftarrow{\square \to \square \to \cdots \to \square} \\ \underleftarrow{\square \to \square \to \cdots \to \square} \\ \vdots \end{cases} \tag{A.24}$$

の形となる．ただし，一番右の変数は下の矢印を通じて一番左に戻るとする．N 個の箱に数字を書き込む場合の数を数えるとき，同じ長さの巡回は順番によらないし，巡回の始点終点も特定されないので，結局場合の数は (A.23) になる．

公式 8 同じ共役類 $(\ell_1, \ell_2, \cdots, \ell_n)$ に属する置換の符号はすべて同じく

$$(-1)^{\sigma} = (-1)^{\sum_{j=1}^{n}(j-1)\ell_j} \tag{A.25}$$

で与えられる．

共役類の中で置換の符号が一致するのは，$(-1)^{\tau\sigma\tau^{-1}} = (-1)^{\tau}(-1)^{\sigma}(-1)^{\tau^{-1}} = (-1)^{\sigma}$ だからである．これにより最も簡単な代表元から (A.25) を得る．

謝辞

本研究におけるすべての共同研究者，藤博之氏，平野真司氏，初田泰之氏，奥山和美氏，Marcos Marino 氏，本多正純氏，松本詔氏，野坂朋生氏，須山孝夫氏，松野皐氏，清重一輝氏，中山翔太氏，矢野勝也氏，古川友寛氏，久保尚敬氏，杉本祐司氏に感謝したい．著者は共同研究者から多くのことを学び，本書に記述された多くの内容も共同研究者との議論に基づいている．また，高い見地から研究上のアドバイスをくださった，糸山浩司氏，大栗博司氏，岡田聡一氏，菅野浩明氏，山田泰彦氏にも謝意を述べたい．さらに，本書を通読して，様々な貴重なコメントをくださった，石橋啓一氏，大田武志氏，久保尚敬氏，野坂朋生氏，服部佑佳子氏，杉本祐司氏，特に，古川友寛氏に感謝したい．本書が少しでもわかりやすくなったとすれば彼らの提案に負う部分が大きい．また提案を十分に取り入れて改善できなかったとすれば著者の力量不足のためである．本研究内容の大部分は JSPS 基盤研究 (C)26400245 と 19K03829 の助成を受けて実施しており，また，日露共同研究や日本ハンガリー共同研究においても多くの有益な情報交換を行うことができた．これらの助成にも御礼申し上げる．

本研究は，名古屋大学多元数理科学研究科，ならびに，大阪市立大学理学研究科に在籍し行われたものである．また，京都大学基礎物理学研究所にも滞在する機会を得た．その中で，多くの研究者と実りある議論を行いながら研究を進めることができた．これらの研究環境に謝意を述べたい．

また，九後汰一郎先生や川合光先生を始め，多くの先生方のご指導を受けながら，著者の研究の基礎が形成された．特に，畑浩之先生との多くの共同研究を通じて，共に超弦理論を探求できたことは著者の財産である．ご指導してくださったすべての先生方に感謝したい．

本書の執筆中には，サイエンス社「数理科学」編集部の大溝良平氏に原稿の作成にあたって諸々お世話になった．記して謝意を述べたい．

最後に，いつも支えてくれている両親や家族にも感謝したい．

参考文献

[1] M. B. Green, J. H. Schwarz, E. Witten, "Superstring Theory I & II", World Books Publishing Corporation, 2008.

[2] J. Polchinski, "String Theory, Vol. 1 & 2", Cambridge University Press, 2005.

[3] K. Becker, M. Becker, J. H. Schwarz, "String Theory and M-Theory: A Modern Introduction", Cambridge University Press, 2007.

[4] 今村洋介，"String, M and Matrix Theories", 素粒子論研究第 96 巻第 5 号，(1998).

[5] 太田信義，『超弦理論・ブレイン・M 理論』，現代理論物理学シリーズ，シュプリンガー，2002.

[6] 今村洋介，『超弦理論の基礎 –弦とブレーンの導入から–』，SGC ライブラリ–80，サイエンス社，2011（電子版 2017）.

[7] 細道和夫，『弦とブレーン』，Yukawa ライブラリー 2，朝倉書店，2017.

[8] 今村洋介，『超対称 Chern-Simons 理論と M2 ブレーン』，素粒子論研究電子版 1, (2009).

[9] M. Marino, "Chern-Simons theory, matrix models, and topological strings," Vol. 131, Oxford University Press, (2005).

[10] R. P. Feynman, "Statistical Mechanics: A Set Of Lectures", CRC Press, 1998.

[11] M. Marino, "Lectures on localization and matrix models in supersymmetric Chern-Simons-matter theories," J. Phys. A **44**, 463001 (2011) [arXiv:1104.0783 [hep-th]].

[12] Y. Hatsuda, S. Moriyama and K. Okuyama, "Exact instanton expansion of the ABJM partition function," PTEP **2015**, no. 11, 11B104 (2015) [arXiv:1507.01678 [hep-th]].

[13] 森山翔文，野坂朋生，『M 理論の地図が見えてきた』，日本物理学会誌第 74 巻第 1 号，(2019).

[14] I. G. Macdonald, "Schur functions: theme and variations," Séminaire Lotharingien de Combinatoire (Saint-Nabor, 1992), 498, 5-39.

[15] I. G. Macdonald, "Symmetric functions and Hall polynomials," Oxford University Press, 1998.

[16] I. Bars, "Supergroups and Their Representations," Lectures Appl. Math. **21**, 17 (1983).

[17] M. B. Green, J. H. Schwarz and L. Brink, Nucl. Phys. B **219**, 437 (1983).

[18] E. Witten, Commun. Math. Phys. **121**, 351 (1989).

[19] C. A. Tracy and H. Widom, Commun. Math. Phys. **179**, 667 (1996) [solv-int/9509003].

[20] I. R. Klebanov and A. A. Tseytlin, Nucl. Phys. B **475**, 164 (1996) [hep-th/9604089].

[21] N. Drukker and D. J. Gross, J. Math. Phys. **42**, 2896 (2001) [hep-th/0010274].

[22] E. M. Moens and J. Van der Jeugt, Journal of Algebraic Combinatorics **17**, 283 (2003).

[23] N. Halmagyi and V. Yasnov, JHEP **0911**, 104 (2009) [hep-th/0311117].

[24] J. H. Schwarz, JHEP **0411**, 078 (2004) [hep-th/0411077].

[25] J. Gomis and T. Okuda, JHEP **0702**, 083 (2007) [hep-th/0612190].

[26] V. Pestun, Commun. Math. Phys. **313**, 71 (2012) [arXiv:0712.2824 [hep-th]].

[27] D. Gaiotto and E. Witten, JHEP **1006**, 097 (2010) [arXiv:0804.2907 [hep-th]].

[28] O. Aharony, O. Bergman, D. L. Jafferis and J. Maldacena, JHEP **0810**, 091 (2008) [arXiv:0806.1218 [hep-th]].

[29] K. Hosomichi, K. M. Lee, S. Lee, S. Lee and J. Park, JHEP **0809**, 002 (2008) [arXiv: 0806.4977 [hep-th]].

[30] O. Aharony, O. Bergman and D. L. Jafferis, JHEP **0811**, 043 (2008) [arXiv:0807.4924 [hep-th]].

[31] O. Aharony, A. Hashimoto, S. Hirano and P. Ouyang, JHEP **1001**, 072 (2010) [arXiv: 0906.2390 [hep-th]].

[32] A. Kapustin, B. Willett and I. Yaakov, JHEP **1003**, 089 (2010) [arXiv:0909.4559 [hep-th]].

[33] N. Drukker and D. Trancanelli, JHEP **1002**, 058 (2010) [arXiv:0912.3006 [hep-th]].

[34] M. Marino and P. Putrov, JHEP **1006**, 011 (2010) [arXiv:0912.3074 [hep-th]].

[35] N. Drukker, M. Marino and P. Putrov, Commun. Math. Phys. **306**, 511 (2011) [arXiv:1007.3837 [hep-th]].

[36] C. P. Herzog, I. R. Klebanov, S. S. Pufu and T. Tesileanu, Phys. Rev. D **83**, 046001 (2011) [arXiv:1011.5487 [hep-th]].

[37] N. Drukker, M. Marino and P. Putrov, JHEP **1111**, 141 (2011) [arXiv:1103.4844 [hep-th]].

[38] H. Fuji, S. Hirano and S. Moriyama, JHEP **1108**, 001 (2011) [arXiv:1106.4631 [hep-th]].

[39] M. Marino and P. Putrov, J. Stat. Mech. **1203**, P03001 (2012) [arXiv:1110.4066 [hep-th]].

[40] M. Hanada, M. Honda, Y. Honma, J. Nishimura, S. Shiba and Y. Yoshida, JHEP **1205**, 121 (2012) [arXiv:1202.5300 [hep-th]].

[41] Y. Hatsuda, S. Moriyama and K. Okuyama, JHEP **1210**, 020 (2012) [arXiv:1207.4283 [hep-th]].

[42] P. Putrov and M. Yamazaki, Mod. Phys. Lett. A **27**, 1250200 (2012) [arXiv:1207.5066 [hep-th]].

[43] S. Bhattacharyya, A. Grassi, M. Marino and A. Sen, Class. Quant. Grav. **31**, 015012 (2014) [arXiv:1210.6057 [hep-th]].

[44] Y. Hatsuda, S. Moriyama and K. Okuyama, JHEP **1301**, 158 (2013) [arXiv:1211.1251 [hep-th]].

[45] H. Awata, S. Hirano and M. Shigemori, PTEP **2013**, 053B04 (2013) [arXiv:1212.2966 [hep-th]].

[46] F. Calvo and M. Marino, JHEP **1305**, 006 (2013) [arXiv:1212.5118 [hep-th]].

[47] Y. Hatsuda, S. Moriyama and K. Okuyama, JHEP **1305**, 054 (2013) [arXiv:1301.5184 [hep-th]].

[48] Y. Hatsuda, M. Marino, S. Moriyama and K. Okuyama, JHEP **1409**, 168 (2014) [arXiv:1306.1734 [hep-th]].

[49] Y. Hatsuda, M. Honda, S. Moriyama and K. Okuyama, JHEP **1310**, 168 (2013)

[arXiv:1306.4297 [hep-th]].

[50] M. X. Huang, A. Klemm and M. Poretschkin, JHEP **1311**, 112 (2013) [arXiv:1308.0619 [hep-th]].

[51] M. Honda, JHEP **1312**, 046 (2013) [arXiv:1310.3126 [hep-th]].

[52] S. Matsumoto and S. Moriyama, JHEP **1403**, 079 (2014) [arXiv:1310.8051 [hep-th]].

[53] M. Honda and S. Moriyama, JHEP **1408**, 091 (2014) [arXiv:1404.0676 [hep-th]].

[54] M. Honda and K. Okuyama, JHEP **1408**, 148 (2014) [arXiv:1405.3653 [hep-th]].

[55] Y. Hatsuda and K. Okuyama, JHEP **1410**, 158 (2014) [arXiv:1407.3786 [hep-th]].

[56] S. Moriyama and T. Nosaka, JHEP **1411**, 164 (2014) [arXiv:1407.4268 [hep-th]].

[57] S. Moriyama and T. Nosaka, Phys. Rev. D **92**, no. 2, 026003 (2015) [arXiv:1410.4918 [hep-th]].

[58] S. Moriyama and T. Nosaka, JHEP **1505**, 022 (2015) [arXiv:1412.6243 [hep-th]].

[59] B. Assel, N. Drukker and J. Felix, JHEP **1508**, 071 (2015) [arXiv:1504.07636 [hep-th]].

[60] S. Moriyama and T. Nosaka, JHEP **1509**, 054 (2015) [arXiv:1504.07710 [hep-th]].

[61] Y. Hatsuda, M. Honda and K. Okuyama, JHEP **1509**, 046 (2015) [arXiv:1505.07120 [hep-th]].

[62] S. Moriyama and T. Suyama, JHEP **1603**, 034 (2016) [arXiv:1511.01660 [hep-th]].

[63] M. Honda, JHEP **1606**, 123 (2016) [arXiv:1512.04335 [hep-th]].

[64] K. Okuyama, JHEP **1603**, 008 (2016) [arXiv:1601.03215 [hep-th]].

[65] S. Moriyama and T. Suyama, JHEP **1604**, 132 (2016) [arXiv:1601.03846 [hep-th]].

[66] S. Moriyama and T. Nosaka, JHEP **1606**, 068 (2016) [arXiv:1603.00615 [hep-th]].

[67] S. Matsuno and S. Moriyama, J. Math. Phys. **58**, no. 3, 032301 (2017) [arXiv:1603.04124 [hep-th]].

[68] Y. Hatsuda and K. Okuyama, JHEP **1610**, 132 (2016) [arXiv:1603.06579 [hep-th]].

[69] K. Kiyoshige and S. Moriyama, JHEP **1611**, 096 (2016) [arXiv:1607.06414 [hep-th]].

[70] S. Moriyama, S. Nakayama and T. Nosaka, JHEP **1708**, 003 (2017) [arXiv:1704.04358 [hep-th]].

[71] S. Moriyama, T. Nosaka and K. Yano, JHEP **1711**, 089 (2017) [arXiv:1707.02420 [hep-th]].

[72] G. Bonelli, A. Grassi and A. Tanzini, Lett. Math. Phys. **109**, no. 9, 1961 (2019) [arXiv:1710.11603 [hep-th]].

[73] T. Furukawa and S. Moriyama, SIGMA **14**, 049 (2018) [arXiv:1711.04893 [hep-th]].

[74] N. Kubo and S. Moriyama, JHEP **1805**, 181 (2018) [arXiv:1803.07161 [hep-th]].

[75] N. Kubo, S. Moriyama and T. Nosaka, JHEP **1901**, 210 (2019) [arXiv:1811.06048 [hep-th]].

[76] T. Furukawa and S. Moriyama, JHEP **1903**, 197 (2019) [arXiv:1901.00541 [hep-th]].

[77] N. Kubo and S. Moriyama, JHEP **1912**, 101 (2019) [arXiv:1907.04971 [hep-th]].

[78] T. Furukawa, S. Moriyama and Y. Sugimoto, arXiv:1908.11396 [hep-th].

索　引

欧字

ア

カ

サ

タ

ハ

マ

ラ

ワ

著 者 略 歴

森山 翔文
もりやま さねふみ

1997 年　東京大学理学部卒業
2002 年　京都大学大学院理学研究科博士課程修了
　　　　博士（理学）
　　　　カリフォルニア工科大学，名古屋大学大学院多元
　　　　数理科学研究科，名古屋大学素粒子宇宙起源研究
　　　　機構を経て，
2015 年　大阪市立大学大学院理学研究科准教授
　専門　素粒子物理学

SGC ライブラリ-158
M 理論と行列模型
超対称チャーン–サイモンズ理論が切り拓く数理物理学

2020 年 4 月 25 日 ©　　　初 版 発 行

著　者　森山 翔文　　　発行者　森 平 敏 孝
　　　　　　　　　　　印刷者　馬 場 信 幸

発行所　　株式会社 サ イ エ ン ス 社

〒151–0051　東京都渋谷区千駄ヶ谷 1 丁目 3 番 25 号
営業　☎ (03) 5474–8500 (代)　振替 00170–7–2387
編集　☎ (03) 5474–8600 (代)
FAX　☎ (03) 5474–8900　　表紙デザイン：長谷部貴志

印刷・製本　三美印刷株式会社

《検印省略》

ISBN978–4–7819–1476–3

PRINTED IN JAPAN

サイエンス社のホームページのご案内
https://www.saiensu.co.jp
ご意見・ご要望は
sk@saiensu.co.jp まで.

臨時別冊・数理科学（SGC ライブラリ-127：for Senior & Graduate Courses）

ランダム行列とゲージ理論

〈普遍性〉を通して捉える量子物理

西垣　真祐　著

定価 2413 円

“普遍性” を鍵として，素粒子物理学，固体物理学諸領域から，カオス理論，数理物理学，数学諸分野に至るまで，広範な諸領域と関わりを持つランダム行列，片や物理学の基礎理論として揺るぎない位置を占めるゲージ理論．本書はランダム行列理論への入門と，ゲージ理論への適用を解説．確率的に分布するエルミート行列の集団の固有値（準位）統計の一般論を導入し，その技法を用いてゲージ場の量子論に関して得られる，ディラック演算子の準位統計を含む非摂動的性質について解説する．

第 1 章　プロローグ：量子論とカオス
第 2 章　ランダム行列
第 3 章　準位統計関数
第 4 章　スケーリング極限
第 5 章　レプリカ法と非線形 σ 模型
第 6 章　QCD とランダム行列
第 7 章　ディラック準位統計
第 8 章　エピローグ：周期軌道と NG 粒子
付録A　4 元数
付録B　リー代数の表現

サイエンス社

臨時別冊・数理科学（SGC ライブラリ- 131 : for Senior & Graduate Courses）

超対称性の破れ

場の理論から弦理論まで

大河内　豊　著

定価 2465 円

この 20 年間で飛躍的に進歩した超対称性の破れに関する研究成果をまとまった形で解説．低エネルギーの場の理論から高エネルギーの弦理論まで幅広く採り上げ紹介．

サイエンス社

臨時別冊・数理科学（SGC ライブラリ-138：for Senior & Graduate Courses）

基礎物理から理解する
ゲージ理論

“素粒子の標準数式”を読み解く

川村　嘉春　著

定価 2526 円

ゲージ理論を理解することは，現在確立している素粒子の標準模型に到達する最短コースとなる．本書は，基礎物理の知識と物理数学の手法を動員してゲージ理論を理解し，素粒子の標準模型の全体像を把握することを目標としている．確立していることを中心に据えてなるべく標準的な表記法を使用し，標準模型の根幹となる“素粒子の標準数式”を暗号になぞらえ，その解読に挑むというスタイルを採っている．また，付録に設けた物理数学の内容を充実させることにより，初学者にも読めるように配慮した．

臨時別冊・数理科学（SGCライブラリ-150：for Senior & Graduate Courses）

幾何学から物理学へ

物理を圏論・微分幾何の言葉で語ろう

谷村　省吾　著

定価 2465 円

本書は，圏論・微分幾何の基本概念と，微分幾何の物理への応用についての解説書である．前書『理工系のためのトポロジー・圏論・微分幾何』（2006 年；SGC-52，電子版：2013 年；SDB Digital Books 2）では説明しきれなかった数学概念について詳しい説明を補い，かつ，もの足りなかった応用編の部分を拡充することが，本書の狙いである．本誌の連載「幾何学から物理学へ―物理を圏論・微分幾何の言葉で語ろう」（2016 年 8 月～2019 年 1 月（全 20 回））の待望の一冊化．

サイエンス社